개정판

영양학

최경순 지음

머리말

기초 영양학은 영양학을 전공하는 학생들의 지침서 일 뿐만 아니라 조리학, 의학, 간호학, 체육학 등 관련분야에서 다양하게 다루어지고 있다. 기초영양학은 건강한 삶을 유지하기 위하여 각 영양소의 기능과 영양소들이 질병에 미치는 점을 연관하여 알아보았으며 건강과 관련하여 섭취하는 식품과의 관련성도 알아보았다. 식사를 선택할 경우 가장 우선으로 생각하는 요소들을 살펴보면 맛, 분위기, 가격 등의 여러 항목들도 포함된다. 그러나 무엇보다도 가장 중요한 것은 우리 몸의 필요를 알고 그에 맞는 식사를 하는 것이다. 우리가 섭취하는 식품들에는 우리 인체가 필요로 하는 영양소들이 각기 다른 비율로 함유되어 있다. 이러한 영양소들에 대한 올바른 이해는 바르게 식사를 하는데 필수적이다. 이에 본서는 필수 영양소들로 알려진 영양소들의 성질과 기능 그리고 소화와 흡수, 대사 및 결핍증 등의 다양한 정보를 수록하여 영양관리에 필요한 기초지식을 섭취 할 수 있도록 하였다.

이해를 돕기 위하여 용어 설명 등 을 첨부하였으며, 2010 개정된 한국인 영양권장량에 맞게 수집된 자료들과 관련된 여러 서적과 문헌 등을 종합하여 수록하였으며 앞으로 수정되는 사항은 더 첨가 할 예정이다.

끝으로 본서가 발간되기까지 세심하게 신경을 써 주신 태학원 사장님 그리고 편집부 여러 분들에게도 감사를 드린다.

2012년 2월

저자

차례

차례

제 1 장

영양소의 개념

1. 인체를 구성하는 영양소의 기능에 대하여 알아본다.
2. 건강한 식사원칙을 알 수 있다.
3. 음식이 각종 성인병에 미치는 영향을 알아본다.
4. 영양상태를 설명한다.

1 영양학의 개념

현대는 과학과 정보의 발달로 세계가 하나의 지구촌이 되면서 모든 음식에 대한 정보도 공유하고 영양학에 대한 개념도 통일화 되어 가고 있다. 또한 과거에는 영양소섭취부족으로 인한 질병과 사망이 문제였지만, 최근에는 영양소 과잉섭취로 인한 체중과다 및 비만의 문제로 암을 비롯하여 심장질환, 동맥경화 등 만성퇴행성질환의 발병이 증가하고 있다. 건강과 질병에 대한 식품의 영양소 또한 그에 따른 균형에 대한 과학이며, 사람의 건강을 지키기 위해 질병을 예방하고 다스리는 학문이 영양학이다.

우리 인체는 음식물을 섭취하여 소화, 흡수, 운반, 이용, 배설하는 과정을 통하여 영양소를 이용하고 생명을 유지하며 인체의 생리적 기능을 정상적으로 유지한다.

음식은 적게 먹어도 인체기능에 문제가 생기고 너무 많이 먹어도 독이 되어 몸에 해를 주게 된다. 생물학적 영양요구량에만 의존하여 식생활이 좌우되는 게 아니고 심리적, 사회경제적, 문화적인 여러 요인에 의해 영향을 받는다. 이런 이유로 영양소를 적절히 섭취하는 게 쉬운 일이 아니다. 인체에 필요한 각 영양소를 알고 적절한 양을 섭취하고 그에 따른 지침을 알아보기로 한다.

1 건강한 식사선택

인간이 살아가는데 필요한 영양소는 약 45종이다. 이중 음식을 통해 꼭 섭취해야하는 필수영양소는 인체내에서 탄수화물, 지방, 단백질, 비타민, 무기질, 물 등으로 6가지 영양소이며 우리 인체내에서 여러 가지 각각의 기능을 가지고 있으며 섭취하는 양도 다 다르다. 우리가 건강한 식생활을 위하여 다양한 식품을 적당한 양으로 섭취하여 영양의 균형을 맞추어야 한다.

[그림 1-1] 건강한 밥상

(1) 식사계획안

① 다양하게 variety

건강을 유지하기 위해서는 한 가지 식품으로 필요한 영양소를 충족시킬 수는 없다. 편식이나 또한 지나친 음식섭취를 하지 않도록 하며 여러 가지 음식을 섭취하여 필요한 영양소를 흡수하여 우리의 건강한 신체를 만들어야 한다. 그러기 위해는 식사를 골고루 섭취하여 신체의 균형을 이루고 절제를 할 수 있는 식사의 지침을 따라야 한다. 어떤 식품은 기호성에 따라 잘 섭취하지 못하여 불균형을 이룰 수 있기에 하루에 적어도 30가지 이상을 섭취하기를 권장한다.

② 적절한 양 moderation

음식에서 섭취량이 모자라면 대사가 원활하게 되지 않고 과잉되면 독이 되어 몸에 해를 준다.

③ 균형식 balance

매일의 식사에서 곡류군, 어육류군, 채소군, 과일군, 우유군, 지방군의 식품을 빠짐없이 섭취하도록 한다.

(2) 식사 구성안

식사 구성에서 균형잡힌 식생활을 위하여 식품군별 대표 식품과 섭취 횟수를 이용하여 식단을 작성한다. 각 나라마다 그 나라의 식생활에 맞게 4개~7개 군으로 나누어져 분류되어 있다. 식사 구성안은 한국인 영양섭취 기준과 한국인을 위한 식생활 지침을 기본으로 하여 설정하였다. 그림 1-2에 나타나듯이 2010년 한국영양학회에서 자전거 바퀴 모양으로 6개 식품군으로 나누고 권장식사 패턴의 섭취 횟수를 이용하여 면적 비율을 구성하였으며, 충분한 수분섭취를 위하여 작은 바퀴에 물잔을 삽입하였다.

[그림 1-2] 식품군의 구성 자전거((사)한국영양학회)

[표 1-1] 식품군별 대표식품의 1인 1회 분량

식품군	1인 1회 분량					
곡류	 밥 1공기 (210g)	 백미 (90g)	 국수 1대접 (건면 100g)	 냉면국수 1대접 (건면 100g)	 떡국용 떡 1인분 (130g)	 식빵 2쪽 (100g)
고기, 생선, 계란, 콩류	 육류 1접시 (생 60g)	 닭고기 1조각 (생 60g)	 생선 1토막 (생 60g)	 콩 (20g)	 두부 2조각 (80g)	 달걀 1개 (60g)
채소류	 콩나물 1접시 (생 70g)	 시금치나물 1접시 (생 70g)	 배추김치 1접시 (40g)	 오이소박이 1접시 (60g)	 버섯 1접시 (생 30g)	 물미역 1접시 (생 30g)
과일류	 사과(중) 1/2개 (100g)	 귤(중) 1개 (100g)	 참외(중) 1/2개 (200g)	 포도 1/3송이 (100g)	 수박 1쪽 (200g)	 오렌지주스 1/2컵 (100mL)
우유 및 유제품류	 우유 1컵 (200g)	 치즈 1장 (20g)	 호상요구르트 1/2컵(100g)	 액상요구르트 3/4컵(150g)	 아이스크림 1/2컵 (100g)	
유지, 당류	 식용유 1작은술 (5g)	 버터 1작은술 (5g)	 마요네즈 1작은술 (5g)	 커피믹스 1회 (12)	 설탕 1큰술 (10g)	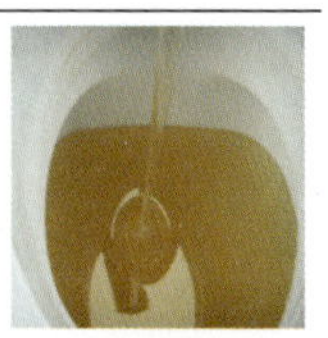 꿀 1큰술 (10g)

(자료출처 : (사)한국영양학회)

다음은 성별, 연령별 기준 에너지와 권장패턴이다.

[표 1-2] 성별 · 연령별 기준 에너지와 권장패턴

남자			여자		
연령	에너지필요 추정량	권장패턴 (Target Pattern)	연령	에너지필요 추정량	권장패턴 (Target Pattern)
1~2(세)	1,000	1,000	1~2(세)	1,000	1,000
3~5	1,400	1,400A	3~5	1,400	1,400A
6~8	1,600	1,800A	6~8	1,500	1,600A
9~11	1,900		9~11	1,700	
12~14	2,400	2,600A	12~14	2,000	2,000A
15~18	2,700		15~18	2,000	
19~29	2,600	2,400B	19~29	2,100	1,900B
30~49	2,400		30~49	1,900	
50~64	2,200		50~64	1,800	
65~74	2,000	2,000B	65~74	1,600	1,600B
75 이상	2,000		75 이상	1,600	

자료 : 한국영양학회 · 보건복지부, 한국인 영양섭취기준, 개정판, 2010

아 침		점 심		저 녁	
수수밥		현미콩밥		현미잡곡밥	
미역국		배추국		미역국	
갈치조림		생선구이		고추 쇠고기 볶음	
콩나물조림		김치		도라지 오이 무침	
도라지생채		콩나물 무침		두부구이	
귤		두부조림		샐러드	
		사과 1/2쪽		과일	

[그림 1-3] 표준 식단 차림표

[표 1-3] 각 식품별 1인 1회 분량당 대표영양가표

식품군	에너지(kcal)	단백질(g)	지방(g)	탄수화물(g)	식이섬유(g)	칼슘(mg)	인(mg)
곡류	331.40	6.58	1.02	71.62	0.41	10.43	129.08
고기 · 생선 계란 · 콩류	94.37	9.62	5.27	1.53	0.04	41.73	109.78
채소류	13.88	1.11	0.18	3.14	0.52	22.77	24.01
과일류	51.48	1.23	0.27	14.06	1.52	12.31	36.50
우유 · 유제품류	121.41	5.63	5.67	12.22	0.00	183.07	154.16
유지 · 당류	38.29	0.06	1.12	7.22	0.00	0.72	2.49

식품군	철(mg)	나트륨(mg)	칼륨(mg)	비타민A(μg RE)	티아민(mg)	리보플라빈(mg)	니아신(mg)	비타민C(mg)
곡류	0.89	142.16	160.4	1.36	0.14	0.05	1.59	3.60
고기 · 생선 계란 · 콩류	1.35	79.12	96.38	59.48	0.11	0.10	1.70	0.15
채소류	0.66	191.77	167.74	90.79	0.04	0.05	0.45	8.84
과일류	1.06	7.21	306.12	29.00	0.07	0.07	0.54	38.85
우유 · 유제품류	0.18	106.32	269.14	48.98	0.07	0.25	0.17	1.52
유지 · 당류	0.04	2.56	6.44	0.07	0.00	0.00	0.05	0.01

자료 : (사)한국영양학회

2 영양소의 기능

영양소는 기능상 크게 열량소, 조절소, 구성소 3가지로 나눌 수 있다.

1 열량소

탄수화물, 지방 및 단백질은 에너지를 내는 열량소로 나눌 수 있다. 그 중에서도 탄수화물은 가장 쉽게 에너지를 내는 영양소이고, 탄수화물 1g당 4kcal의 에너지를 낼 수 있다. 탄수화물은 전분이 많으며 설탕이나 과일 등에도 들어있다. 지방은 9kcal의 열량을 내며 에너지 발열량이 많아서 효율적인 에너지원이 된다. 또한 쓰고 남은 에너지는 지방으로 전환시켜 저장된다. 단백질도 4kcal의 에너지를 내며 단백질은 여러 아미노산들이 구부러진 사슬 모양으로 결합되어져 있다. 단백질은 육류나 생선, 가금류, 두류에 많이 들어있다.

2 조절소

인체내에서 흡수된 영양소가 에너지를 내기까지의 일어나는 생화학 반응을 대사라고 한다. 우리 인체내에서는 모든 반응이 일정한 신체내부환경을 유지하려고 하는 상태에 있으며, 우리 몸의 체온, PH, 수분 등이 일정하게 유지하려는 homeostasis 상태에 있다. 섭취한 영양소를 에너지로 전환하려면 비타민이나 무기질의 도움을 받아야 하며 이들은 조효소로써 역할을 하며 각 단계의 대사를 조절하여 준다.

3 구성소

인체의 골격구조와 성능을 유지하는데 영양소와 무기질 성분이 작용을 한다. 단백질은 근육과 연골, 인대를 형성하고 뼈와 이의 구조를 만드는 역할을 한다. 무기질은 뼈의 틀에 단단하도록 하는 역할을 하며 이러한 구성소에 속하는 영양소는 성장에 많은 영향을 미쳐 성장기에 영양불량이 되면 발육이 잘 일어나지 않게 된다.

- 에너지를 내며 신체의 체온유지를 한다.
- 신체의 조직형성과 보수, 성장과 유지에 관여하는 구성소로서의 역할을 한다.
- 체내에서 기능 조절을 한다.

[표 1-4] 기능별 영양소 분류

분 류	영 양 소
에너지	당질, 지방, 단백질
구성소	단백질, 무기질, 물
조절소	비타민, 무기질, 단백질

[표 1-5] 필수영양소의 종류

영 양 소	종 류
탄수화물	포도당
지방	리놀레산, 리놀렌산
단백질	히스티딘, 이소루신, 루신, 메티오닌, 페닐알라닌, 리신, 트레오닌, 트립토판, 발린
비타민	수용성 비타민, 지용성 비타민
무기질	다량무기질, 미량무기질
물	

* homeostasis 항상성

3 영양권장량 RDA: Recommended Dietary Allowances

사람이 건강을 유지하기 위하여 요구되는 영양소의 필요량을 충족시키기 위하여 국내외 많은 연구결과를 참고하여 정하는 영양소의 섭취해야 할 수준이다.

영양소의 최소필요량은 연령, 성별, 체격, 신체활동량, 건강상태, 식사습관 유전적, 환경적 조건, 사회경제수준 등의 기본 요소를 참고하여 각 영양소별 소요량이 산출된다.

또한 영양권장량은 지역에 거주하는 대다수의 사람들의 영양요구량의 만족을 위하여 평균 영양소 최소 필요량에 식생활 실태, 스트레스, 개인차 등을 고려한 안전치를 가산하여 결정된다.

이러한 영양권장량은 시대의 변화와 새로운 영양학 정보를 통해 재조정 되며 각 나라마다 영양권장량의 내용이 약간씩 다르며, 거의 매 5년마다 개정하고 있다.

현재 사용되는 한국인 영양권장량은 1962년 처음 제정되고, 현재는 2010년에 한국인 영양 섭취기준이 정해져 사용 되고 있다.

1 한국인 영양섭취기준

2010년 영양섭취 기준(Dietary Reference Intakes : DRIs)은 평균필요량(Estimated Average Requirement : EAR), 권장섭취량(Recommended Dietary Allowance : RDA), 충분섭취량(Adequate Intake :AI) 및 상한섭취량(Tolerable Upper Intake Level : UL)의 4가지로 구성되어 있다. 평균필요량은 대상집단의 필요량 분포치 중앙값으로부터 산출한 수치이다. 권장섭취량은 평균필요량에 표준편차의 2배를 더하여 정하였다. 충분섭취량은 영양소 필요량에 대한 정확한 자료가 부족하거나 필요량의 중앙값과 표준편차를 구하기 어려워 권장섭취량을 산출 할 수 없는 경우에 제시하였다. 상한섭취량은 인체 건강에 유해영향이 나타나지 않는 최대 영양소 섭취수준으로서 과량 섭취시 건강에 악영향의 위험이 있다는 자료가 있는 경우에 설정이 가능하다. 탄수화물과 지질의 영양섭취기준은 다른 영양소와 달리 서로간의 균형이 중요하므로 에너지 적정비율(Acceptable Macronutrient Distribution Ranges : AMDR)을 설정한다.

2010년 영양섭취기준은 성인 연령 기준을 19세로 하였고, 소아, 청소년 체위기준은 2007년 질병관리본부에서 발표한 성장발육표준치를 적용하였다. 식이섬유, 칼륨, 비타민 D, 비타민 E등은 국민건강영양조사에서의 에너지 및 해당 영양소 섭취량 추정치를 반영한 결과에 의해 충분섭취량을 수정하였다.

[표 1-6] 한국인 영양섭취기준 KDRIs, Dietary Refenence Intakes for Koreans

30세 성인의 에너지 필요추정량

(사)한국영양학회, 2010

성별	신장(cm)	신체활동 수준	체중(kg)		에너지필요추정량	
			기준BMI 18.1	기준BMI 24.9	기준BMI 18.5	기준BMI 24.9
남자	160	비활동적	47.4	64.0	1,993	2,257
		저활동적			2,171	2,464
		활동적			2,397	2,727
		매우활동적			2,769	3,160
	170	비활동적	53.5	72.2	2,114	2,442
		저활동적			2,338	2,670
		활동적			2,586	2,959
		매우활동적			2,992	3,434
	180	비활동적	59.9	81.0	2,301	2,635
		저활동적			2,513	2,884
		활동적			2,782	3,200
		매우활동적			3,225	3,720
여자	150	비활동적	41.6	56.2	1,625	1,762
		저활동적			1,803	1,956
		활동적			2,025	2,198
		매우활동적			2,291	2,489
	160	비활동적	47.4	64.0	1,752	1,907
		저활동적			1,944	2,118
		활동적			2,185	2,385
		매우활동적			2,474	2,699
	170	비활동적	53.5	72.2	1,881	2,057
		저활동적			2,090	2,286
		활동적			2,350	2,573
		매우활동적			2,662	2,917

[표 1-7] 한국인 영양섭취기준 KDRIs, Dietary Refenence Intakes for Koreans

에너지적정비율

(사)한국영양학회, 2010

영양소		1~2세	3~18세	19세 이상	비 고
탄수화물		55~70%	55~70%	55~70%	
단백질		7~20%	7~20%	7~20%	
지질	총지방	20~35%	15~30%	15~25%	
	n-6계 지방산	4~8%	4~8%	4~8%	
	n-3계 지방산	1% 내외	1% 내외	1% 내외	
	포화지방산[1)]	-	-	4.5~7%	
	트랜스지방산[1)]	-	-	1% 미만	
	콜레스테롤[1)]	-	-	300mg/일 미만	목표 섭취량

[표 1-8] 2010년 한국인 영양섭취기준

성별	연령	체중(kg)	신장(cm)	에너지(kcal/일)	단백질(g)	비타민 A(μg RE/일)		비타민 D(μg/일)		비타민 E(mg, α-TE일)	
				필요 추정량	RI	RI	UL	RI	UL	RI	UL
	(개월)										
	0~5	6.2	60.3	550	9.5*	300*	600	5	25	3	
	6~11	8.9	72.2	700	13.5	400*	600	5	25	4	
유아	(세)										
	1~2	12.2	86.1	1,000	15	300	600	5	60	5	100
	3~5	17.2	107	1,400	20	300	700	5	60	6	140
남자	(세)										
	6~8	25	122.2	1,600	25	400	1,100	5	60	8	200
	9~11	35.7	139.6	1,900	35	550	1,500	5	60	9	280
	12~14	50.5	158.8	2,400	50	700	2,100	5	60	10	380
	15~18	62.1	171.4	2,700	55	850	2,400	5	60	12	430
	19~29	65.8	173	2,600	55	750	3,000	5	60	12	540
	30~49	63.6	170	2,400	55	750	3,000	5	60	12	540
	50~64	60.6	166	2,200	50	700	3,000	10	60	12	540
	65~74	59.2	164	2,000	50	700	3,000	10	60	12	540
	75 이상	59.2	164	2,000	50	700	3,000	10	60	12	540
여자	(세)										
	6~8	24.6	121	1,500	25	400	1,100	5	60	7	200
	9~11	34.8	140	1,700	35	500	1,500	5	60	8	280
	12~14	47.5	155.9	2,000	45	650	2,100	5	60	9	380
	15~18	53.4	160	2,000	45	600	2,400	5	60	10	430
	19~29	56.3	160	2,100	50	650	3,000	5	60	10	540
	30~49	54.2	157	1,700	45	650	3,000	5	60	10	540
	50~64	52.2	154	1,800	45	600	3,000	10	60	10	540
	65~74	50.2	151	1,600	45	600	3,000	10	60	10	540
	75 이상	50.2	151	1,600	45	600	3,000	10	60	10	540
임신부				+0 +340 +450	+0 +15 +30	+70	3000	+5	60	+0	540
수유부				+320	+25	+490		+5	60	+3	540

RI : 권장량섭취량(Recommended Intake)
UL : 상한섭취량(Toterable Upper Intake Level)
* 충분섭취량

[표 1-9] 2010년 한국인 영양섭취기준

성별	연령	비타민C (mg/일)		비타민B_1 (mg/일)	비타민B_2 (mg/일)	나이아신 (mg NE/일)		비타민B_6 (mg/일)		엽산 (μgDFE/일)		비타민B_{12} (μg/일)
		RI	UL	RI	UL	RI	UL	RI	UL	RI	UL	RI
	(개월)											
영아	0~5	35*		0.2*	0.3*	2*		0.1*		65*		0.3*
	6~11	45*		0.3*	0.4*	3*		0.3*		80*		0.5*
	(세)											
유아	1~2	40	350	0.5	0.6	6	180	0.6	25	150	300	0.9
	3~5	40	500	0.5	0.7	7	250	0.7	35	180	400	1.1
	(세)											
남자	6~8	60	700	0.7	0.9	9	350	0.9	45	220	500	1.3
	9~11	70	1,000	0.9	1.1	11	500	1.1	60	300	600	1.7
	12~14	100	1,400	1.2	1.5	15	700	1.5	80	400	800	2.3
	15~18	110	1,600	1.4	1.7	17	800	1.5	90	400	900	2.7
	19~29	100	2,000	1.2	1.5	16	1,000	1.5	100	400	1,000	2.4
	30~49	100	2,000	1.2	1.5	16	1,000	1.5	100	400	1,000	2.4
	50~64	100	2,000	1.2	1.5	16	1,000	1.5	100	400	1,000	2.4
	65~74	100	2,000	1.2	1.5	16	1,000	1.5	100	400	1,000	2.4
	75 이상	100	2,000	1.2	1.5	16	1,000	1.5	100	400	1,000	
	(세)											
여자	6~8	60	700	0.7	0.7	9	350	0.9	45	220	500	1.5
	9~11	80	1,000	0.9	0.9	11	500	1.1	60	300	600	1.9
	12~14	100	1,400	1.1	1.2	14	700	1.4	80	400	800	2.4
	15~18	100	1,600	1.0	1.2	14	800	1.4	90	400	900	2.4
	19~29	100	2,000	1.1	1.2	14	1,000	1.4	100	400	1,000	2.4
	30~49	100	2,000	1.1	1.2	14	1,000	1.4	100	400	1,000	2.4
	50~64	100	2,000	1.1	1.2	14	1,000	1.4	100	400	1,000	2.4
	65~74	100	2,000	1.1	1.2	14	1,000	1.4	100	400	1,000	2.4
	75 이상	100	2,000	1.1	1.2	14	1,000	1.4	100	400	1,000	2.4
임신부		+10	2,000	+0.4	+0.4	+4	1,000	+0.8	100	+200	1,000	+0.2
수유부		+35	2,000	+0.4	+0.4	+5	1,000	+0.8	100	+150	1,000	+0.4

RI : 권장량섭취량(Recommended Intake)

UL : 상한섭취량(Toterable Upper Intake Level)

* 충분섭취량

1) Dietary Folate Equiralents

출처 : 한국영양학회, 2010년 한국인 영양섭취기준

[표 1-10] 2010년 한국인 영양섭취기준

성별	연령	칼슘 (mg/일)		인 (mg/일)		철 (mg/일)		아연 (mg/일)		구리 (mg/일)		요오드 (μg/일)		셀레늄 (μg/일)	
		RI	UL	RI	UL	RI	UL	RI	UL	RI	UL	RI	UL	RI	UL
	(개월)														
영아	0~5	200*		100*		0.3*	40	1.7*				130*	250	8.5*	40
	6~11	300*		300*		6	40	2.8				170*	250	11	60
	(세)														
유아	1~2	500	2,500	500	3,000	6	40	3	6	290	1,500	80	300	20	85
	3~5	600	2,500	500	3,000	7	40	4	9	330	2,000	90	300	25	120
	(세)														
남자	6~8	700	2,500	700	3,000	8	40	5	13	430	3,000	100	500	30	150
	9~11	800	2,500	1,000	3,500	11	40	8	18	570	5,000	110	700	40	200
	12~14	1,000	2,500	1,000	3,500	14	40	8	25	740	7,000	130	1,700	50	300
	15~18	900	2,500	1,000	3,500	15	45	10	30	870	8,000	130	1,900	60	300
	19~29	750	2,500	700	3,500	10	45	10	35	800	10,000	150	2,400	55	400
	30~49	750	2,500	700	3,500	10	45	9	35	800	10,000	150	2,400	55	400
	50~64	700	2,500	700	3,500	9	45	9	35	800	10,000	150	2,400	55	400
	65~74	700	2,500	700	3,500	9	45	9	35	800	10,000	150	2,400	55	400
	75 이상	700	2,500	700	3,000	9	45	9	35	800	10,000	150	2,400	55	400
	(세)														
여자	6~8	700	2,500	600	3,000	8	40	5	13	430	3,000	100	500	30	150
	9~11	800	2,500	900	3,500	10	40	7	18	570	5,000	110	700	40	200
	12~14	900	2,500	900	3,500	13	40	7	25	740	7,000	130	1,700	50	300
	15~18	800	2,500	800	3,500	17	45	9	30	870	8,000	130	1,900	60	300
	19~29	650	2,500	700	3,500	14	45	8	35	800	10,000	150	2,400	55	400
	30~49	650	2,500	700	3,500	14	45	8	35	800	10,000	150	2,400	55	400
	50~64	700	2,500	700	3,500	8	45	8	35	800	10,000	150	2,400	55	400
	65~74	700	2,500	700	3,500	8	45	7	35	800	10,000	150	2,400	55	400
	75 이상	700	2,500	700	3,000	8	45	7	35	800	10,000	150	2,400	55	400
임신부		+280	2,500	+0	3,000	+10	45	+2.5	35	+130	10,000	+90		+4	400
수유부		+370	2,500	+0	3,500	+0	45	+5.0	35	+450	10,000	+180		+10	400

RI : 권장량섭취량(Recommended Intake)

UL : 상한섭취량(Toterable Upper Intake Level)

* 충분섭취량

1) Dietary Folate Equiralents

출처 : 한국영양학회, 2010년 한국인 영양섭취기준

2 영양권장량의 추정방법

- 건강한 정상인들의 영양소 섭취량을 조사한다.
- 역학조사에 결핍 증세를 보이는 집단에 영양개선 및 치료결과에 기초하여 자료를 수집한다.
- 영양소 섭취와 관련된 기능의 적정성을 평가하여 측정한다.
- 영양소 섭취와 영양소 수준과의 관계를 고려한 평형실험 연구를 한다.
- 결핍인 사람이 부족증을 보이는 정도의 식이를 일정기간 섭취한 후 영양소를 보충하여 영양 상태를 교정하여 필요량의 추정을 한다.
- 특정 영양소가 결핍된 식이를 동물실험 결과로부터 추정한다.

3 영양권장량의 이용

영양권장량은 특정한 인구집단의 영양 상태를 평가하는데 필요한 기준이 되며, 국가의 식품, 영양정책을 계획하고 수립하는데 이용이 된다.

국민건강증진 방안을 마련하고자 할 때, 영양교육 프로그램이나 건강 예방 프로그램 개발 시 영양결핍증 및 과잉증을 영양권장량에 근거하여 지침을 제시할 수 있다. 그러나 한 개인의 영양 상태를 판정하는데 사용하기에는 영양권장량이 부적절하다. 예를 들면 개인의 생리적 요인에 따라 영양권장량의 수치가 모두에게 적용되어 진다고 볼 수 없기 때문이다.

4 영양상태 평가

건강과 질병예방을 위해 현재의 인체 영양 상태를 진단하여 영양 문제를 찾아 영양 상태를 정확히 파악하는 것이 필요하다.

또한 이러한 문제 해결을 위하여 정보를 수집하고 이에 근거하여 영양개선의 계획을 세우고 실천하도록 한다.

영양 상태를 진단하는 평가 방법은 다음과 같은 것들이 있다.

[표 1-11] 영양상태의 평가 ABCD 접근법

Anthropolatric Assessment 신체계측
Biochemical Assessment 생화학적 평가
Cilmical observation 임상조사
Dietary Survey 식사조사

간접평가는 보건통계분석, 식품공급 상황조사 및 영양관련 환경 인자를 평가하는 식생활 조사로 이루어진다. 식생활 조사를 통해 영양 상태를 진단할 수 있는 방법을 보기로 한다.

1 영양상태 평가방법

식품섭취조사는 영양소 섭취량을 알게 해주는 중요한 조사로서, 방법에는 소비량을 중심으로 하거나 식품의 섭취량을 중심으로 하는 방법이 있다. 식품의 소비량은 주로 집단별로 조사가 되고, 식품의 섭취량을 개인별로 조사되는 예가 많다.

(1) 집단별 식품섭취 조사방법

❶ 식품계정조사 : 구매하는 식품의 종류, 양을 조사하는 것으로 가족단위로 조사한다.

❷ 식품소비조사 : 조사 시작 시에 집단에 있는 모든 음식의 양을 조사하고 조사 기간 동안 구매된 식품의 양을 조사해서 조사 기간 동안 사용된 식품의 양을 조사하고, 조사 기간의 마지막 날 남은 식품의 양을 확인해서 조사기간 동안의 식품의 섭취량을 계산하며 이때 식탁에서 버려진 식품의 양도 계산해 첨가한다.

❸ 식품열거조사 : 소비되는 식품의 종류와 양을 면접을 통해서 조사하는 방법을 한다.

(2) 개인별 식품섭취조사 방법

❶ 회상법 : 개인의 질문지를 써내거나 조사원이 면접을 통해서 기록하는 방법이다.

❷ 기록법 : 식품섭취를 일기 식으로 적어 나가는 방법이다.

❸ 과거 식사경력 조사법 : 회상법과 식품섭취 빈도조사를 포함한 세밀한 조사방법이다.

❹ 식품섭취 빈도조사 : 특정한 영양소를 조사하기 위하여 그 특정한 영양소의 주공급원이 되는 식품을 열거하여 조사한다.

❺ 동일한 식품의 수거방법 : 먹는 양만큼 따로 몫을 떼어놓아 수거하는 방법이다.

(3) 임상 영양조사를 이용한 영양평가

임상 영양조사는 영양 상태의 변화에 의해서 나타나는 신체증후를 조사하는 것으로 일반적인 외모, 몸무게, 근육의 상태, 신경조절기능, 소화기관의 기능, 순환계의 기능, 머리카락, 피부, 얼굴과 목, 입술, 입과 입안의 피부, 잇몸의 상태, 혀, 치아, 눈 등에 나타나는 여러 신체 증후를 조사하는 것으로서 이 경우에는 증상에 대한 확실한 정의와 표준화가 필요하다.

(4) 신체계측 조사를 이용한 영양평가

신체계측조사는 체격을 측정하고 신체의 구성성분을 측정하는 것으로 신체의 발달은 연령이나 영양 상태에 따라 달라지며, 신체 계측치는 영양 상태를 판정하는 자료로서 많이 이용된다.

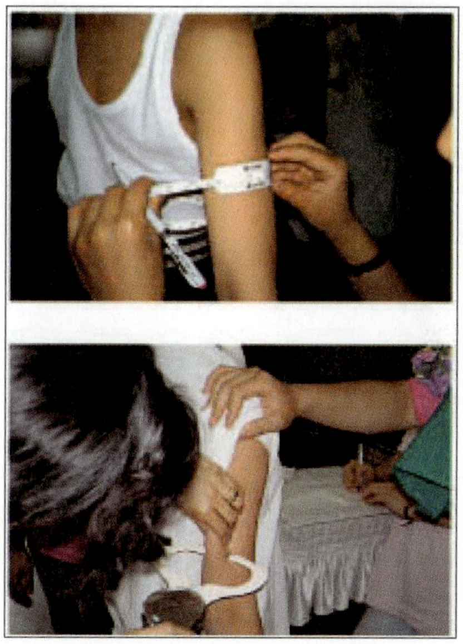

[그림 1-4] 신체계측사진

(5) 생화학적 조사를 이용한 영양평가

① 주로 혈액이나 소변 속의 영양소를 조사하는 방법으로 생화학적인 조사의 결과는 유전적인 것, 성별, 나이 등이 모두 영향을 미치므로 이런 것을 고려하여 해석하여야 한다.

② 임상적인 조사나 식품 섭취조사에서 잘 나타나지 않는 영양부족을 알아내는데 쓰이며 서로 상호보완적으로 영양문제를 나타내 준다.

2 식사 평가

한 가지 식품으로 우리 인체가 요구하는 모든 영양소를 충족시킬 수 없다. 따라서 식품섭취의 다양성 평가는 간단한 식사평가 방법이다.

(1) 식품군 섭취패턴

우리나라는 아직 기준이 없고 미국의 것을 원용하고 있다. 식품군 섭취 패턴은 다섯 가지 기초 식품군 중에서 유지 및 당류를 제외하고 육류군(육류, 어패류, 난류, 두류), 우유 및 유제품군, 과일군, 채소군, 곡류 및 감자류군의 5군으로 나눈 다음, 하루 섭취한 식품의 중량을 구하여 고체형태인 육류, 과일, 채소, 곡류는 30g, 고형유제품(치즈)등은 15g, 액체형태의 유제품, 과일, 채소는 60g를 기준으로 하여 각 군에서 기준량 이상을 섭취하면 1, 섭취하지 못한 경우는 0으로 표시하는 방법이다. 즉, 식품 섭취 패턴은 GMFVD(Grain, Meat, Fruit, Vegetable, Dairy product)로 표시하며, 만약 식품 섭취 패턴이 GMFVD=10110이면 곡류, 과일, 채소군은 섭취한 반면, 육류 및 유제품은 섭취하지 않은 것으로 진단한다.

식품군	기준량(눈대중 양)		예(섭취한 양)	섭취패턴
곡류 및 감자류		30g(쌀 30g, 밥 1/3 공기)	160g	1
육류		30g(작은 로스용 1장)		0
과일류 고체, 액체(주스류)		30g(귤 1/3개), 쥬스60g(1/3주스컵)	100g	1
채소류 고체, 액체(주스류)		30g(작은 오이1/4개), 60g(1/3 주스컵)	135g	1
우유 및 유제품 고체(치즈 등) 액체		15g(치즈 2/3장), 60g(1/3 주스컵)	0g	0

[그림 1-5] 식품군의 기준량

(2) 섭취식품의 가짓수

식사의 다양성을 평가하는 방법에는 하루에 섭취한 식품의 가짓수 그대로 점수화하여 평가하는 DVS(dietary Variety score)와 식품군 섭취의 균형을 점수화하는 양성조사표(dietary varidty score)가 있는데, 이들 모두 일본 영양사회의 것이다. 대한영양사회에서는 이를 한국의 실정에 맞게 보정하여 표 1-12와 같은 평가표를 만들었다.

[표 1-12] 식품 섭취 다양성 평가표

오늘의 식단은 몇 점이나 될까? (　　)요일

영양소	식품류	식품	배점		득점		
			균형식	식품	아침	점심	저녁
단백질	고기류 생선류	닭고기, 돼지고기, 쇠고기, 토끼고기, 오리고기, 염소고기, 소시지, 햄, 생선, 민물고기, 굴, 조개, 어묵	10	5			
	알류	달걀, 오리알, 메추리알		5			
	콩류	콩, 두부, 비지, 두류, 된장, 청국장		4			
칼슘	우유류	우유, 양분, 분유, 치즈, 요구르트	10	5			
	뼈째먹는 생선	멸치, 뱅어포, 잔새우, 미꾸라지, 양미리, 사골		4			
비타민 무기질	녹황색 채소류 해조류	시금치, 당근, 깻잎, 고추, 갓, 미나리, 상추, 쑥갓, 무청, 아욱, 근대, 열무, 미역, 김, 다시마, 파래	10	5			

영양소	식품류	식품	배점		득점		
			균형식	식품	아침	점심	저녁
비타민 무기질	담색 채소류 버섯류	무, 배추, 양배추, 오이, 호박, 파, 양파, 우엉, 콩나물, 가지, 고구마 줄기, 도라지, 버섯					
	과일류	사과, 감, 배, 복숭아, 귤, 포도, 살구, 자두, 참외, 토마토, 수박, 딸기 대추					
당질	쌀	쌀, 찹쌀	10	3			
	잡곡류	보리쌀, 밀가루, 옥수수, 조, 수수, 국수, 빵, 떡, 엿, 라면		3			
	감자류	감자, 고구마, 당면, 토란, 도토리		3			
지방	기름류	참기름, 들기름, 채종유, 쇼트닝, 마요네즈, 마가린, 버터	10	4			
	종실류	참깨, 들깨, 호도, 잣, 땅콩		2			
합 계			100				

진단방법	평가기준
* 식단 란에는 아침, 점심, 저녁별로 음식명과 사용한 식품 명을 쓴다. * 득점 란에는 식품류별로 사용한 식품이 있을 때 ㅇ표를 한다. * 배점 란의 균형식 점수는 영양소별로 ㅇ표가 있을 때 해당점수를 득점한다. * 합계 란에는 균형식 점수와 식품점수를 합하여, 이를 평가지군과 비교한다.	* 75점 이상은 훌륭합니다. * 74~75점은 개선할 필요가 있습니다. * 49점 이하는 많이 개선해야 합니다.

(3) 식사행동 평가

조사대상자의 장기적인 식사 섭취상태를 정확하게 파악하기 위해서는 식품 섭취조사와 함께 식행동조사를 병행해야 한다. 식행동(dietary behavior)이란 개인이 식품을 구입하여 조리, 가공하고 섭취하기까지의 전반적인 과정에 걸쳐서 나타나는 모든 행동을 말한다. 따라서 식행동은 영양과 건강에 대한 지식과 의식이나 의욕 등의 태도에 의해 영향을 받으며, 집단의 사회, 문화, 심리적 영향 속에서 반복됨으로써 식습관(habit)이 된다. 잘못된 식습관은 장래 자신의 건강에 해를 끼치므로 하루 빨리 고치는 것이 중요하다.

[표 1-13] 건강을 위한 식생활 진단

이름 :	나이 : 세	성별: 남 여

1. 나의 체중은? 키:______________ 체중:__________kg
   표준체중: _________kg (　　kg에서　　kg까지는 정상체중입니다.)

2. 비타민제, 영양제를 먹는다. (종류 기재:　　　　　　　)
   건강보조식품을 먹는다. (종류 기재:　　　　　　　)

나는.....	예 (5점)	가끔 (3점)	아니오 (1점)
*** 규칙적인 식생활**			
하루에 3끼니 식사를 한다.			
아침식사를 제대로 한다.			
정해진 시간에 식사를 한다.			
여유 있게 천천히 식사한다.			
과식을 하지 않는다.			
*** 균형 잡힌 식생활**			
곡류음식을 매끼 먹는다(밥, 빵류, 면류, 감자, 고구마 등).			
육류반찬을 매끼 먹는다(어류, 계란, 두류, 두부 등 포함).			
채소반찬을 매끼 먹는다(김치 제외).			
기름을 넣어 조리한 음식을 매끼 먹는다.			
우유를 매일 마신다.			
과일을 매일 먹는다.			
매끼 골고루 식사한다(곡류+육류+채소류).			
*** 식생활과 건강**			
가공식품을 자주 먹지 않는다.			
단 음식을 많이 먹지 않는다.			
싱겁게 먹는다.			
동물성 기름을 자주 먹지 않는다(삼겹살, 갈비 포함).			
외식을 자주 하지 않는다.			
과음 및 잦은 음주는 피한다.			
운동을 매일 한다(1시간 이상).			
영양지식을 실생활에 활용한다.			
총 점			

평가: 70점 이상-양호, 69~30점-보통, 30점 미만-개선필수
출처: 부산시 사하구 보건소

[표 1-14] 매일의 식사균형 체크 항목

항목	
1. 우유(요구르트 등 유제품 포함)는 1병 이상 마신다.	예
2. 달걀은 하루에 1개 섭취한다.	예
3. 생선, 육류는 하루에 2토막 섭취한다(한 토막은 70g정도 크기).	예
4. 두부, 된장, 콩 종류를 섭취한다.	예
5. 채소요리를 2~3가지 섭취함	예
6. 감자류(감자, 고구마, 마 등)를 먹는다.	예
7. 미역 다시마, 김 등의 해조류를 먹는다.	예
8. 과일은 하루 1개를 먹는다.	예
9. 아침식사는 반드시 한다.	예
평가: 예의 응답 1개에 5점 배당 40점 이상 – 영양의 균형이 잘 잡혀 있음 30 ~ 39점 – 영양균형이 조금 기울어져 있음 29점 이하 – 영양의 균형이 깨져 있음 적극적으로 식생활을 개선하지 않으면 건강을 상하게 됨	

5 한국인을 위한 식사지침

보건복지부에서 제시한 국민식생활지침 5개항을 보면 다음과 같다.

① 여러 가지 식품을 골고루 먹읍시다.
- 지방은 총 섭취열량의 20% 정도

② 정상체중을 유지할 수 있도록 알맞게 먹읍시다.

③ 음식은 되도록 싱겁게 먹읍시다.
- 소금 섭취는 하루 10g 이하

④ 과음을 삼갑시다.

⑤ 식사를 규칙적으로 즐겁게 먹읍시다.

또한 대한영양사회(2010년)에서는 다음과 같은 건강한 생활을 위한 식사지침을 발표했다.

① 골고루
② 제때에
③ 알맞게
④ 싱겁게
⑤ 즐겁게

영양사가 권장하는 건강한 생활을 위한 식사지침으로 발표했다.

[표 1-15] 우리나라 식사지침의 비교

	한국영양학회 1986	보건사회부 1984	한국식량경제 학술협의회 1985	식생활개선범 국민운동본부	보건사회부 1990
다양한 식품을 골고루 먹자	○	○	○	○	○
정상체중을 유지하자	○		○		○
단백질을 충분히 섭취하자	○				
지방질은 총열량의 20% 정도를 섭취하자				○	○
우유를 매일 마시자	○		○		
짜게 먹지 말자		○	○	○	
치아건강을 유지하자	○			○	○
술, 담배, 카페인, 음료 등을 절제하자	○	○			
식생활 및 일상생활의 균형을 이루자	○		○		○
식사를 즐겁게 하자	○				
콩, 수산물, 과일을 많이 먹자 (콩, 축산물, 수산물을 좀 더 먹자)	○		○	○	○
우리나라에서 나는 식품을 이용하자				○	
식량의 낭비를 줄이자			○		
기타: 담배를 피우지 말자				○	
규칙적인 운동을 하자		○			
청결을 생활화 하자		○			
아껴쓰자		○			
		○			

출처: 윤진숙(1999)

한국인을 위한 식생활 지침

- **다양한 식품을 골고루 먹자**

  인체가 생명을 유지하고 건강하게 생활을 유지하는데 필요한 영양소는 40여 종에 달한다. 영양의 균형이 잡힌 식사를 하려면 다양한 식품을 섭취해야 한다.

- **정상체중을 유지하자**

  한국은 서구에 비하면 과다체중으로 인한 건강문제가 아직 심각하지는 않다. 그러나 생활양식의 서구화로 체중이 증가하면서 성인병의 발병률, 사망률도 높아지고 있다.

- **단백질을 충분히 섭취하자**

  단백질은 인체의 새로운 조직 형성과 낡은 조직의 대체를 도와주며 건강을 유지시켜 준다.

- **총열량의 20% 정도는 지방질로 섭취하자**

  한국인의 지방질 섭취량은 아직 부족한 실정이다. 특히 식물성과 동물성 유지를 균형 있게 섭취하고 생선과 콩도 먹어야 한다.

- **우유를 매일 마시자**
  우유는 한국인의 식단에 특히 부족한 칼슘과 리보플라빈 함량이 높은 식품이다. 매일 우유 한 컵씩 마시면 이들 영양소의 섭취수준을 크게 향상시킬 수 있다.
- **짜게 먹지 말자**
  우리는 곡류 과잉섭취로 짜게 먹는 식습관이 있다. 간장, 된장, 고추장 등의 사용량을 줄이고 식염을 이용한 가공식품, 화학조미료의 사용을 제한해야 한다.
- **치아건강을 유지하자**
  우리 국민의 90% 이상이 충치를 앓고 있다. 충치는 설탕류의 섭취량보다도 섭취빈도에 더 좌우된다. 청량음료, 사탕, 과자류, 아이스크림은 충치를 유발하기 쉬운 반면 신선한 과일이나 야채는 구강 청정작용을 한다.
- **술, 담배, 카페인음료를 절제하자**
  알코올은 열량이 높지만 다른 영양소가 거의 없고 식욕을 감퇴시키며 몇 가지 필수영양소의 흡수를 방해한다.
- **식생활 및 일상생활의 균형을 이루자**
  균형 잡힌 식단, 규칙적인 식사, 적절한 수면으로 일상생활과 식생활에 항상성을 유지해야 한다.
- **식사는 즐겁게 하자**
  가족들이 한 자리에 모여 정성껏 만든 음식을 먹을 때 생활은 한층 더 즐거워진다.

미국인을 위한 식생활 지침

- 다양한 식품을 골고루 먹자.
- 정상체중을 유지하자.
- 총지질, 포화지방산, 그리고 콜레스테롤이 적은 식사를 선택하자.
- 채소, 과일 그리고 곡류가 충분히 포함된 식사를 선택하자.
- 설탕은 너무 많이 먹지 말자.
- 소금과 나트륨을 너무 많이 먹지 말자.
- 술을 마신다면 적당량 마시자.

6 식품 영양 표시제도

1 영양표시제도

식품의 영양표시제도란 그 제품이 함유한 영양적 가치를 표기하는데 있어 정해진 규칙에 따라 표기하도록 함으로써 소비자의 식품 선택을 돕기 위한 제도이다.

2 영양표시제도의 내용

영양표시제도는 해당 제품의 영양적 특성을 그 표지에 나타내는 모든 표현을 대상으로 하며, 표지의 실제 나타나는 표현은 그 표시대상이나 표현방법이 다양하지만 크게 다음과 같은 3가지 범주로 구분해볼 수 있다.

① **영양성분표시** nutrient declaration 식품이 가진 영양적인 가치를 표준화된 양식으로 숫자나 그래프 등을 이용하여 제품의 일정량당(100g(mℓ)), 1인 분량당, 혹은 1단위포장(캔, 병, 봉)당 함량을 사실적으로 표시하는 것을 말한다.

② **영양강조표시** nutrition claim 제품이 특별한 영양적 성질을 가지고 있음을 표현하거나 암시하는 모든 표현을 말한다.

③ **건강정보표시** healthy claim 식품이나 그 식품에 들어 있는 영양소 혹은 성분과 질병 혹은 건강과 관련된 증상 간에 어떤 관계가 있음을 표현하거나 암시하는 표현을 말한다.

Nutrition Facts

Serving Size 1cup(228g)	
Serving Per Container 2	
Amount Per Serving	
Calories 200kcal	Calories from fat 27kcal
	% Daily Value*
Total Fat 3g	5%
Saturated Fat 0g	0%
Cholesterol 5mg	2%
Sodium 770mg	39%
Total Carbohydrate 43g	14%
Dietary Fiber 11g	44%
Sugars 0g	
Protein 10g	
Vitamin A 10% ·	Vitamin C 4%
Calcium 10% ·	Iron 15%
thiamin 8% riboflavin 4%	niacin 4%

* Percent Daily Values are based on a 2,000 calories diet. Your daily values may be higher or lower depending on your calories needs:

		Calories: 2,000	2,500
Total Fat	Less than	65g	80g
Sat Fat	Less than	65g	80g
Cholesterol	Less than	300mg	300mg
Sodium	Less than	2,400mg	2,400mg
Total Carbohydrate		300g	375g
Dietary Fiber		25g	30g

Calories per gram:
Fat 9 · Carbohydrate 4 · Protein 4

1회 분량
용기당 분량
1회 분량
열량
건강에 중요한 영양소이나 과잉 섭취가 우려된다.
비타민 A와 C, 칼슘과 철분은 꼭 표시해야 함
지질, 탄수화물, 단백질의 1g당 열량
영양정보를 제공한다.
지질로부터의 열량
1일 기준치의 백분율로 표시하고, 하루의 식사에 상한치가 100% 되게 하기 위하여 어떻게 음식을 선택할 수 있는지를 보여준다.
1일 기준치는 2,000kcal를 기준으로 설정되어 있어서 열량을 그 이상 섭취할 때 증가되어야 하나, 지방, 포화지방, 콜레스테롤과 소디움은 상하한치를 넘지 말아야 한다.
* 탄수화물, 식이섬유소, 비타민, 무기질은 상한선에서 예외일 수 있다.

[그림 1-6] 영양표시제의 예

제 2 장

탄수화물

탄수화물의 종류, 이용 및 기능, 탄수화물 섭취에 관련된 건강문제를 학습하고 이해하도록 한다.

탄수화물은 탄소 : 수소 : 산소의 비율이 1 :2 : 1의 구성되었으며, 자연계에 가장 많이 존재하는 유기물질이다. 탄수화물은 식물의 엽록소에서 광합성 작용[1]에 의하여 생성되며, 포도당이 된 후에는 녹말과 섬유소의 형태로 존재하며, 주로 곡류의 형태로 섭취하게 된다.

탄수화물은 인체의 주요 에너지원이 되고 있으며 인체 내 에너지 저장형태이다. 탄수화물의 일반식은$(CH_2O)_n$이며 알데하이드기[2]와 케톤기[3]로 구성된다.

[그림 2-1] 광합성에 의한 탄수화물

1 탄수화물의 분류 및 구조

1 단당류 monosaccharide

단당류[4]는 포도당, 과당, 갈락토오즈, 리보오스 등이 있으며. 단당류는 더 이상 가수 분해되지 않는 당이다. 단맛을 내며 자연계에서는 사슬형태나 고리형태이고 생체 내에서는 주로 고리형태이다. 천연물에서 추출하거나 올리고당류, 다당류 등을 가수분해하거나 화학적 합성으로 얻는다. 광학적 활성에 따라 D-형과 L-형으로 분류하며, 생체 내에는 D형 이성질체만을 대사한다. L-형 이성질체는 생체 내에서 이용되지 않고 에너지를 생산하지 않아 대체 감미료로 쓰인다.

① 포도당 glucose

포도당의 분자식이 $C_6H_{12}O_6$로 천연에서 가장 많이 존재하지만 식품에는 드물며 이당류나 다당류의 형태로 존재한다, 화학적으로는 알데히드기 aldehyde를 가지는 알도오스 aldolse 형태이

1) 광합성 작용 : 식물이 태양에너지를 이용하여 포도당을 생산하는 작용
2) 알데하이드기 aldehyde $-\underset{\underset{O}{\|}}{C}-H$
3) 케톤기 ketone $-\underset{\underset{O}{\|}}{C}-$
4) 단당류 : mono(하나)+saccharide(당)

다. 동물체 내에는 혈액, 림프액, 뇌척수 액에 있으며 혈액 내에는 일정한 양을 유지하여서 혈당의 항상성 homeostasis을 유지한다.

② 과당 fructose

과당은 포도당 만큼 달지는 않지만 포도당과 같이 과일, 꿀, 콘시럽 등에 많이 들어 있다. 천연의 형태는 D-형이며 케톤기(ketone)가 있는 케토오스[5](ketose) 형태의 헥소오스(hexose)이다. 당류 중 생체 내 흡수가 가장 빠르고 단당류 중 단맛이 가장 강하다.

[그림 2-2] 꿀, 콘시럽

③ 갈락토스 galactose

유당에 함유되어 있으며 D-형 갈락토스형태인 단당류로는 드물지만 우유 속 이당류인 유당의 구성으로 존재한다. 갈락토스는 알도 헥소오스[6](Aldo-hexose)의 형태이다.

[그림 2-3] 우유

2 이당류 disaccharid

이당류는 단당류 2개가 결합한 당이며 종류로는 설탕인 서당[7](sucrose), 맥아당[8](maltose),

5) 케토오스 ketose
6) 헥소오스 hexose
7) 서당 sucrose
8) 맥아당 maltose

유당[9](lactose)이 있다.

[표 2-1] 이당류

이당류	구 성	형 태	급 원
서당	포도당 + 과당	비환원당	과즙, 설탕
맥아당	포도당 + 포도당	환원당	식혜
유당	포도당 + 갈락토오스	환원당	유즙

① 서당 sucrose

서당은 성분표시에 설탕이라고 표시되는 감미료이며 최근 음료나 초콜릿 등 조리시 과잉 사용으로 인하여 비만과 충치를 유발하는 성분으로 그 양을 제한하여 사용하고 있다.

② 맥아당 maltose

맥아당은 포도당 2분자가 α-1,4결합으로 연결된 이당류이며, 엿당이라고도 한다. 전분에 맥아(malt)가 발아하면서 생성되는 효소로써 맥아에서 추출한 아밀라제(amylase)를 작용시키면서 생성되기 때문에 맥아당이라고 한다. 엿기름의 아밀라제를 이용하여 만드는 것이 식혜, 엿, 조청 등이 있다. 아밀라제는 침 속에서 분비되는 효소로써 밥을 오래 씹으면 단맛이 나는 것은 전분이 아밀라제[10]에 의하여 분해가 되어 포도당으로 변하기 때문이다.

[그림 2-4] 식혜

③ 유당 lactose

유당은 포도당과 갈락토스로 구성된 이당류이다. 다른 이당류와는 다르게 β-결합 되어 있어 과량 섭취하거나 유당분해효소(lactase)[11]가 부족하면 소화되기 어렵다.

9) 유당 lactose : 우유에 있는 당으로 이당류에 속한다.
10) 아밀라제 amylase : 녹말을 가수분해하는 효소의 총칭
11) 락타아제 lactase : 유당을 가수분해하는 효소

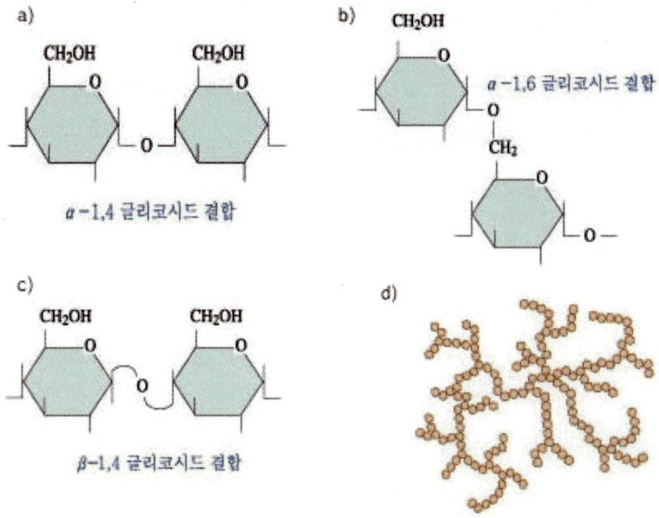

[그림 2-5] 이당류의 구조

3 올리고당 oligosaccharide

3~10개의 단당류로 구성되어 있고, 당단백질이나 당지질의 구성성분이다. 일부 올리고당은 다당류의 소화 과정 중 만들어지며 단당류로 분해되며, 콩, 양파, 우엉, 바나나, 벌꿀, 모유, 마늘, 생강 등에 함유되어 있으며 세포 내 에서는 생체 막에 부착되어 있다. 3당류로는 목화씨에 있는 라피노오스[12]가 있고, 효소에 의해 포도당, 과당 갈락토오스가 된다.

최근 올리고당이 기능성식품으로 알려지게 되어 많은 이용을 하고 있는데 올리고당이 인체에 생리적 효과를 가져오기 때문이다.

올리고당의 생리적 효능

- 유해 미생물의 생장을 억제하여 아민 등의 생산을 감소시킨다.
- 담즙산염 분해효소를 분비하여 담즙산 재흡수를 감소시킨다.
- 영양소의 소화, 흡수를 증진시킨다.
- 항생물질 분비한다.
- 수용성 비타민 등 합성한다.

4 다당류[13] polysaccharid

① 전분 starch

전분은 식물에 널리 저장되어 있으며 특히 곡류, 식물의 뿌리, 열매, 씨앗 등에 함유되어 있다. 전분은 동물의 중요한 에너지원이며 포도당이 10개 이상 ~ 수십만개 모여 형성되었다. 전분입자는

12) **라피노오스** raffinose : 갈락토오스-포도당-과당

13) **다당류** polysaccharide : 보통 3,000개 이상의 단당류로 구성

전분의 종류에 따라 다르며 크기도 다르고 전분의 호화온도와 시간이 달라 호화형태가 달라진다.

전분은 결합 형태에 따라 아밀로스(amylose)[14]와 아밀로펙틴(amylopectin)[15]으로 구성되어 있으며, 전분은 아밀로스 분해효소(amylase)에 의해 분해되면 포도당이 된다. 찹쌀이나 찰전분은 아밀로펙틴으로 구성되어 있다.

아밀로펙틴은 포도당 단위가 α-1,4 결합과 α-1,6결합에 연결된 전분이다. 전분은 조리 시 물과 열을 가하며 호화가 되는 α화 현상이 일어나며 쌀이 밥으로 되는 현상이다.

알아가기

호화 – 열, 물이 이용됨
호정 – 열이 이용됨 (미숫가루, 토스트)
노화 – 호화전분을 방치하며 굳고 단단해지는 현상

② 글리코겐 glycogen

동물의 근육조직에 저장되는 당질 형태로 동물성 전분(animal starch)이라 하며 구조적으로는 아밀로펙틴과 비슷하다. 동물의 간(약100g)이나 근육(약250~400g)에서 발견되고 포도당의 저장고 역할을 하며, 혈당량 조절에 주로 사용된다. 또한 운동에 필요한 에너지를 만드는데 사용된다.

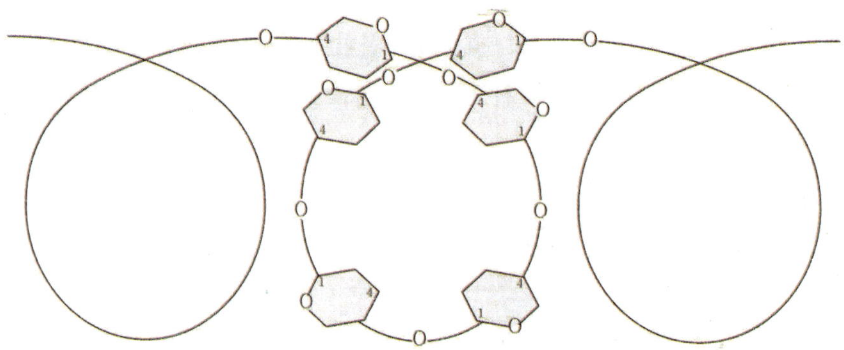

아밀로오스의 구조
(한 포도당의 1번 탄소와 다른 포도당의 4번 탄소가 결합하여 나선형 일직선 구조 형성)

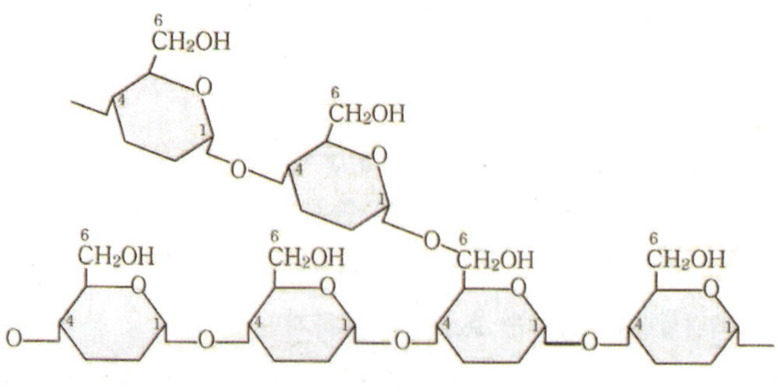

아밀로펙틴의 구조
(한 포도당의 1번 탄소와 다른 포도당의 6번 탄소가 연결되면 가지가 생긴다)

[그림 2-6] 전분의 두 형태인 아밀로오스와 아밀로펙틴의 구조

14) 아밀로오스 amylose : 포도당 단위가 α -1,4 결합에 의해 긴 사슬형태로 중합된 녹말
15) 아밀로펙틴 amylopectin : 포도당 단위가 α -1,6 결합에 의해 중간중간 가지를 친 형태로 중합된 녹말

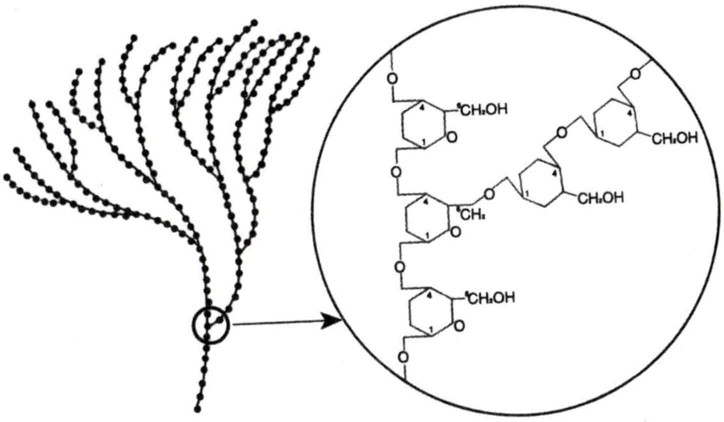

[그림 2-7] 글리코겐의 구조

③ 식이섬유소 dietary fiber

식이섬유소는 인체내에 소화효소가 없는 고분자화합물로 가용성[16]과 난용성[17] 섬유소의 두 종류가 있다. 식이섬유소는 물과 친화력이 커서 쉽게 용해되거나 불어나서 겔을 형성한다. 식이섬유소는 도정하지 않은 곡류와, 채소류, 열매등 대부분 식물성 식품에 있으며 에 많이 들어 있다. 이것은 전분과 마찬가지로 포도당이 연결된 물질이며 가수분해하면 포도당이 생성된다.

가용성 섬유소인 펙틴, 아라비아검, 구아검 등은 세포와 세포가 서로 붙어 있도록 접착제 역할을 하며 샐러드 드레싱, 아이스크림, 잼, 젤리 등에 이용된다. 이 섬유소들은 물과 친화력이 크며 혈청콜레스테롤 농도를 저하시키는 작용이 있고, 당질이나 무기질의 영양소도 흡수를 느리게 하거나 방해한다.

난용성 섬유소는 셀룰로오스, 헤미셀룰로오스, 리그닌 등이며 물과 친화력이 적어 겔 형성이 낮다. 장을 자극하여 변통을 돕고 배변량을 증가시키고 배변속도를 빠르게 하며 분해효소가 분비되는 초식동물은 소화할 수 있다. 적당한 섬유질은 고지혈증을 예방하고 발암물질을 생성하는 microflora와의 접촉을 감소시켜 직장암과 대장암의 발생을 예방한다.

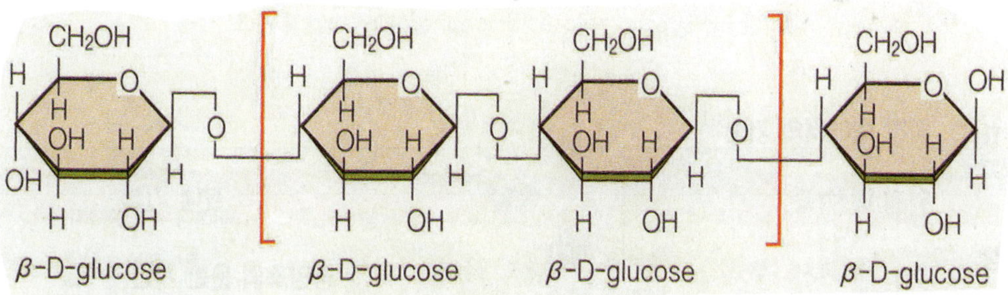

[그림 2-8] 섬유소 구조

16) **가용성 섬유소** soluble dietary fiber : 물에 녹거나 팽윤되며, 대장에서 박테리아에 의해 발효되는 섬유소
17) **난용성 섬유소** insoluble dietary fiber : 물에 녹지 않으며, 대장에서 박테리아에 의해 대사되지 않는 섬유소

④ 이눌린 Inulin

달리아 같은 구근에 들어있는 것으로 가수분해 되어 모두 과당을 생성한다. 이눌린은 따뜻한 물에 잘 녹고 요오드와는 반응을 하지 않는다.

⑤ 치틴 Chitin

연체동물과 벌2레의 껍질에 있는 다당류로 N-acetyl-D-glucosamine이 연결되어 이 외에도 점막에 점도를 주는 뮤코다당류[18]가 있는데 이중 히알루론산은 관절 부분을 원활하게 하고 chondroitin sulfate는 각막, 연골, 피부, 숨관, 심장 등에 있으며 혈액의 항응고제로써 해파린이 있다.

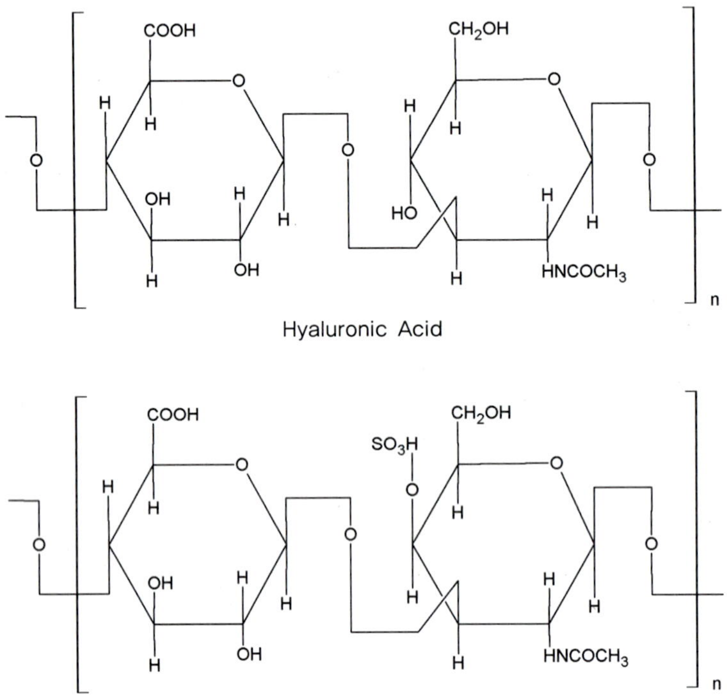

[그림 2-9] hyaluronic acid, chondroitin acid의 구조

[표 2-2] 식이섬유소의 분류와 생리적 기능

형태	종류	급원체	생리기능
가용해성	펙틴 뮤실리지	과일 보리, 커리, 두류	만복감, 위장통과지연 당 흡수속도 지연 혈청콜레스테롤 감소
난용해성	셀룰로오스 헤미셀루로오스 리그닌	밀, 보리, 현미 곡류, 채소 식물세포벽의 구성성분	분변량 증가 장통과 속도 빠름 포도당 흡수지연

18) 뮤코다당류 mucopolysaccharide

> **알아가기**
>
> **식이섬유소의 기능**
> - 성인병의 관리와 예방 효과
> - 소화기관에서 위장이 공복감을 덜 느끼게 함
> - 혈액 중 콜레스테롤치 낮춤
> - 수분이 많아 배변량증가, 대장운동 촉진
> - 각종 발암성 물질의 작용을 억제, 대장암 발생 예방
> - 식이섬유가 장내세균에 의해 분해되면서 인체에 유익한 세균을 늘려줌
> - 장내에서 나트륨과 결합하여 밖으로 배설시키므로 혈압상승 막아줌
> - 만복감을 주고 지방 흡수 낮춤
>
> * 소화기관이 활성화

2 탄수화물의 체내 기능

1 에너지 공급

탄수화물은 생체 내에서 1g당 4Kcal의 에너지를 공급한다. 우리가 섭취하는 총 에너지의 약 50~70%정도를 탄수화물로부터 섭취하고, 두뇌의 에너지 급원으로는 포도당만을 사용하므로 탄수화물로부터 에너지를 섭취하여야 한다. 흡수된 당은 혈액 내에서 혈당 농도가 80~110mg/dℓ로 일정한 수준을 유지하며 식후에도 140mg/dℓ,공복 시에도 50~60mg/dℓ이다. 여분의 당은 간과 근육에 글리코겐 형태로 저장되고 나머지는 지방으로 전환하여 지방조직에 저장된다. 글리코겐 저장의 주요기관은 간과 근육이며 간에는 약 100g, 근육에는 250~400g정도의 글리코겐을 저장한다. 근육은 혈당 조절기능을 하지 못하며, 근육 자체의 에너지를 공급할 때 사용하고 간은 글루코오스 6-인산분해효소로써 포도당으로 전환시켜 혈액으로 내보내 혈당을 조절한다. 이러한 조절은 혈당에 관여하는 호르몬에 의해 영향을 받는다.

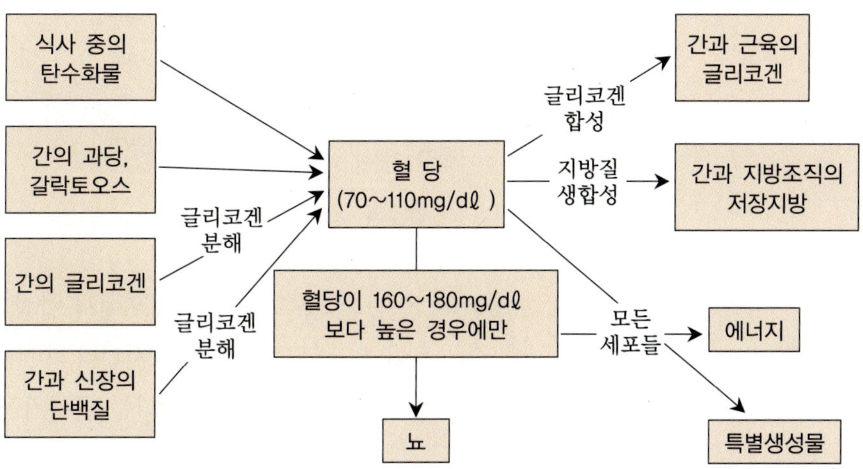

[그림 2-10] 혈당의 평형 유지

2 혈당의 유지

혈당의 조절은 공복 상태에서 80~110mg/dL이고 혈당이 170mg/ 100mL 이상일 때는 고혈당이 되어 소변으로 배설되기 시작하며 공복감과 갈증을 느끼게 된다. 장기간 계속되면 고혈당증이 되어 체중이 감소한다. 식사 후 혈당은 140mg/dL까지 증가되어 1~2시간 후면 다시 정상 수준으로 돌아온다. 공복 시에도 50~60mg/dL이며, 공복상태가 지속되면 어지러움, 두통, 손이 떨리는 증상 및 근육무력증 등의 증세가 나타나고 식사를 하게 되면 원상태로 돌아오게 된다. 또한 굶게 되면 저혈당 상태를 막기 위해 신체는 저장된 글리코겐을 포도당으로 분해하여 혈액으로 보내고, 저장된 글리코겐이 고갈되면 체단백질을 분해하여 생성된 아미노산으로부터 포도당을 합성한다. 신체는 지방조직에 함유된 중성지방을 분해하여 생성된 지방으로부터는 포도당을 만들지 못한다.

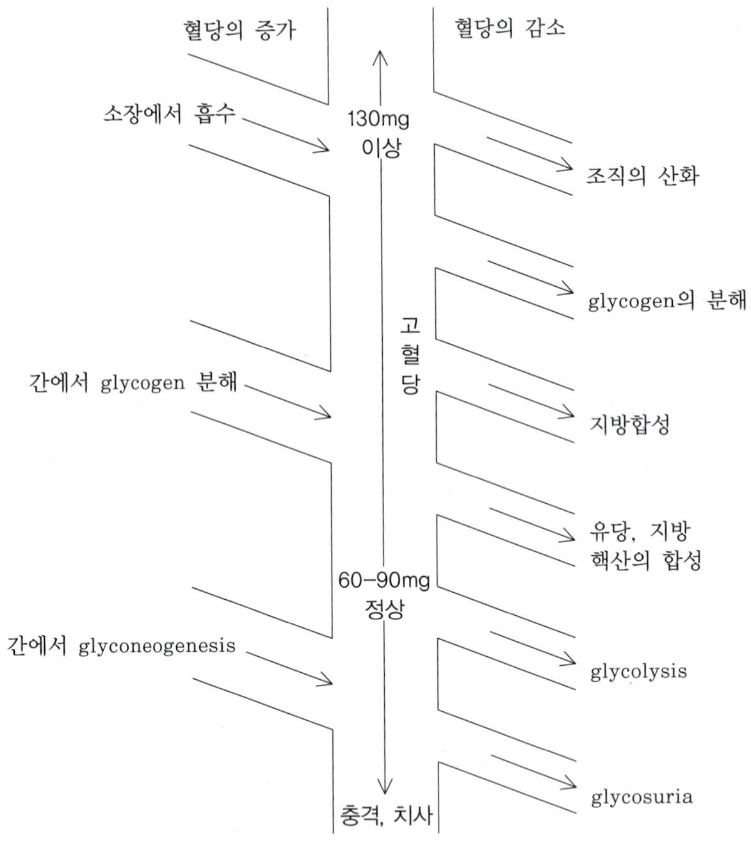

[그림 2-11] 혈당의 조절

당질의 대사는 여러 호르몬에 의해 조절된다. 인슐린[19]은 췌장의 β세포에서 합성되며, 간의 글리코겐 합성을 촉진하고 근육이나 피하조직 등이 세포로 혈당을 이동시킨다. 이에 따라 혈당이 감소되고, 간에서 포도당신생합성을 감소시켜 인슐린과 반대작용을 하는 글루카곤[20]은 췌장의

19) 인슐린 insulin : 췌장에서 만들어지는 호르몬으로서 포도당이 체세포로 흡수되도록 하고 단백질과 지방의 합성을 촉진하여 간과 근육에서 글리코겐의 합성을 촉진하는 대사효과를 가지고 있다.

20) 글루카곤 glucagon : 췌장에서 만들어지는 호르몬으로 혈당을 증가시키기 위해 간의 글리코겐 분해와 포도당합성을 자극한다.

α-세포에서 분비된다. 낮아진 혈당은 간의 글리코겐을 분해하여 혈당을 보충하여 혈당이 정상치로 된다. 에피네프린[21], 노르에피네프린[22], 글루코코르티코이드, 성장호르몬, 갑상선호르몬 등도 혈당이 저하되는 경우, 분비가 촉진되어 간의 글리코겐 분해과정과 포도당 신생합성을 증가시켜 혈당이 상승한다. 이러한 과정은 호르몬의 서로 상호작용에 의해 일어나며 일정한 수준의 혈당을 유지하는데 이러한 것을 항상성이라 한다.

[표 2-3] 혈당 조절에 관여하는 호르몬

호르몬	작 용	혈당량
인슐린 (insulin)	세포의 포도당 이용률 증진 에너지 생산, 글리코겐의 합성 및 지방산 합성을 위해 혈액으로부터 포도당 제거	혈당 저하
글루카곤 (glucagon)	간장의 글리코겐 분해를 촉진	혈당 상승
당질코르티코이드 (glucocorticoid)	포도당 신생과정을 촉진시켜 포도당 공급을 도움	혈당 상승
아드레날린 (adrenalin)	세포의 포도당 유입을 제한	혈당 상승
갑상선호르몬 (thyroxine)	간장의 글리코겐 분해 촉진	혈당 상승

3 단백질 절약 작용

탄수화물 섭취부족으로 당 이외의 단백질로부터 포도당을 신생하여 에너지로 이용하게 되면 단백질은 단백질의 기능을 하지 못하게 되므로 탄수화물을 충분히 섭취하면 단백질이 절약된다. 즉 탄수화물의 공급은 체단백질 분해를 방지하게 된다.

4 케톤증 예방

탄수화물이 부족하여 에너지로 사용되지 않고 지방이 에너지로 사용하게 되면 케톤체[23]가 생성되게 되는데 이것이 혈액과 조직에 축척되어 케톤증[24]이 발생한다. 그러므로 하루에 탄수화물을 최소 50~100g를 섭취하여야 케톤 증을 방지할 수 있다. 탄수화물이 부족할 때 인슐린 분비가 감소되어 지방 분해로 아세틸 CoA가 다량 생성되고, 포도당으로부터 생성되는 옥살로 아세트산이 없어 TCA회로에 들어갈 수가 없다. 그러므로 지방질이 불완전 연소하게 된다. 적절한 양의 탄수화물 섭취를 해야 케톤 증을 예방할 수 있다. 증상으로는 아세톤 냄새, 다뇨, 탈수 증상, 식욕저하, 두통, 피로 등이다. 특히 어린이나 임신 중의 케토시스가 치료되지 않고 방치

21) 에피네프린 부신수질호르몬
22) 노르에피네프린 : 교감신경말단에서 분비
23) 케톤체 ketone body : 탄수화물이 충분하지 않을 때 2탄소 단위로 대사되지 못해 생기는 화합물
24) 케톤증 kotosis : 혈액과 조직에 케톤체가 다량 축적된 임상증세

하는 경우 두뇌발달에 치명적인 영향을 미칠 수 있다.

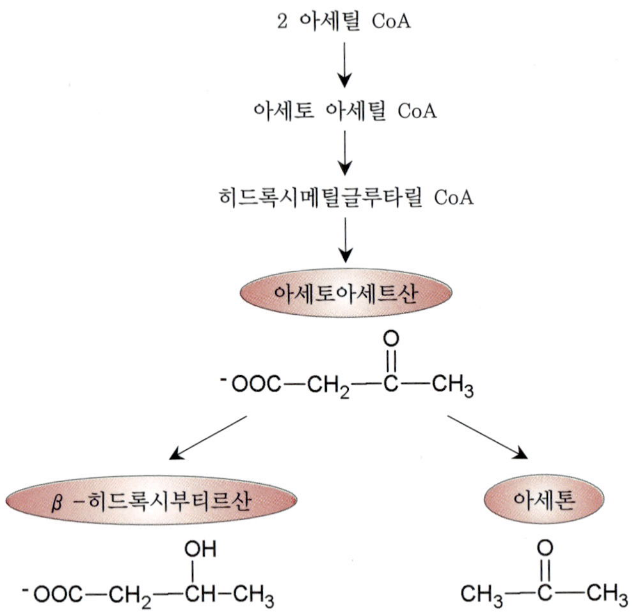

[그림 2-12] 케톤체 생성과정

5 음식에 단맛 제공

탄수화물 중 단당류(포도당, 과당, 갈락토오스)와 이당류(맥아당, 설탕, 유당)는 모두 단맛을 내며 식품의 조리 및 풍미에 영향을 준다. 식품에 대한 수용도를 높인 물성의 향상을 위해 당을 사용하며 콘시럽은 옥수수 녹말을 산과 효소로 처리해 만든 과당이 40~90%인 감미료로 설탕보다 저렴하면서 결정을 생성하지 않아 동결해도 좋다.

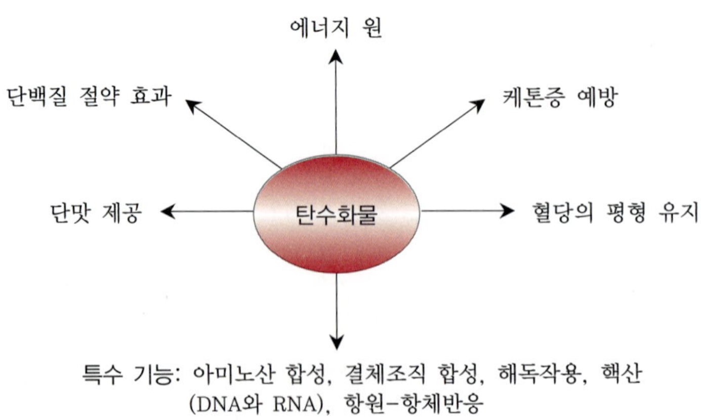

[그림 2-13] 탄수화물의 주요 기능

3 탄수화물의 대사

탄수화물의 대사는 해당과정(glycolysis)과 TCA회로로 나눌 수 있다. 해당이란 탄수화물이 pyruvic acid[25] 또는 lactic acid[26]로 분해되는 것이고, TCA사이클은 pyruvic acid가 분해되어 CO_2, H 및 ATP를 생성하는 것이다.

알아가기

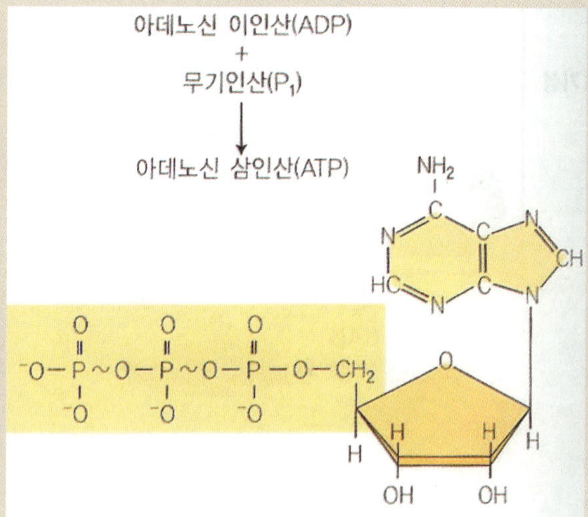

1 단당류 대사

탄수화물의 주된 대사는 포도당을 중심으로 세포내로 이동하며 이루어진다. 포도당은 해당과정과 TCA회로를 거쳐 조직에 필요한 에너지를 즉시 공급한다. 포도당의 일부는 핵산의 구성원인 리보오스, 디옥시리보오스, 과당, 글리코사민 등으로 전환되고, 비필수 아미노산 합성에 사용된다. 염분의 포도당은 글리코겐을 합성하며 간과 근육에 저장되며, 또 지방산으로 전환하여 피하조직에서 중성지방을 합성하게 된다. 과당은 간에서 포도당으로 전환되고 과량섭취시는 혈당이 상승한다. 갈락토오스는 간에서 글리코겐을 합성하며 글루코오스-1인산으로 전환되어 포도당과 같은 경로로 대사된다.

25) **피브르산** pyruvic acid : 포도당이 10단계 경로를 통해 생성된다.
26) **젖산** lactic acid : 혐기적 조건에서 대사가 원활하지 않아 젖산 생성된다.

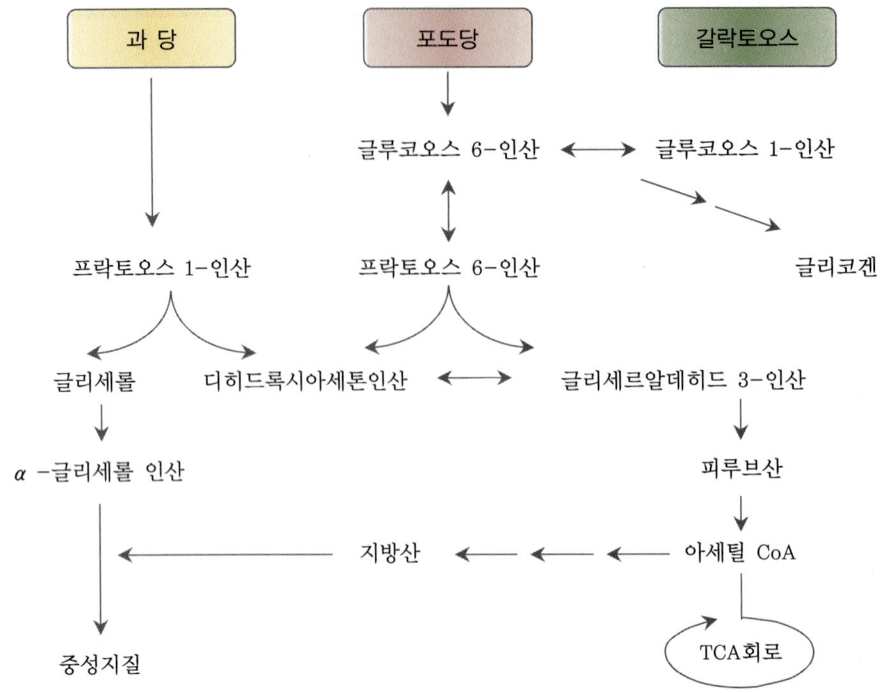

[그림 2-14] 단당류 대사

2 포도당 대사

소화 흡수되어 온 단당류가 혈액을 따라 운반되어 포도당으로 세포내로 들어 온다. 세포내에서 이화대사와 동화대사를 거치고 이화대사는 포도당을 분해하여 에너지를 생성하는 과정으로 해당반응과 TCA회로가 있다. 동화대사에는 글리코겐 합성과 포도당 신생합성이 있고 그 외에 펜토오스 인산경로, 체지방합성, 코리회로 등이 있다. 이러한 반응은 10단계의 경로를 통해 포도당은 피루브산이 된다. 이때 피루브산은 산소가 충분한 호기적상태에서는 미토콘드리아막을 거쳐 아세틸 CoA로 되어 TCA회로에서 대사 된다. 산소가 부족할 때는 TCA를 통한 대사가 이루어지질 않아 젖산으로 된다.

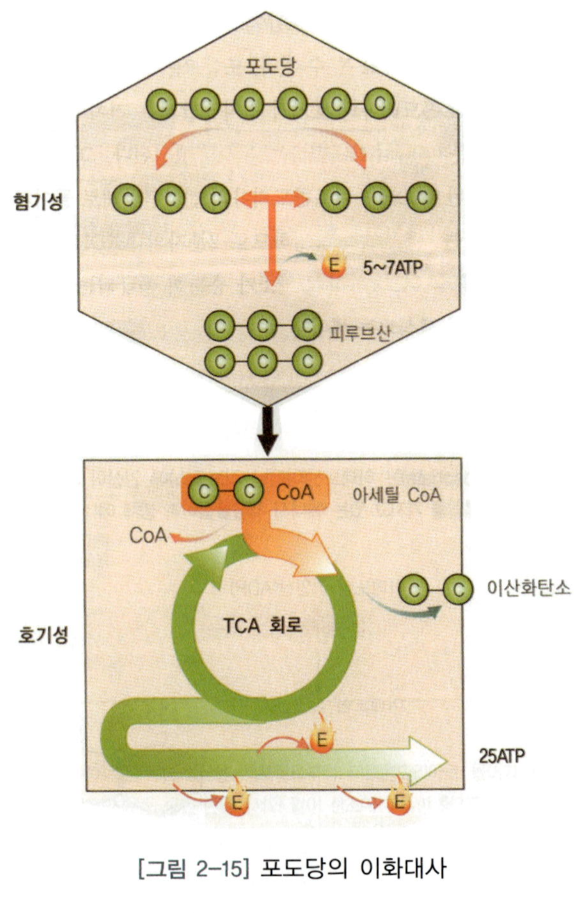

[그림 2-15] 포도당의 이화대사

산소가 충분 할 때는 피루브산은 미토콘드리아로 들어가 호기적 반응인 TCA가 진행된다. 운동을 하거나 산소가 부족한 혐기적 상태에서는 TCA진행이 안되어 피르부산은 NADH를 사용하면서 젖산을 만들게 된다. 이러한 상태가 되면 혈액에 젖산이 쌓이면서 피로를 느끼게 되며 젖산은 다시 간으로 가서 포도당으로 바뀌어 필요한 조직으로 보내진다. 이러한 과정을 코리회로 또는 젖산회로라 한다.

① 해당과정[27] glycolysis, EMP

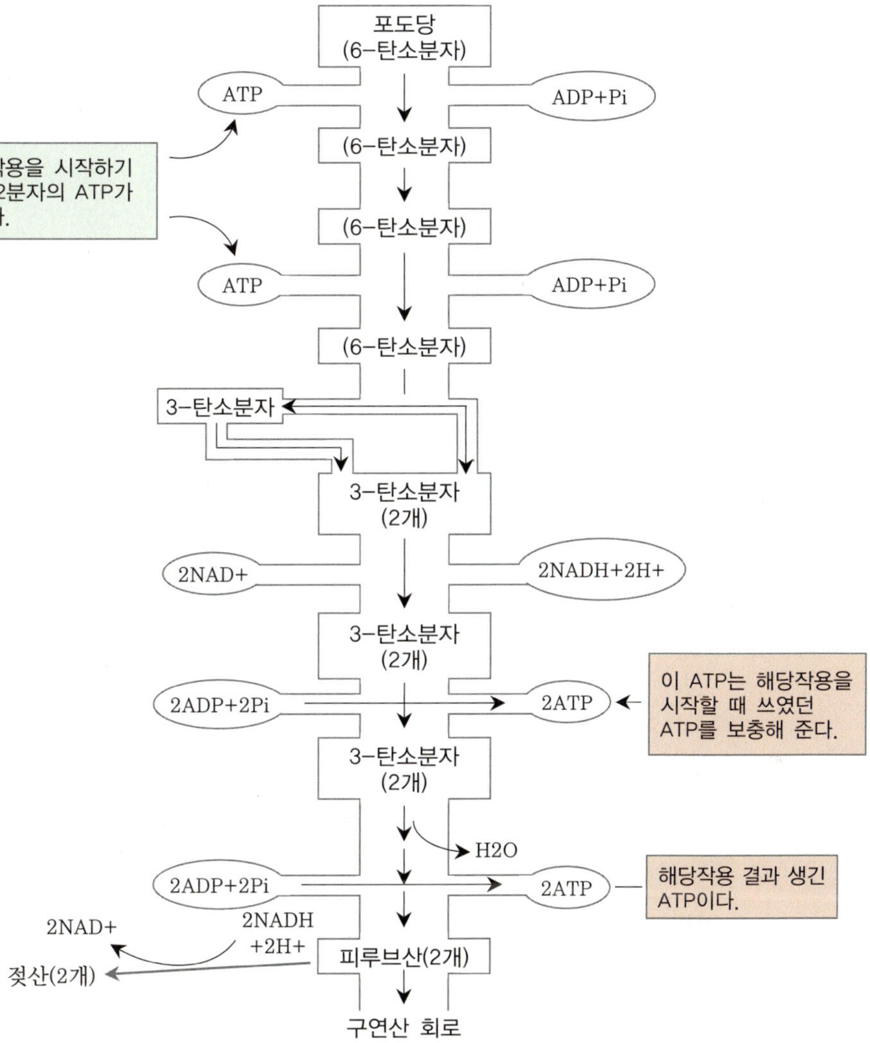

[그림 2-16] 해당작용

해당작용은 포도당으로 시작해서 2분자의 피루빈산으로 끝나는 과정이다. 이 과정 중에 ATP가 발생하며, 함께 생긴 수소 원자는 NAD와 결합하여 NADH를 만든다.

- 혐기적 glucose → 2분자의 젖산(lactic acid) + 2ATP 생성한다.
- 호기적 glucose + O_2 → 2피루빈산 + $2H_2O$ + 8ATP
  - 포도당, 글리코겐 기타 6단당의 혐기적 분해에 의해 고 에너지 결합(ATP)을 생성한다.

27) 해당과정 glycolysis : 포도당이 3탄당 피부르산으로 분해되는 대사반응으로 원형질에서 일어난다. 1분자의 포도당으로부터 방출되는 에너지는 2분자의 ATP를 만드는데 사용된다.

- 호기적 대사에는 TCA사이클로 들어가는 중간과정으로 고에너지결합을 생성한다.
- 지방 및 단백질 생합성의 중간체, 아세틸CoA, 글리세롤을 생성한다.
- 포도당을 간에서 혈액 중으로 공급하여 혈당을 유지한다.
- 글리코겐을 간이나 근육에 저장한다.
- 펜토오스 인산 경로의 중계점이다.

② TCA회로

• 2피루빈산 + $5H_2O$ → $6CO_2$ + $4H_2O$ + 30ATP

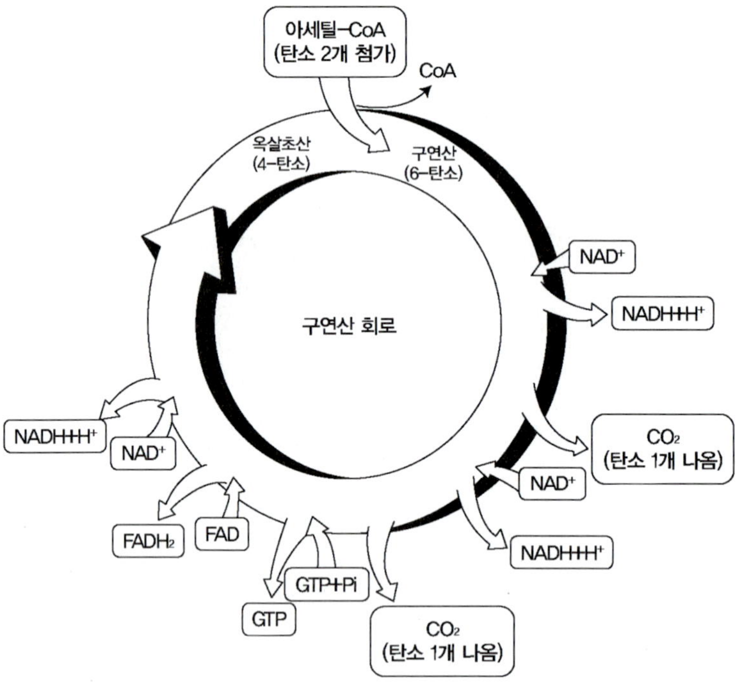

[그림 2-17] TCA회로

탄소 4개의 옥살초산과 탄소 2개의 아세틸 CoA가 결합하여 탄소 6개의 구연산(citric acid)을 형성한다. 구연산은 몇 가지 과정을 거쳐 다시 탄소 4개의 옥살초산을 만들며, 이때 2개의 탄소는 CO_2 형태로 떨어져 나온다. 이 전 과정은 옥살초산으로 시작해서 옥살초산으로 끝나게 되므로 한 바퀴 회로를 만든다.

TCA회로는 세포의 미토콘드리아 내에서 일어나며 산소가 충분한 상태에서 진행된다.

• 해당에 의해 생성된 피루빈산을 아세틸 CoA로 하여, TCA회로에서 H와 CO_2로 처리된다.
• H는 호흡 쇄에서 산화되어 물이 되는 동시에 고에너지 ATP을 생성한다.
• 지방산 분해에 의해 생성된 아세틸 CoA를 처리한다.
• 여러 종류의 아미노산을 분해, 산화하는 경로이다.
• 아스파틱산(aspartic acid), 글루탐산(glutamic acid)과 같은 아미노산 생성의 중간 경로이다.
• 숙신닐 CoA로부터 헴을 생성한다.

③ 펜토오스 인산경로 pentose phosphate pathway

- 피하조직처럼 지방합성이 활발히 일어나는 곳에서 중요 역할을 한다.
- 지방산 스테로이드호르몬 등의 생합성에 필요한 $NADPH_2$를 생성한다.
- 핵산합성에 필요한 리보오스-5-인산을 생성한다.
- 글루코오스-6-인산의 호기적 분해를 한다.
- 글루코오스의 가용성분(소포체)에서 일어난다.

④ 글루쿠론산 회로 glucuronic acid cycle

- 포도당으로부터 생성된 글루쿠론산은 간에서 여러 독성물질의 해독과정에 관여한다.

3 포도당 신생합성 gluconeogenesis

혈당은 뇌, 적혈구, 부신수질 등의 에너지 급원으로 사용되어 매우 중요하므로, 혈당이 저하되면 호르몬의 작용으로 당의 절약작용과 당의 신생합성이 증가하여 혈당이 올라간다. 포도당 신생합성은 세포질[28] 내에서 해당과정과는 별도의 경로로 일어난다. 전구체인 피루브산에서 출발하여 포도당합성까지의 경로를 말하며, 포도당 합성에 필요한 전구체인 피루브산이 부족할 경우는 보충반응을 통해 전구체가 공급된다. 이때 간이나 신장에서 당 이외 물질 즉 아미노산이나 글리세롤, 피루브산, 젖산, 프로피온산 등을 이용하여 포도당이 합성된다.

포도당 합성 반응속도는 조절효소들에 의해 조절이 되는데, 대표적인 조절효소로는 피루빈산 카르복실레이스(pyruvate carboxylase)는 아세틸 CoA에 의해 활성화 된다. 코르티솔은 포도당 신생합성을 촉진하며 인슐린은 포도당 신생합성 효소들을 억제하는 대사를 조절한다.

Gluconeogenesis 당신생[29]

- 아미노산으로부터 생성된 포도당
  glucogenic amino acid – Gly, Ala, Ser, Thr, Val, Glu, Asp, His, Arg, Cit, Cys, Cys–Cys, Met, Pro, Hyp, Ile
- 지방분해 → 글리세롤 → 포도당

28) 세포질 cytosol : 세포를 구성하는 원형질중 세포핵을 제외한 부분
29) 당신생 gluconeogenesis : 단순 비탄수화물로부터 포도당을 합성하는 과정. 단백질의 아미노산이 포도당 합성에 주된 탄소 공급원이다.

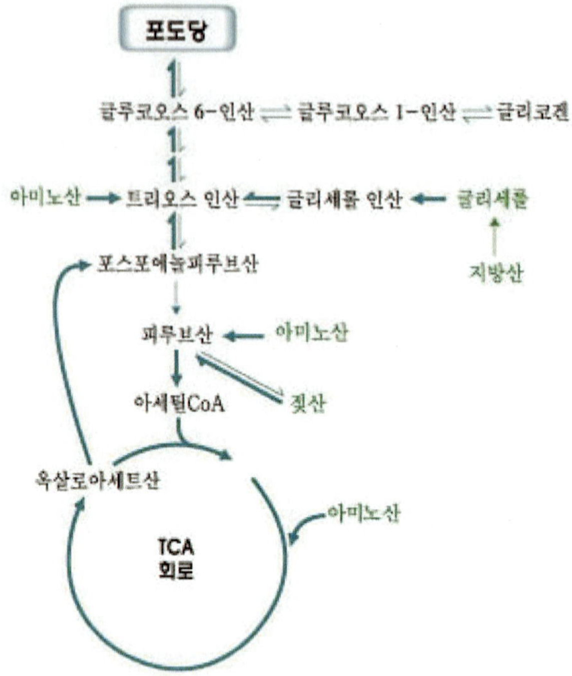

[그림 2-18] 포도당 신생합성과정 glyconeogenesis

코리회로는 남은 피루브산이 산소가 없어 TCA회로를 통하지 못하고 젖산이 되어 간으로 이동되어 다시 당신생합성으로 들어간다.

알라닌 회로는 아미노산에서 나온 아미노기와 함께 알라닌의 형태로 간으로 이동되어 다시 포도당 합성에 쓰이게 된다.

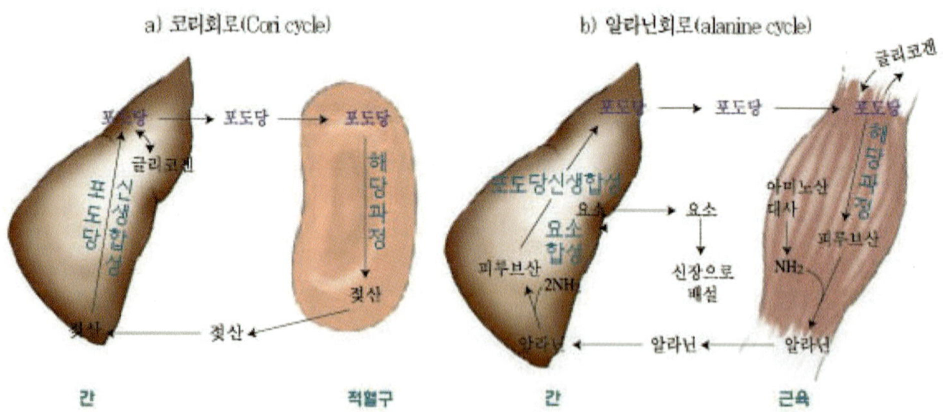

[그림 2-19] 해당과정과 포도당 신생합성의 관계

4 글리코겐 합성과 분해

글리코겐 합성과 분해는 주로 간과 근육에서 서로 다른 경로를 통해서 일어나며, 식사 후에는 혈액 중 포도당 농도가 증가하고, 증가된 포도당은 세포내로 이동되어 에너지 생성을 위해 사용한다. 여분의 포도당은 간 또는 근육에서 글리코겐의 형태로 전환되어 저장한다. 성인의 경우 글리코겐은 간에 100g, 근육에 250~400g 정도 저장되어있으나 체내에 저장된 지방량에 비하면 훨씬 적은 양이다. 굶거나 혐기 상태에서 격심한 운동을 할 때 간 또는 근육에 저장되어 있던 글리코겐이 포도당으로 전환되어 에너지로 이용된다. 근육에는 글루코오스-6-인산을 글루코오스로 분해하는 효소(글루코오스-6-포스포타아제)가 없기에 근육 글리코겐은 글루코오스로 되지 않아 혈당에 영향이 없다. 평소에 운동을 하게 되면 근육에 저장된 글리코겐의 양이 증가하여 운동 시 지구력을 나타낼 수 있다.

간과 근육의 글리코겐 합성과 분해는 에피네프린[30](근육에서 작용), 노르에피네프린[31], 글루카곤[32](간에서 작용)등의 영향을 받는다. 이 호르몬들이 분비되면 세포막에서 C-AMP를 증가시켜 글리코겐을 분해하는 효소인 글리코겐 인산분해효소를 활성화 하여 글리코겐 분해를 증가시킨다.

[표 2-4] 정상 성인 남자(70kg)의 체내 탄수화물 저장형태

장 소	글리코겐	포도당
간(1800g)	72g (4%)	
근육(35kg)	245g (0.7%)	
세포외액(10L)		10g (0.1%)
소 계	317g	10g
합 계	327g	

4 탄수화물과 다른 영양소와의 관계

1 지방과의 관계

필요량 이상의 탄수화물은 피하조직에 지방으로 저장이 된다. 처음에는 간에서 이와 같은 작용을 한다고 했으나 실제로 밝혀진 바에 의하면 피하조직이 그 기능을 가지고 있다고 한다. 탄수화물은 지방으로 저장될 때 주로 포화도가 높은 stearic acid나 palmitic acid로 되며 이때에 thiamin이 조효소로서 역할을 한다.

탄수화물이 부족할 때 지방은 불완전 연소를 하여 β-hydroxy-butyric acid나 acetoacetic acid 같은 ketone body가 축적되며, 뇨로 배설이 된다. 이때 탄수화물을 투여하면 이 현상이 없어진다. 즉 탄수화물은 antiketogenic action이 있다.

30) 에피네프린 epinephrine : 부신수질로부터 분비되는 호르몬. 신경전달에 관여
31) 노르에피네프린 norepinephrine : 부신수질로부터 분비되는 호르몬, 혈압을 상승
32) 글루카곤 glucagon : 췌장의 랑그르한스섬의 α 세포로부터 29개의 아미노산으로 이루어진 펩티드 호르몬

2 단백질

탄수화물의 중간 대사물질인 케토산 등에 아미노산의 NH_2가 붙을 수 있다. 예를 들어 α-ketoglutarate는 알라닌과 결합하여 글루탐산과 pyruvate로 전환된다.

3 비타민 B군

탄수화물의 대사에서 비타민 B군은 아주 중요한 역할을 하고 있다. 본래 자연식품에는 탄수화물과 비타민 B군이 함께 존재하나 사람들이 공업적으로 가공하는 중에 그것이 서로 분리되므로 비타민 결핍증이 생겼다. 탄수화물과 비타민 B군과의 관계를 도표로 나타내면 그림 2-20과 같다.

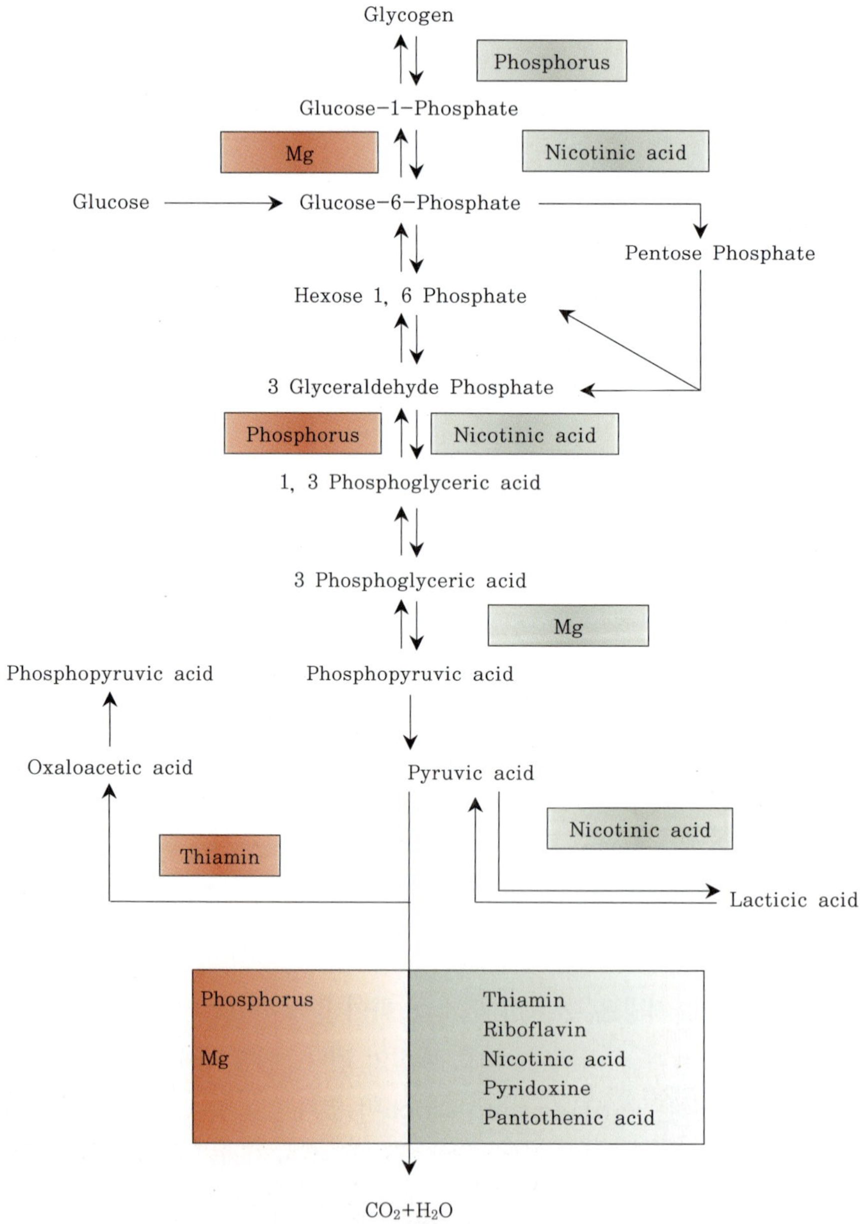

[그림 2-20] 탄수화물과 영양소 관계

5 탄수화물과 건강

1 당뇨병

당뇨병은 췌장에서 분비되는 인슐린 호르몬의 부족으로 발생하며, 최근 영양소 과다 섭취와 비만, 과식, 스트레스 등이 증가하면서 우리나라도 당뇨병에 의한 사망률은 점차 증가하고 있다. 당뇨병이 되면 혈당이 고혈당으로 170mg/dL이상이 되어 혈액의 당이 소변으로 빠져 나가고, 지방을 주된 에너지원으로 이용하여 케톤증이 유발되어 쇼크상태에 빠지게 된다.

당뇨병은 혈액에 있는 포도당이 세포내로 이동되어 사용되기 위해서는 인슐린이 필요하다. 그러나 췌장에서 분비되는 혈당조절 호르몬인 인슐린의 분비가 감소되었거나 인슐린의 작용에 문제가 생겼을 때 당뇨병이 나타난다. 혈액에 있는 포도당이 인슐린 부족으로 세포내로 들어가지 못하여 고혈당이 나타나고 소변으로 당이 배설된다. 식사를 하여도 굶고 있는 것과 같은 상태에 있게 된다.

과당과 자당섭취와 인슐린저항성과는 관련성이 없는 것으로 보고되며, 제2형 당뇨병의 경우 탄수화물로부터 열량공급과 함께 식품의 혈당지수 또는 혈당 부하지수가 식후 혈당과 대사조설에서 중요한 역할을 한다.

[표 2-5] 식품군별 혈당지수

높은 식품군 (70 이상)	혈당 지수	중간 식품군 (56~69)	혈당 지수	낮은 식품군 (55 이하)	혈당 지수
쌀(백미)	70~90	쌀(백미)	50~60	두류(콩)	18
빵(흰 식빵)	70	빵(보리빵)	65	빵(전곡류 빵)	30~45
(불란서 빵)	95	(귀리빵)	65	아침식사용 곡류 (올브란)	42
감자	80~100	아침식사용 곡류 (잡곡플레이크)	66	유제품(우유)	27
아침식사용 곡류 (콘플레이크)	84	유제품(아이스크림)	64	저지방 요구르트	33
과일(수박)	70	과일(바나나, 파일애플)	53, 52	과일(사과, 오렌지, 배)	36,43,28

2 식이섬유소

식이섬유소는 인간의 장내 소화효소에 의해 분해되지 않는 식품을 말하며, 생리활성을 나타낸다(탄수화물 종류 참조).

① 소화기관에 미치는 영향

식이 섬유소는 대변의 용적을 증가시키고 소화관의 운동을 촉진시켜 장내용물의 소화관 통과시간을 단축시킨다. 식이 섬유소는 변비를 예방하고 대장암 예방과 게실증을 예방한다.

대변 중의 담즙산 농도는 대장암과 관련이 있으며, 담즙산이 대장암의 유발물질임이 확인되었다. 대장내용물의 장내 체류시간을 단축시켜서 발암물질 및 발암관련 물질의 형성을 감소시킴으로 대장암의 발생을 낮춰준다. 또한 장내부의 압력을 저하시켜 충수염, 탈장 및 치질발생을 예방한다.

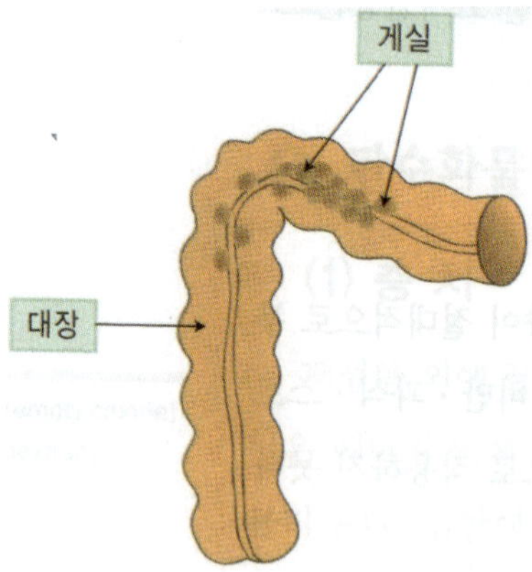

[그림 2-21] 게실증

② 질병 예방

• 고지혈증, 허혈성 심장질환의 예방

용해성 식이 섬유소는 대변으로 담즙산이 배설되는 것을 증가시켜, 담즙산 생성을 하는 콜레스테롤이 체내에서 많이 사용하도록 하여 혈중 콜레스테롤 농도를 낮추게 된다.

• 담석증을 예방

용해성 식이섬유소는 장내에서 담즙산과 결합하여 장을 통해 재흡수되는 담즙산의 양을 감소시켜 담석형성을 예방한다.

• 비만예방

고섬유소 식사는 포만감을 주면서 상대적으로 열량이 적어 체중조절을 도와 비만을 방지한다. 식사 후 포도당흡수가 천천히 이루어지게 하여 혈당상승을 억제하고 인슐린을 절약하는 작용을 한다. 따라서 당뇨환자의 경우 식이섬유 섭취는 급격한 혈당상승을 막아주는 효과를 나타내 질병 치료에 도움을 준다.

> **알아가기**
>
> **변비치료 방법**
> - 식이섬유 많은 음식 섭취
> - 규칙적인 식사섭취
> - 규칙적인 배변 습관
> - 규칙적인 운동

③ 식이섬유소의 섭취량

식이섬유의 영양섭취기준은 모든 연령층에서 충분섭취량(Adequate Intake : AI)을 설정하였다. 성별, 연령별 에너지 필요추정량(Estimated Energy Requirements : EER)을 기준으로 1,000kcal 당 12g/일로 설정하였다. 하루에 2,000kcal를 필요로 하는 사람의 경우 식이섬유는 24g을 섭취하면 된다.

알아가기

식이섬유 라이텍스

- 라이텍스는 화이자가 개발한 수용성식이섬유이다.
- 라이텍스는 수용성이어서 느낌이 부드럽고 그 맛을 즐기는 식이섬유이다.

알아가기

현미식, 통밀이 좋은 이유

쌀눈이나 밀눈에는 백미에 비해 비타민 B_1, B_2, B_6, B_{12}, 나이아신, 비타민 E, 피틴산 등이 많아서 쌀이나 밀에 있는 탄수화물을 에너지로 내어 대사하는데 필요한 영양소가 충분 할 뿐 아니라 섬유소가 많아 변비에도 도움이 된다.

[그림 2-22] 식이음료

[그림 2-23] 현 미

[그림 2-24] 식이섬유소가 많은 채소, 과일

[표 2-6] 식이섬유가 많은 식품

곡 류	현미, 보리, 옥수수가루, 오트밀, 콘후레이크, 통밀, 고구마, 감자, 토란
두 류	대두, 팥, 강낭콩, 완두콩, 녹두, 된장
견과류	밤, 호두, 은행, 참깨, 아몬드, 해바라기씨
채소류	배추, 무청, 양배추, 파, 오이, 미나리, 상추, 부추, 풋고추, 당근, 샐러리, 호박, 도라지, 고사리, 고비, 버섯
해조류	김, 미역, 미역줄기, 다시마, 파래, 톳
과일류	사과, 배, 수박, 참외, 자두, 살구, 딸기, 키위, 무화과
우유 및 유제품	우유, 요구르트, 아이스크림, 에그노그
기 타	식혜, 미숫가루

3 유당불내증

유당불내증[33]이란 소장세포에서 락타아제가 충분한 양이 만들어지지 않아 유당이 소화되지 못한 채 대장으로 운반된 후 장내 박테리아에 의해 발효되어 가스를 형성한다. 가스로 인해 소리가 나고 복통과 설사를 일으키게 된다. 이러한 경우는 우유의 유당을 발효시켜 먹도록 해야 하며, 락토오스가 낮은 식품을 섭취한다.

> **알아가기**
>
> **유제품 섭취방법**
> - 락타제를 첨가한 우유 섭취한다.
> - 치즈나 요구르트로 섭취한다.
> - 저 락토오스 우유를 섭취한다.

4 충치

구강 안에 음식물 찌꺼기, 특히 당질과 박테리아가 모여 치아표면에 플러그를 형성하게 되면 설탕을 발효시켜 주로 젖산이 생성된다. 설탕소비량 증가와 치아우식증의 발생은 증가되고 있으며 유산균을 이용한 식품 등의 개발도 요인이 되고 있다. 서당의 분해산물인 포도당과 과당의 중합체인 글루칸(glucan)과 프락탄(fructan)은 타액의 치태 내에 형성된 산을 중화시키는 능력과 탈 석회화 억제 작용에 영향을 주며, 특히 글루칸은 겔 상태이고 접착성이 있기 때문에 미생물이 치아에 부착되도록 한다.

> **알아가기**
>
> **설탕의 과잉섭취와 충치**
> - 당류가 박테리아에 의해 발효 → 산
> - 산 → 에나멜층 녹임 → 치아 파괴
> - 박테리아는 치아 틈새에서 번식 → 플라그 → 치아 손상
>
> **자일리톨 껌은 충치를 예방할까?**
> - 껌에 있는 자일리톨은 구강 내 세포에서 분해시켜 에너지원으로 사용되어 충치균이 이용할 수 없다. 입안에 자일리톨이 들어오면 다른 당을 흡수할 수 없게 되어 영양이 부족한 충치균은 서서히 죽는다.
>
> **충치 유발성 식품**
> - 치아에 오랜 시간 붙어있는 캐러멜, 사탕, 초콜릿 등

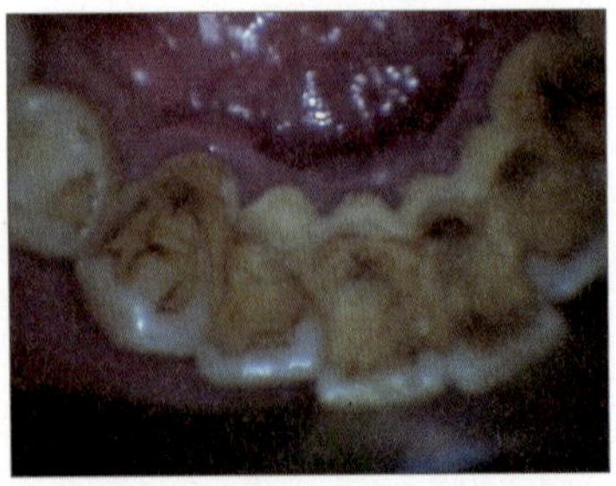

[그림 2-25] 충치가 있는 치아

33) 유당불내증 lactose intolerance : 락타아제의 농도가 낮아 유당을 소화시킬 수 없는 것

5 올리고당 oligisaccharide

단당류가 3~10개정도 결합된 당으로 열량가가 1.6Kcal/g 수준으로 낮아서 4Kcal/g인 설탕의 대용품으로 이용된다. 기능성 올리고당은 소장에서 소화되지 않고 대장으로 이동하여 대장에 서식하는 세균에 의하여 분해되는데,

- 인체에 유익한 장내 세균인 비피더스균을 증식시키고
- 에너지 섭취량을 낮추며
- 충치를 예방하고
- 인슐린 분비를 절약하여 당뇨에 도움이 된다.

올리고당의 유익한 점

- 담즙산의 분해효소를 분비하여 담즙산의 재흡수를 감소시킨다.
- 영양소의 소화와 흡수를 증진한다.
- 항생물질을 분비한다.
- 수용성 비타민을 합성한다.

[표 2-7] 올리고당의 종류와 특성

올리고당의 종류	특 성
프락토 올리고당	양파, 우엉, 마늘에 함유 · 설탕에서 효소적으로 생산 · sucrose+fructose(2~4) · 감미도 60% · 약 40% 이상 용액으로 시판 · 난소화성, 발효성
이소말토올리고당	벌꿀에 함유 · 전분에서 효소적으로 생산(액상 당화) · glucose의 1.6결합을 가짐 · 감미도 50% · 약 50% 용액으로 시판 · 난소화성, 발효성
갈락토올리고당	모유에 함유 · 유당에서 효소적으로 생산 · lactose+galactose · 약 70% 이상 용액으로 시판 · 난소화성, 발효성
대두올리고당	대두 유청에서 분리 정제 · 대두 1g당 25~50mg 함유 · sucrose, raffinose, stachyose · 감미도 70% 약 40% 이상 용액으로 시판 · 난소화성, 발효성

6 인공감미료

인공감미료는 단맛을 내며 칼로리는 내지 않아 다이어트 식품에 많이 활용하였으나 건강상의 문제로 사용이 금지된 것도 있다.

표 2-8은 감미료의 감미도를 비교한 것이나 대표적인 것이 사카린[34](saccharin)과 아스파탐[35](aspartame)이다. 사카린은 열에 안정하고 저장 수명시간이 긴데 수용성의 물질이다. 1970년대에 방광암과의 관계로 사용상 안전성 문제로 사용을 중지하고 있으나 적당량의 사용은 안전하다 하여 일부 사용 되고 있다. 아스파탐은 안전성은 문제가 없으나 열에는 감미가 줄어드는 성질이 있다. 최근에는 아세설팜(acesulfame)-K로서 수명이 길고 열에 안정하여 가열 조리시 사용되고 있다.

[표 2-8] 당류의 감미도

당 류	감 미 도	당 류	감 미 도
자 당	1	소르비톨	0.70
전화당	0.7~0.9	만니톨	0.50
유 당	0.4	자일리톨	0.90
과 당	1.1	아세설팜-K	130
포도당	0.7	아스파탐, 사카린	200, 300~500

6 탄수화물의 급원과 적정 섭취량

곡류 위주의 우리나라 식사는 탄수화물 섭취는 크게 문제시 되지는 않는다. 주로 섭취하는 탄수화물 식품인 쌀, 밀가루 등은 70%이상이 탄수화물을 함유하며 전분형태로 공급된다. 케톤체 예방을 위해 최소 하루에 50~100g이 필요하며, 하루에 2,000 kcal를 필요로 하는 사람의 경우 탄수화물 275~350g (1,100~1,400kcal)를 섭취하면 된다. 최근에는 가공식품 등으로 인하여 설탕이나 과당의 섭취가 증가하고 있는데, 식사대용으로 섭취하는 시리얼(cereal)은 단순당의 함량이 높다 한다.

표 2-9는 한국인이 일상적으로 섭취하는 식품의 탄수화물 함량인데 단순당류 위주의 식사가 되지 않도록 해야 한다. 단순당의 섭취는 열량 이외 다른 영양소가 없기에 소위 'empty calory'라 하며 비타민, 무기질, 단백질 등이 부족하다.

34) 사카린 saccharin : 설탕의 약 500배의 감미료를 갖는 인공 감미료
35) 아스파탐 aspartame : 합성감미료로 백색의 결점. 설탕의 약 200배의 감미

[표 2-9] 식품의 목측량과 열량, 탄수화물

분 류	식품명	목측량	중량(g)	열량(kcal)	탄수화물(g)
곡 류	쌀 밥	1공기	210	311	65.5
	건국수	1대접	90	311	67.1
	라 면	1인분	120	457	73.7
	식 빵	3조각	100	277	46.8
	옥수수	1개(대)	260	364	74.9
감자류	감 자	1개(대)	150	120	27.8
	고구마	1개(대)	245	314	74.2
간식류	크래커(에이스)	1봉지	120	601	70.3
	초콜릿(롯데가나)	1봉지	45	168	23.3
	사 탕	1개	3	11	2.8
	콜 라	1캔	250	100	25.0
	우 유	1팩	200	120	9.4
일품요리	비빔밥	1인분	331	722	113.3
	볶음밥	1인분	228	669	106.1
	자장면	1인분	225	877	135.7
	카레라이스	1인분	269	717	126.4
	스파게티	1인분	400	576	42.6
	햄버거	1인분	110	279	27.3
	피 자	1조각	130	340	35.0

알아가기

Empty calorie란?

설탕, 알코올, 흰 밀가루, 흰 쌀밥, 청량음료, 캔디, 초콜릿, 단 과자처럼 칼로리만 가지고 있을 뿐 다른 영양소가 없기에 이러한 것으로만 섭취할 경우 다른 영양소의 부족을 가져올 수 있고 충치와 비만도 유발한다.

[그림 2-26] empty calorie종류

제 3 장

지 질

1. 지질의 종류와 이용에 대해 알아본다.
2. 지질의 생리적기능에 대해 알아본다.
3. 필수지방산과 오메가지방산에 대해 알아본다.
4. 합리적인 지질섭취 방법을 알아보고,
   지단백질기능에 대해 알아본다.
5. 지질섭취와 관련된 건강문제를 이해한다.

1 지질의 분류 및 구조

(1) 식사에서 지질의 개념

지질[1]은 음식의 맛이나 향을 가져다 주는 데에 기여하며, 탄소, 수소, 산소로 이루어진 유기화합물이다. 탄수화물, 단백질과 같이 인체의 구성성분이며, 열량공급원으로써 중요한 물질이며 1g이 9Kcal의 열량을 공급한다. 그 외에 지용성 비타민의 체내 운반에 필요한 용매로 작용을 하며, 우리 몸에 필요한 스테로이드 호르몬 등을 생성한다.

우리나라 사람들도 지질을 섭취하는 양이 매년 증가하고 있으며, 체내에서는 탄수화물 · 단백질 · 지질로부터 얻어진 과잉 에너지로부터 지질을 합성하여 체지방조직이 과도하게 증가되면 비만을 초래하게 된다. 특히, 혈중 콜레스테롤 농도의 증가는 포화지방산을 다량 함유하고 있는 동물성 지방의 섭취에 기인하는 것으로 알려져 동물성 지방이 동맥경화증, 심장병, 암등의 발병요인의 위험을 증가시키는 것으로 본다. 그러므로 동물성 지방의 섭취를 감소시키고, 필수지방산을 비롯한 불포화지방산의 함량이 높은 식물성 지방의 올리브유나, 견과류 등을 섭취하도록 권장 하고 있다. 체내의 여러 주요한 기능을 유지하는데 꼭 필요한 영양소이며, 눈에 보이는 고기의 기름덩어리는 양을 측정할 수 있지만 눈에 보이지 않는 감자튀김에 남아있는 지질이나 패스트푸드에 있는 지질 섭취 시 주의를 해야겠다.

(2) 지질의 분류

글리세롤 1분자에 지방산[2] 3분자가 에스테르 결합 한 것으로서 식품이나 체지방의 95%는 중성지방이다. 중성지방은 3개의 지방산을 함유하고 있으며 이들 함량에 따라 건강에 미치는 영향도 달라진다. 지방산은 탄소와 수소로 이루어져 있으며, 한 쪽 끝에는 메틸기(methyl group: $-CH_3$)를, 다른 쪽 끝에는 카르복실기(carboxyl group: $-COOH$)를 가지고 있다. 식품에 존재하는 지방산의 탄소 수는 4~22개 정도를 가지고 있다. 지방산은 탄소사슬의 길이, 불포화도, 이중결합의 수, 이중결합위치에 따라 구분된다. 보통 글리세롤 3개의 수산기 중 1번과 3번 위치는 포화지방산이, 2번 위치는 불포화지방산이 결합한다.

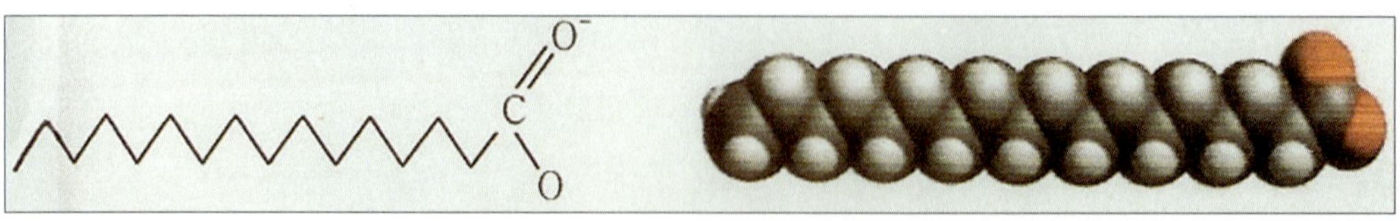

[그림 3-1] 지방산의 구조

1) 지질 lipid : 물에는 녹지 않으며 클로로포름, 에테르와 같은 유기용매에 녹는 유기화합물
2) 지방산 fatty acid : 탄소 사슬에 수소원자가 결합되어 있고 말단에 카르복실기를 갖고 있는 유기 화합물

지방산은 탄소 수에 따라 짧은사슬 지방산(short chain fatty acid, SCFA: 4~6개), 중간사슬 지방산(medium chain fatty acid, MCFA: 6~10개), 긴사슬 지방산(long chain fatty acid LCFA: 14~22개)으로 구분한다.

우유와 유제품에서 발견되는 짧은사슬 지방산과 중간사슬 지방산은 수용성이며. 짧은 사슬 지방산은 물에 용해된다. 긴사슬 지방산은 동물성과 식물성 기름에 들어있다. 표 3-1은 지방산의 탄소수에 따른 특징을 보여준다.

[표 3-1] 지방산의 탄소수

지방산의 분류	지방산명	탄소수	화학식	식 품
짧은 사슬 지방산 (short chain fatty acid)	Butyric acid Caproic acid Caprylic acid	4 6 8	$CH_3(CH_2)_2COOH$ $CH_3(CH_2)_4COOH$ $CH_3(CH_2)_6COOH$	버터 버터, 야자유 야자유, 팜 종실유, 버터
중간 사슬 지방산 (medium chain fatty acid)	Capric acid Lauric acid Myristic acid	10 12 14	$CH_3(CH_2)_8COOH$ $CH_3(CH_2)_{10}COOH$ $CH_3(CH_2)_{12}COOH$	야자유, 팜 종실유, 버터 야자유, 월계수 종실유 야자유, 동식물유
긴 사슬 지방산 (long chain fatty acid)	Palmitic acid Stearic acid Arachidic acid	16 18 20	$CH_3(CH_2)_{14}COOH$ $CH_3(CH_2)_{16}COOH$ $CH_3(CH_2)_{18}COOH$	일반 동식물유지 우지, 일반 동식물유 낙화생유, 채종유

1 지방산

① 포화지방산 saturated fatty acid; SFA

포화지방산[3]은 탄소와 탄소 사이에 단일 결합(-C-C-)으로만 되어 있는 지방산이다. 탄소원자는 모두 수소원자로 포화되어 있다.

포화지방산의 탄소수가 짧은 경우, 실온에서 액체 상태이다. 그러나 탄소수가 증가함에 따라 물에 녹기 어렵기 때문에 이런 지방산을 많이 가지고 있는 지질은 융점이 높아 실온에서 고체이다.

동물성 지방이 탄소수가 많은 포화지방산을 많이 함유하며, 쇠고기나 돼지고기, 닭고기 등의 육류에 함유되어있는 하얀 기름부분이다. 천연유지 중에 많이 함유된 지방산은 팔미트산(palmitic acid), 스테아르산(stearic acid) 등이 있다.

② 불포화지방산 unsaturated fatty acid; UFA

불포화지방산은 이중결합(-C=C-)을 가지고 있는 지방산들이다. 불포화란 이중결합 부분에 수소 같은 할로겐 화합물들과 결합할 수 있다.

3) 포화지방산 saturated fatty acid : 탄소원자가 가능한 모든 수소원자가 결합되어 있는 지방산으로써 탄소와 탄소 사이에 이중결합이 존재하지 않는다.

1개의 이중결합이 있는 지방산을 단일불포화지방산[4](monounsaturated fatty acid; MUFA)이라 하고, 2개 이상의 이중결합이 있는 지방산을 다가불포화지방산[5](polyunsaturated fatty acid; PUFA)이라고 한다(그림 3-2). 불포화지방산은 대부분 식물성기름들에 비교적 많이 함유되어 있으며, 일반적으로 같은 수의 탄소를 함유하고 있는 포화지방산보다 융점이 낮아서 실온에서 액체상태이다. 동물성식품에 함유되어 있는 불포화지방산인 conjugated linoleic acid(CLA)는 우유와 같은 낙농제품과 육류 등에 함유하고 있다(그림 3-3).

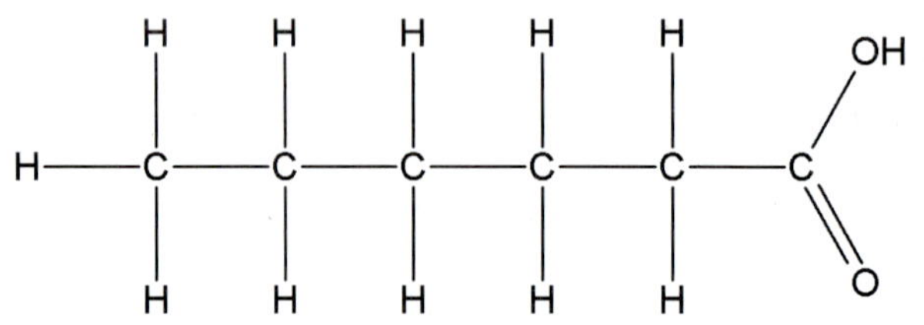	코코넛유, 팜유, 초콜릿, 우유, 치즈, 버터, 크림, 소고기, 라드유, 치킨유

[그림 3-2] 지방산의 구조

탄소수	지방산명	구 조	융점(℃)
12	Lauric acid		44
14	Myristic acid		58
16	Palmitic acid		63
18	Stearic acid		69
20	Arachidic acid		77

[그림 3-3] 포화지방산

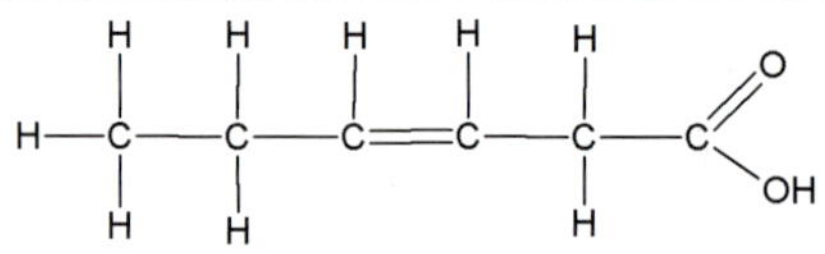	아보카도, 올리브유, 알몬드, 마가린, 땅콩유, 면실유

Monounsaturated fatty acid

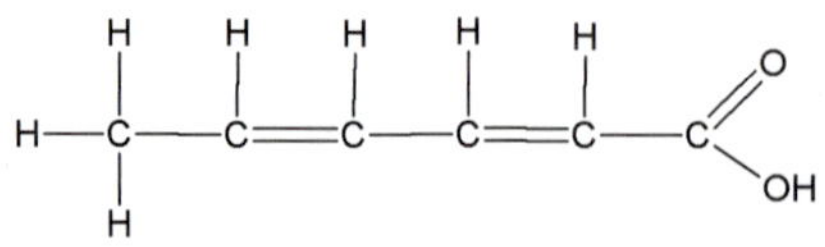	마가린, 참기름, 마요네즈, 콩기름, 옥수수유, 해바라기씨유

Polyunsaturated fatty acid

[그림 3-4] 단일불포화지방산(MUFA) 다가불포화지방산(PUFA)의 구조

4) 단일불포화지방산 : 1개의 이중결합을 갖는 지방산
5) 다가불포화지방산 : 2개 이상의 이중결합을 갖는 지방산

탄소수	지방산명	구 조	융점(℃)
16	Palmitoleic acid	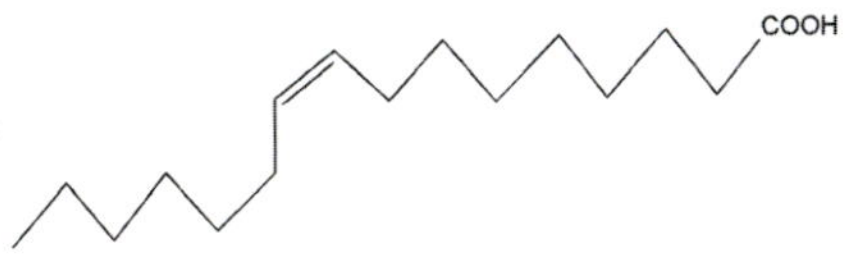	0
18	Oleic acid	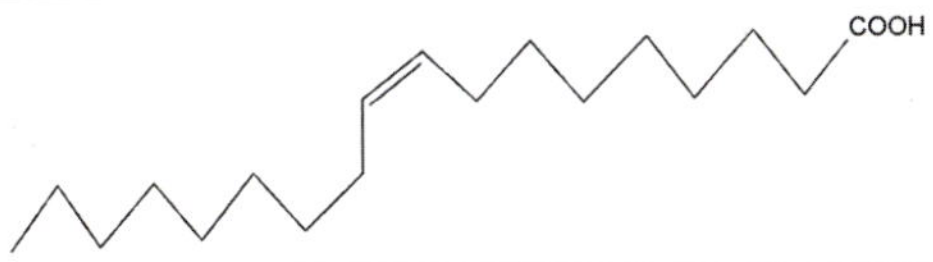	13
18	Linoleic acid	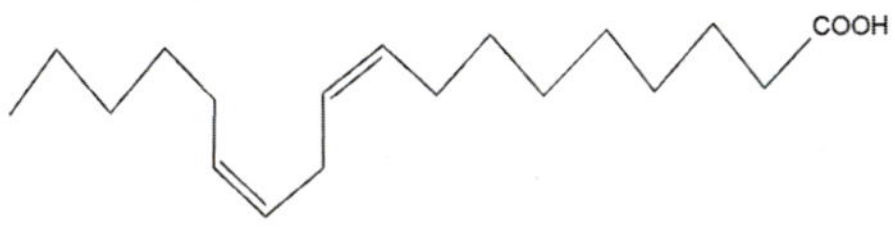	-5
18	Linolenic acid		-11
20	Arachidonic acid	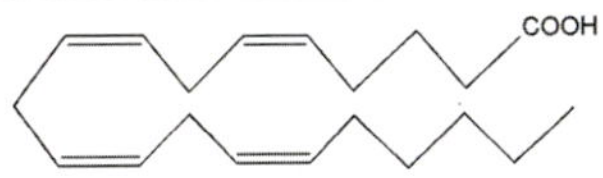	-50
20	Eicosapentaenoic acid	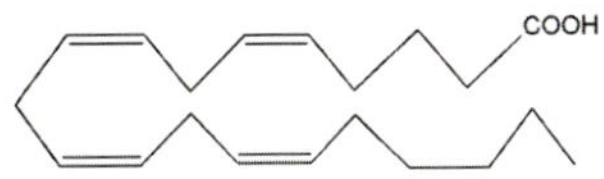	-50

[그림 3-5] 불포화지방산

[표 3-2] 각종 식용 유지의 지방산 조성

지방산 종류	기 름 종 류													
	옥수수유	대두유	참깨유	들깨유	면실유	팜유	카놀라유	올리브유	해바라기씨유	잣기름	미강유	쇠기름	돼지기름	홍화유
C14:0 Myristic acid	—	0.07	0.14	—	0.83	1.08	tr*	tr	0.07	—	—	3.3	1.5	0.08
C16:0 Palmitic acid	9.4	9.46	9.1	7.0	23.02	43.7	4.3	12.11	6.05	4.9	19.0	25.5	24.8	5.45
C18:0 Stearic acid	1.9	4.86	4.9	2.0	2.29	4.46	1.6	2.72	5.60	1.5	tr	21.6	12.3	5.84
C20:0 Arachidic acid	—	0.46	0.3	—	0.31	0.33	—	0.51	0.36	—	8.3	—	—	—
C22:0 Behenic acid	—	0.50	—	—	0.17	tr	—	0.03	0.87	—	—	—	—	—
C24:0 Lignoceric acid	—	0.16	—	—	tr	tr	—	tr	0.25	—	—	—	—	—
C16:0 Palmitoleic acid	0.1	0.09	0.3	—	0.55	0.14	—	0.97	0.07	tr	—	3.4	—	0.13
C18:0 Oleic acid	25.5	21.9	38.0	16.7	15.6	39.3	59.9	71.8	19.32	24.5	40.4	38.7	45.1	8.60
C20:0 Eicosenic acid	0.2	0.19	2.6	—	0.05	0.19	1.4	0.27	0.13	1.6	—	—	1.3	0.33
C22:0 Docosenic acid	—	tr	0.38	—	tr	tr	0.5	tr	tr	1.8	—	—	—	—
C18:2 Linoleic acid	55.2	52.6	45.2	16.5	55.6	10.1	23.0	10.2	66.98	48.8	24.0	2.2	9.9	77.7
C18:3 α -Linolenic acid	1.6	7.94	1.2	56.6	0.32	0.2	6.8	0.75	0.08	14.7	8.3	0.6	0.1	0.16
	—	—	—	—	—	—	—	—	—	—	—	—	—	—
C20:2 Eicosadienoic acid	—	tr	0.5	—	tr	tr		tr	tr	2.1	—	—	—	—
C22:2 Docosadienoic acid	—	tr	—	—	0.21	tr		tr	0.13	—	—	—	—	—
기 타	—	—	—	—	—	—	—	—	—	—	—	—	—	—
P/M/S 비율	5.0/ 2.3/1	3.9/ 1.4/1	3.2/ 2.9/1	8.1/ 1.9/1	2.1/ 0.6/1	0.2/ 0.8/1	0.2/ 2.1/1	0.8/ 5.1/1	4.7/ 1.4/1	10.3/ 4.4/1	1.2/ 1.5/1	0.1/ 0.8/1	0.3/ 1.2/1	0.2/ 0.1/1

(1) 시스, 트랜스 지방산

불포화지방산은 시스(cis)형과 트랜스(trans)형으로 분류한다. 천연식품에 존재하는 불포화지방산은 대부분 cis형이다.

시스형은 이중결합을 가지는 탄소 2개에 결합된 수소원자 2개가 같은 방향에 있어 지방산의 탄소사슬이 이중결합을 중심으로 굽어져 있는 모양이다.

트랜스형은 불포화지방산의 이중결합에 수소를 첨가하면 포화지방산의 형태인 trans지방산으로 될 수 있다. 트랜스지방산[6]은 수소화[7]를 시킨 것으로 수소가스를 액체기름에 불어 넣으면 이중결합이 수소원자를 받아들여 포화한다. 이렇게 만들어진 지방은 안정성이 증가되고 산패가 잘 일어나지 않는다. 상온에서도 고체 상태를 유지 할 수 있기에 쿠키, 시리얼, 감자칩 등 가공기간을 늘일 뿐 아니라 치킨, 튀김등 바삭한 맛을 유지하기에 많이 이용하였다. 그러나 트랜스지방을 섭취하면 혈중 콜레스테롤치를 높여 심장질환의 위험도를 높이기에 문제가 되어 사용을 자제하고 있다.

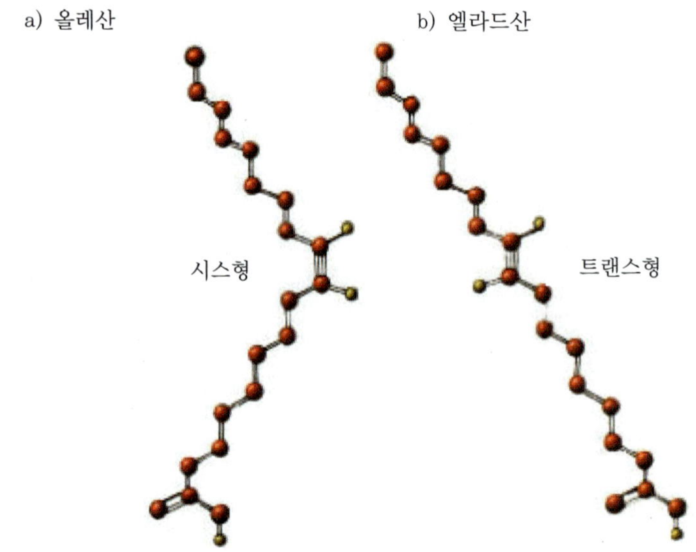

[그림 3-6] 시스, 트랜스 지방산구조

포화지방산이 다량 함유되어 있는 버터와 라아드, 쇠기름 등을 다량 섭취하였을 때 동맥경화와 심장병의 발병률이 증가되어 이들 식품의 대용식품으로 마아가린과 쇼트닝이 개발되었다. 그러나 이 대용식품이 이들 질환의 발병률을 더욱 증가시키고 있기에 덴마크, 미국 등의 선진국가에서 가공식품 중에 사용량을 규제하고 있다.

6) 트랜스지방산 trans fatty acid : 수소가 이중결합의 각각 반대쪽에 위치한 불포화 지방산

7) 수소화 hydrogenation : 수소를 첨가해 불포화지방산의 탄소와 탄소의 이중결합을 포화시키는 과정

(2) 오메가 지방산(n-지방산)

지방산의 마지막 이중결합의 위치에 따라 불포화지방산을 분류하는 오메가분류법이 있다.

ω-지방산은 체내 지방산대사 연구에 있어 매우 중요하고 건강문제에 관련된 많은 보고가 있다. 지방산 한 쪽은 카르복실기(-COOH)가 있고 다른 쪽 끝은 메틸기($-CH_3$)가 있는데 메틸기가 붙어 있는 탄소인 메틸말단을 오메가탄소(ω-탄소)라고 한다.

불포화지방산의 이중 결합은 메틸 말단인 오메가탄소에서 3번째, 6번째, 9번째 탄소에 위치할 때 ω-3(n-3), ω-6(n-6), ω-9(n-9)계열이라고 표시한다. 표 3-3에서 보는 바와 같이 올레산(oleic acid, 18:1)은 ω-9(n-9)계열이고, 리놀레산(linoleic acid, 18:2) · 아라키돈산(arachidonic acid, 20:4)은 ω-6(n-6)계열이며, 리놀렌산(linolenic acid, 18:3) · 에이코사펜타에논산(eicosapentaenoic acid: EPA, 20:5) · 도코사헥사에논산(docosahexaenoic acid, DHA, 22:6)은 ω-3(n-3)계열이다.

리놀레산(linoleic acid)은 18:2, n-6으로 표시한다. 이는 탄소수 18개에 이중 결합이 2개 있으며, 첫 번째 이중 결합이 메틸기로부터 6번째 탄소에 위치하기 때문이다.

[표 3-3] 불포화지방산의 종류와 특징

명 칭	탄소 개수	불포화도	계열	소 재
oleic acid	18	1	ω- 9	동 · 식물성 기름
linoleic acid	18	2	ω- 6	식물성 기름
linolenic acid	18	3	ω- 3	식물성 기름
arachidonic acid	20	4	ω- 6	간유
eicosapentaenoic acid(EPA)	20	5	ω- 3	생선기름
docosahexaenoic acid(DHA)	22	6	ω- 3	생선기름

알아가기

오메가 지방산

- 오메가 3 지방산은 식품을 통해 먹어야 하는 필수지방산이다.
- 세포막, 눈의 망막이나 중추신경계의 세포막의 구조와 기능유지에 중요하다.
- 오메가 6 지방산은 성장, 피부의 기능, 생식기능과 적혈구의 구조역할에 중요하다.

(3) 필수지방산

필수지방산(Essential fatty acid; EFA)은 정상적인 성장, 생식 기능, 피부의 건강에 꼭 필요한 지방산으로 인체 내에서 합성하지 못하거나, 충분히 합성하지 못하므로 반드시 음식으로부터 섭취해야 하는 지방산을 필수지방산이라고 한다.

리놀레산, 아라키돈산등이 대표적인 필수지방산이다. 그러나 이들의 생리적 효과 및 결핍증을 완화시키는 활성의 차이를 보인다. 표 3-4는 필수지방산의 종류와 구조 및 기능 등에 대하여 요약하였다. 필수지방산인 오메가-3계열 지방산[8]은 등푸른 생선, 들기름, 콩기름에 많이 함유되어 있고, 오메가-6 계열 지방산[9]은 식물성 종실유에 많이 포함되어 있다. 특히, 성장기 어린이는 성장과 습진과 같은 피부병을 예방하기 위해서 필수지방산의 섭취에 주의해야 하며, 최근 성인들이 체중 조절을 위해 지방섭취를 피하는 경향이 있는데 이때에도 필수지방산은 반드시 섭취해야 한다. 식사시 필수지방산의 1일 필요량은 총 섭취열량의 1~2%를 권장하고 있다.

[표 3-4] 필수지방산의 종류와 특징

지방산	구 조	기 능	급 원
linoleic acid	C18 (2개의 이중결합)	항피부병 인자 성장인자	채소, 종실유
linolenic acid	C18 (3개의 이중결합)	성장인자	들기름, 콩기름 등
arachidonic acid	C20 (4개의 이중결합)	항피부병 인자	동물의 지방

여분의 열량으로 공급된 당질과 단백질이 지질로 전환되어 지방조직에 축적된다. 이때 아세틸 CoA(탄소수 2개)로부터 긴사슬 포화지방산으로써 이중결합이 1개 있는 올레산을 합성한다. 그러나 동물체내에서 리놀레산은 합성되지 않는다. 아라키돈산은 리놀레산으로부터 합성되지만 충분한 양을 합성하지 못하기 때문에 필수지방산으로 분류된다. 그 외에 DHA와 EPA도 체내에서 충분하게 합성하지 못하므로 이에 포함시키기도 한다.

2 중성지질 triglycerides

중성지방은 한 분자의 글리세롤에 세 분자의 지방산이 결합하여 만들어진 지질로 자연계에 존재하는 지질의 대부분을 차지한다. 글리세롤에 세 개의 지방산이 결합된 것은 트라이글리세라이드(triglyceride, TG), 두 개의 지방산이 결합된 것은 디글리세라이드(diglyceride, DG), 그리고 한 개의 지방산이 결합된 것은 모노글리세라이드(monoglyceride, MG)라고 한다(그림 3-7).

8) 오메가3지방산 ω-3 fatty acid : 오메가 말단으로부터 3번째, 4번째 탄소에 탄소-탄소의 이중결합이 있는 지방산
9) 오메가6지방산 ω-6 fatty acid : 오메가 말단으로부터 6번째, 7번째 탄소에 탄소-탄소의 이중결합이 있는 지방산

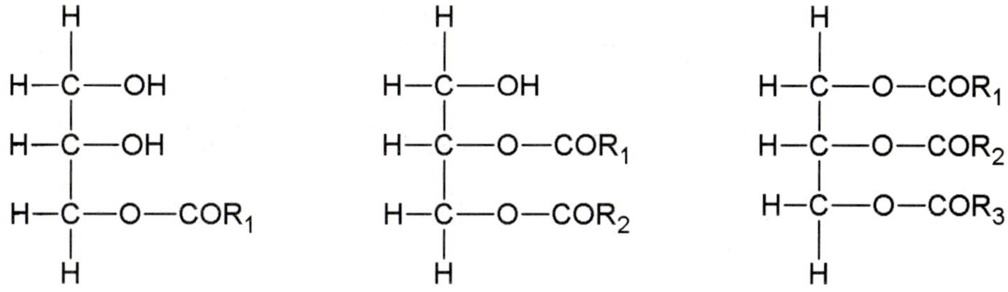

monoglyceride　　diglyceride　　triglyceride

[그림 3-7] glyceride의 종류

결합된 지방산의 종류에 따라 glyceride의 특성이 달라진다. 3분자의 지방산이 동일한 것을 단순 글리세라이드(simple glyceride)라고 부르고 3분자의 지방산이 다른 것을 혼합 글리세라이드(mixed glyceride)라고 부른다.

중성지질(triglycerides, 일반명명법; triacylglycerols, TG)은 식품 중 함유된 지질의 90%를 차지한다. 유지류는 대부분 중성지질이다. 포화지방산을 다량 함유한 중성지질은 실온에서 고체상태이며, 버터나 우지와 같이 동물성 식품에 함유되어 있다.

단일불포화지방산을 다량 함유한 중성지질은 실온에서 액체이며 올리브기름과 견과류와 같은 식물성 식품에 함유되어 있다.

다가불포화지방산을 다량 함유한 중성지질은 액체이며 면실유나 옥수수기름과 같은 식물성 식품에 함유되어 있다. 그러나 예외적인 것도 있는데 그것이 코코넛과 야자유와 같은 트로피칼유들이다. 가공식품에 주로 사용되는 트로피칼유는 포화지방산을 다량 함유하고 있다. 또한 어유(fish oil)역시 예외적인 것으로 포화지방산을 다량 함유할 것으로 생각되지만 실제로는 다량의 다가 불포화지방산을 함유하고 있다.

3 복합지질

(1) 인지질 phospholipids

인지질은 중성지질과 구조가 유사한 화합물로써 한 개의 지방산 대신 인산이 대치된 구조를 지녔다(그림 3-8).

물을 좋아하는 인산기가 결합된 부분(친수성: hydrophilic head)은 외각의 물과 상호작용하며, 물을 싫어하는 지방산 부분(소수성: hydrophobic tail)은 물과 멀리 하려고 안쪽으로 덩어리가 되어 모인다. 세포막에서 발견된 인지질 중 가장 중요한 것은 레시틴[10)]이 있는데 물과 기름을 잘 섞일 수 있도록 하는 생물학적으로 유용한 특성을 지니고 있다. 그러므로 인지질이 중성지질이나 다른 지질과 혼합되어 있으며, 그 혼합체는 각각의 지질이 단독으로 있을 때보다 훨씬

10) **레시틴** lecithin : 글리세롤 뼈대에 2개의 지방산과 인산기, 콜린이 결합되어 있는 인지질

물과 잘 섞이게 된다. 유화된 것을 에멀전(emulsion)이라고 하는데, 이는 수용액에 작은 지질구가 떠 있는 형태이다. 인지질은 인체 내에서 세포막의 구성성분으로서 특히 뇌에 많이 함유되어 있고, 세포막의 유동성을 유지하면서 수용성과 지용성 영양소를 통과하게 한다.

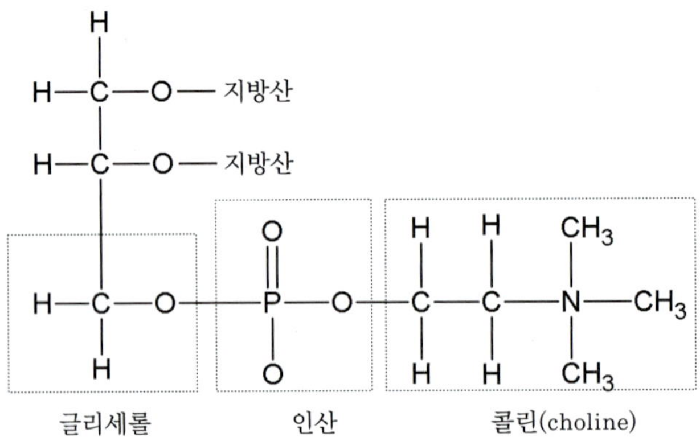

[그림 3-8] 인지질의 대표적 물질인 lecithin의 구조

잘 알려진 인지질 중의 하나인 레시틴은 분자 중에 친수기인 콜린(choline)을 포함하고 있어 포스파티딜콜린(phosphatidylcholine)이라고 하며, 콩 및 세포막에 많이 함유되어 있다. 레시틴 이외에도 포스파티딜세린[11](phosphatidyl serine), 포스파티딜에타놀아민[12](phosphatidyl-ethnolamine), 포스파티딜글리세롤(phosphatidylglycerol), 포스파티딜이노시톨[13](phosphati-dylinositol), 스핑고신[14](sphingosine) 등의 인지질이 있다.

(2) 스테로이드

스테로이드는 4개의 탄화수소 스테로이드 핵을 갖는 불비누화성 지질을 말한다.

콜레스테롤[15]은 스테로이드[16]의 한 종류이며 식품을 통해 먹지 않아도 간에서 생성된다. 인체에 존재하는 콜레스테롤의 90%이상이 세포막에 존재한다. 콜레스테롤은 피부에서의 비타민 D 합성, 담즙의 구성성분인 콜린산 합성, 성장과 성호르몬을 합성하고 간에서 포도당 합성을 촉진하는 코티솔을 합성한다.

콜레스테롤은 동물성 식품에만 있으며 계란 노른자나 내장은 콜레스테롤함량이 높아 계란 노른자 1개에는 약 213mg의 콜레스테롤이 들어 있고 내장에는 350mg/100g이 들어 있다. 콜레스테롤이 많은 식사는 심장질환을 높이지만 식물성기름이 있는 식사의 섭취는 콜레스테롤 수치를 떨어트린다.

11) 포스파티딜세린 phosphatidy : 인지질의 일종. 레시틴의 클린 대신에 아미노산인 세린이 결합한 것
12) 포스파티딜에타놀아민 phosphatidylethnolamine : 인지질의 일종. 세포질의 주성분. 레시틴의 클린 대신에 에탄올아민이 결합된 것
13) 포스파티딜이노시톨 phosphatidylinositol : 레시틴의 클린 대신에 이노시틀이 결합한 것
14) 스핑고신 sphingosine : 동물조직. 특히 뼈에 많이 포함된 지질의 일종인 스핑고지질의 구성분으로서 공통으로 존재하는 염기성분의 총칭
15) 콜레스테롤 cholesterol : 여러 개의 고리구조로 이루어진 지질로 동물 세포에서만 합성이 된다.
16) 스테로이드 steroid : 시크로펜타노페난트렌 고리를 공통의 모핵으로 갖는 화합물의 총칭

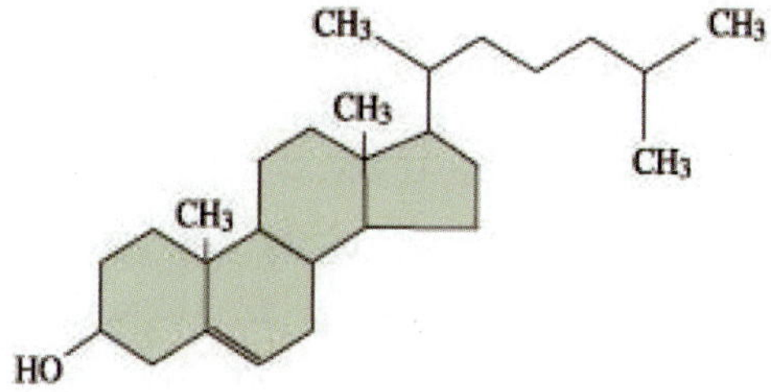

[그림 3-9] 콜레스테롤의 구조

스테롤류는 중성지질과 구조가 다르다(그림 3-9). 콜레스테롤은 동물 세포막의 구성 성분이고 동물에 필수적인 물질을 합성하는 데 필요한 필수 성분이다. 콜레스테롤은 부신 피질 호르몬, 성호르몬, 그리고 태반 호르몬 등의 스테로이드 호르몬 등을 합성하는데 필요하다. 또한 콜레스테롤은 햇볕을 쪼이면 피부에서 비타민 D로 전환되고 간에서 담즙산이 합성될 수 있다. 콜레스테롤은 동물 체내에서만 만들어지므로 급원 식품은 모두 동물성 식품이며 간, 내장, 달걀노른자, 버터, 고기류, 새우와 오징어 등에 특히 많이 들어있다.

정상인의 경우 일정 한도 내에서는 식이 콜레스테롤의 흡수와 체내 합성이 상호 조절되어 혈장 내 콜레스테롤 농도를 일정하게 유지한다. 그러므로 혈액내 콜레스테롤량을 감소시키기 위해 극단적으로 콜레스테롤 함유 식품의 섭취를 제한하는 것은 크게 도움이 되지 않는다. 1일 섭취 콜레스테롤량은 1일 200~300mg 정도를 권장하고 있다.

식품속의 콜레스테롤은 지방산과 결합하여 cholesterol ester를 형성한다. 콜레스테롤은 소장에서 효소에 의해 분해되고 micelle들이 소장벽까지 운반되었을 때 최고로 흡수된다. 중성지질의 소화·흡수와는 대조적으로 식이 중 콜레스테롤은 평균 55%(22~75%) 정도만 흡수된다. 그림 3-10은 중성지질과 콜레스테롤의 소화·흡수단계의 요약이다.

[그림 3-10] 체내 콜레스테롤 합성(콜레스테롤 흡수율은 55%로써 1일 450mg의 콜레스테롤을 섭취한다면 250mg이 흡수되고 체내의 간에 840mg 합성)

알아 가기

콜레스테롤을 낮추는 식품

1. 콩류 : 대두를 포함하여 검은콩종류들은 LDL콜레스테롤을 감소시키고 HDL콜레스테롤을 증가시키며 대두에는 식물 에스트로겐이 콜레스테롤을 감소시키는 효과가 있다.
2. 식물스테롤과 스타놀[17] : 야채, 견과류, 씨앗류, 두류, 곡류, 식물성유 통에 함유되어 있으며 소장에서 콜레스테롤 흡수를 감소시키고 혈액중 콜레스테롤 수치도 낮춘다.
3. 견과류 : 견과류의 항산화제와 오메가3 지방산이 콜레스테롤을 낮춘다.
4. 생선 : 고등어, 청어, 정어리, 참치, 연어 등은 심장질환의 위협을 감소시킨다. EPA[18] 나 DHA[19] 같은 오메가3 지방산이 풍부하게 들어있다.

4 지질의 기능

(1) 에너지 생산

식품을 통해 섭취된 지질은 에너지원으로 사용되고, 사용하고 남는 것은 거의 무한정으로 체지방으로 저장된다. 1g은 9kcal의 열량을 발생하여 탄수화물이나 단백질 1g이 제공하는 4kcal의 2배 이상의 열량을 공급한다. 지질은 저장열량으로써 중요하지만, 고지방식(high fat diet)을 섭취했을 때 저지방식(low fat diet)보다 고열량 섭취로 체중증가를 가져온다.

저장된 지질의 대부분이 체지방조직(adipose tissue)에 저장되어 있다. 식이 지질은 고열량 영양소로서 체내로 흡수된 지질은 세포의 에너지원으로 사용되고, 남는 것은 거의 무한정으로 지방 세포에 저장된다(그림 3-11). 정상 성인 남자의 경우 체중의 15~18%가, 여자는 체중의 약 24%가 지질로 구성되어 있다. 그러나 과다한 에너지 섭취나 대사 저하증의 경우 체지방이 증가하며, 체중의 30% 이상이 체지방으로 구성되어 있는 경우를 비만이라고 한다.

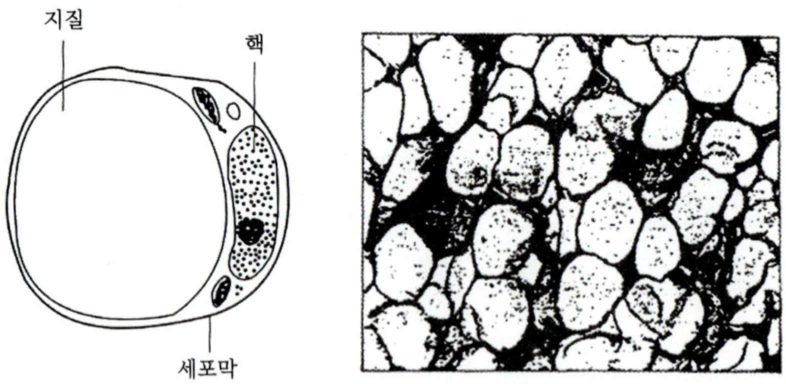

(a) 체지방세포 구조 (b) 지방조직을 이루고 있는 체지방세포들

[그림 3-11] 체지방세포(adipose tissue)

17) 스타놀 : 식물에 있는 물질로 콜레스테롤과 구조가 비슷
18) EPA eicosapantaenoic acid
19) DHA docosapantaenoic acid

지질은 대부분이 흰색 지방 세포(white fat cell, adipose cell)에 저장되고 소량이 갈색 지방 세포에 저장된다. 갈색 지방 세포는 주로 심장, 신장 등과 같은 부위에 존재하며, 흰색 지방세포에 비해 혈액 순환이 활발하고, 세포당 미토콘드리아 수는 많기 때문에 지질의 산화를 촉진시킨다. 갈색 지방 세포의 지방 산화는 ATP의 형태로 에너지를 공급하기보다는 주로 열 발생에 이용된다. 외부의 온도가 낮거나 음식 섭취가 신체의 필요량보다 많을 때에는 지방 일부가 열 발생에 이용된다.

(2) 열발생과 체온조절

중성지질은 지방 조직에 많은 양의 에너지를 저장하여, 체열을 보존하는 내부담요나 방풍벽의 역할을 한다. 그러므로 피하지방은 열을 차단하는 단열재로써 열의 방산을 막는 작용을 하여 체온유지에 관여한다. 따라서 체내의 피하지방의 축적된 정도와 일상생활환경의 온도가 얼마나 되는가에 의하여 체온유지를 위해서 필요한 시기에 사용하게 된다. 지방세포의 지방산화는 ATP의 형태로 에너지를 공급하기 보다는 열발생에 이용한다. 음식섭취가 필요량보다 많을 때에는 갈색지방[20]세포에서 열 발생에 이용되어 흰색지방세포 내 지방의 축적을 감소시키는 역할을 한다.신생아는 성인에 비해 갈색지방세포 비율이 높은데, 갈색지방세포는 신생아때 결정되지만 흰색지방세포는 성장하면서 증가한다.

(3) 필수지방산 공급

리놀레산과 리놀렌산 등 필수지방산[21]이 장기간 지속적으로 결핍된 식사를 한다면 성인의 경우는 피부가 거칠어지고 비늘이 벗겨지고 비정상적인 신장기능 생식능력의 감소를 가져온다. 또한 어린이에게는 성장지연도 일으킨다. 필수지방산은 식물성기름 중에 다량 함유되어 있다.

▸ 필수지방산의 작용을 살펴보면,

필수지방산은 에이코사이드[22], 루코트리엔[23], 프로스타글라딘[24], 트롬복산[25]의 합성을 위하여 전구물질로 작용하여 체내 염증과 혈전 생성과정에서 중요한 역할을 한다. 이 물질들 중 prostaglandin(PG)은 국소호르몬으로 작용하며 심장과 혈관의 근육수축을 조절하고 정상적인 혈압을 유지하며, 신경의 자극전달을 정상화하고 소화효소의 분비를 억제하고 생식기능에 관여 등에 작용을 한다.

---

20) 갈색지방 : 짙은 색소를 포함하는 지방조직. 보통의 백색지방조직과 달리 미트로트리아에 풍부한 갈색지방세포로 되어있음
21) 필수지방산 : 체내에 꼭 필요하나 체내에서 합성되지 않거나 양이 부족하여 식사를 통해 섭취되어야하는 지방산으로, 리놀레산, 아라키돈산, 리놀렌산 등이 있다.
22) 에이코사이드 : 탄소수가 20개인 지방산들이 산화되어 생긴 물질들의 총칭
23) 루코트리엔 LT : 백혈구, 혈소판, 대식세포에서 형성되고 화학구성, 염증, 알레르기반응에 관여
24) 프로스타글라딘 PG : 필수지방산으로부터 체내에서 형성되는 호르몬유사물질. 최고의 물질이 전립선에서 발견되어 이름을 PG라고 명명
25) 트롬복산 TXA : 혈소판에서 합성되고, 혈소판의 응집과 혈전형성을 촉진시키고 혈관수축을 시킨다

❶ 필수지방산의 대사속도는 매우 느리게 진행한다. 필수지방산이 중요한 구성성분을 이루고 있는 인지질인 lecithin 등은 세포막과 세포내의 대사와 기능의 유지에 관여하기 때문에 매우 느린 속도로 대사과정이 진행되고 체내에 오래도록 보유된다. 인지질의 α 위치에 자리 잡고 있는 에이코사트리에논산(eicosatrienoic acid, 20:3)은 linoleic acid보다 arachidonic acid로 효과적으로 대치되는 것으로 나타났다. 동물실험결과에서 동물의 체내의 arachidonic acid는 체내보유기간이 다른 지방산보다 길고, 결핍증세인 습진성 피부염을 완화시키는데 다른 지방산보다 효과적이었다.

❷ 필수지방산의 필요량을 증가시키는 요인은 포화지방산의 섭취량 증가, 연령의 증가, 남성, 갑상선 기능저하증, 파리독신(pyridoxine)결핍증 등이 있을 때이다.

❸ 필수지방산은 콜레스테롤의 농도를 저하시켜 동맥경화증을 예방하는 효과를 갖고 있으나 무조건 다량 섭취하는 PUFA로 인하여 새로운 영양문제가 대두되므로 식사내의 PUFA/SFA의 비율(P/S ratio)은 1정도를, ω-6/ω-3의 비율은 4~10정도로 섭취할 것을 권장하고 있다.

❹ 필수지방산의 대사에 작용하는 비타민은 비타민 E, 비타민 B_6, 비타민 B_2 등이 있다.
불안정하고 산화되기 쉬운 이중결합을 많이 지닌 PUFA 섭취량의 증가는 항산화제[26]인 비타민 E의 필요량을 증가시킨다. 한편, PUFA의 함량이 높은 식물성 기름에는 비타민 E를 다량 함유하여 산패를 막아주는 역할을 한다.

❺ DHA와 EPA는 필수지방산 리놀레산으로부터 체내에서 합성되는 n-3계열 지방산인데 n-3계열 지방산이 태아의 두뇌 발달에 좋은 영향을 미친다고 생각해서 임신부에게 DHA와 EPA를 투여하기도 한다. n-6계열 필수지방산을 투여하거나 n-6계열과 n-3계열 필수지방산을 함께 먹이면 학습능력이 저하되는 것을 방지할 수 있다는 동물 실험 결과가 발표되기도 하였다.
α-리놀렌산과 EPA, DHA가 부족하면 시력이 손상된다고 한다. 이유기의 쥐를 무지방 식이로 사육하였을 때 망막에 함유된 DHA의 농도가 정상치보다 10~20%가 감소되었다.

❻ 리놀레산이 아라키돈산으로 전환되는 과정에서 pyridoxine이 필요하고, 리보플라빈 결핍시 아라키돈산의 혈중농도 감소를 가져온다. 한편 트랜스지방산을 다량 섭취하면 비오틴, 비타민 B12의 결핍을 가져올 수 있다.
필수지방산의 결핍은 성장장애와 습진성 피부염외에 생식기능 장애, 호흡기계의 감염, 안드로겐 분비감소, 탈색소, 지방간 등을 초래한다. 리놀레산는 주로 식물성 기름에 함유되어 있는데 옥수수기름과 콩기름 등이 50% 이상을 공급한다. 모유를 섭취하는 어린이의 경우 필수지방산 필요량을 충족시킬 수 있는데 모유에는 리놀레산가 전체열량의 6~9% 들어 있기 때문이다.
포화지방산이 많고 리놀레산이 낮은 식이를 하는 사람의 경우에 혈액 내 VLDL과 LDL콜레스테롤이 증가되고 혈전[27] 형성이 증가되는 것이 관찰되었다.

26) 항산화제 : 산화의 연쇄반응을 중단하고 산화의 진행을 방지함

또한 혈청 내 콜레스테롤량이 증가될 때 필수지방산의 요구량이 증가하는 것으로 나타났다. 리놀레산과 포화지방산의 양을 같은 비율로 섭취할 때 관상 동맥질환 예방에 도움이 된다는 보고가 있다. 미국에서는 관상 동맥 질환의 예방을 위하여 리놀레산을 총열량의 2~3%로 섭취할 것을 권장하고 있다.

(4) 지용성 비타민 운반

지용성 비타민(비타민A, D, E, K)은 기름 속에 용해되어 있다면 더 쉽게 체내에 흡수된다. 이 기능은 어떻게 영양소들이 체내에서 상호영향을 주고 있는지를 알 수 있는 좋은 예로써 지질이 결핍되면 지용성비타민이 소화, 흡수에 지장이 오고 결핍증세를 보이게 된다.

(5) 체구성 성분

지질은 체지방조직의 구성성분일 뿐만 아니라 세포막, 프로스타그란딘과 호르몬, 신경보호막, 비타민 D, 소화분비액의 구성성분이다. 콜레스테롤의 섭취가 건강을 해치는 것으로 악평을 받고 있으나 콜레스테롤은 체내 구성성분으로 중요한 물질이다.

(6) 기타

지질은 면역기능을 조절하고, 심장이나 신장과 같이 중요한 기관을 싸고 있어 외부의 충격으로부터 내부 기관을 보호하는 역할을 한다. 또한 식이 지방은 위장 통과시간이 길어 포만감을 주고 음식의 맛을 향상시키는 기능도 갖고 있다. 비타민 B1의 절약작용이 있다.

5 지질과 건강

(1) 심혈관계질환

지질섭취와 생활습관이 심장질환의 원인이 되고 있다. 동맥경화증(athrosclerosis)은 심장과 혈관에 영향을 주는 주요 질병이다. 고지방식을 섭취하는 사람들이 심 혈관질환이 높고, 미국과 선진국가에서 가장 높은 사망원인으로 보고되고 있다. 에스키모인들은 오메가3 지방산 섭취가 많아 오히려 심장질환 발병이 낮다. 또한 불포화지방산이나 채소, 곡류를 많이 섭취하는 나라사람들도 심혈관질환이 낮은 것으로 나타난다. 혈관내부에 형성된 물질인 프라그라고 불리는 물질은 혈관의 내강을 점차 좁히고 혈관의 유연성을 떨어뜨린다.(그림 3-12 참조) 플러그가 혈관에 형성되어질 때에 혈관은 손상되기 시작한다. 즉 혈액의 응고덩어리나 플러그의 조각이 좁혀진 혈관을 막히게 하여 이로 인해 혈관의 혈액순환이 차단될 수 있으며 혈압의 증가는 혈관을 파열을 시킬 수 있다. 이런 상태는 체세포에 혈액을 통해 제공되는 영양과 산소의 공급을 차단하여 2~3시간 이내에 이 세포들을 죽일 수 있다. 동맥경화증이 신체의 여러 부위에서 발생

27) 혈전 : 생체의 혈관 내에서 혈판이 굳어진 상태

될 수 있는데 가장 위험한 곳은 심장과 뇌 두 부분이다. 심혈관 질환(CVD)의 높은 위험요인들은 남성, 고령화, 동맥경화증, 가계 등으로 이들은 조절될 수 없는 것들이다. 임상조사 결과에 따르면, 고혈압, 비만, 고지혈증, 비정상적인 심전도, 그리고 생활습관 중 흡연, 열량이나 지질의 과잉섭취, 운동부족, 약물투여들도 위험요인에 관련되어 있었다.

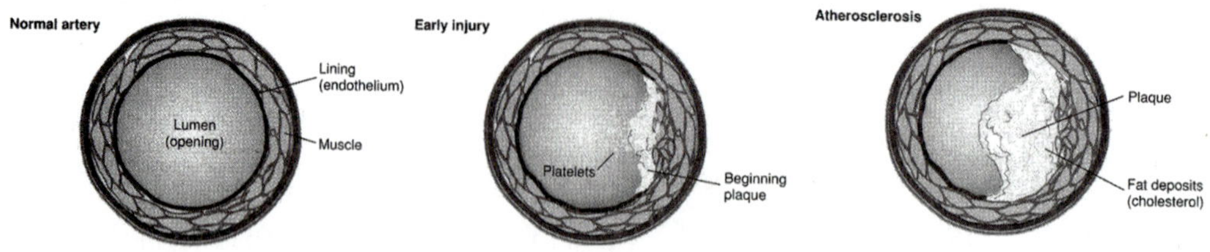

[그림 3-12] 동맥경화의 진행단계

혈액 내 중성지질이 높은 것도 심장순환계 질환의 위험과 관련이 있는데, 200mg/100mℓ 이하를 정상, 200~239mg/100mℓ을 경계 위험 수준, 240mg/100mℓ 이상을 위험 수준, 1,000mg/100mℓ 이상을 매우 높은 수준으로 구분한다.

(2) 혈중 콜레스테롤 수준에 영향을 주는 식이요인

혈중 콜레스테롤 농도에 영향을 주는 요인은 다음과 같다.

① 체지방의 과잉축적

비만인 사람들은 일반적으로 혈중지질농도가 더 높다. 과잉으로 축적된 체지방을 낮추어 혈중 지질농도를 낮추어 준다.

② 식이 지질의 총량

식이에서 지질을 감소시키면 총 혈중 콜레스테롤 수준을 낮출 수 있다. 열량의 30%정도까지 지질을 섭취할 것을 권장한다.

③ 식이에 함유된 포화지방산

포화지방산이 LDL 콜레스테롤 농도를 높여주는 원인으로 알려져 있다. 그러므로 육류와 전지 유제품등의 동물성제품과 코코넛 야자 등 열대성 기름에서 주로 발견되는 포화지방의 섭취를 감소시키면 콜레스테롤 농도를 낮출 수 있다.

④ 식이에 함유된 다가 불포화지방산[28] PUFA

PUFA는 혈중 콜레스테롤 수준을 낮추어 주는 것으로 증명되었다. PUFA는 식물성 기름에 다량 함유되어 있고 한냉어류의 기름에서도 발견된다. ω-6지방산이 혈중 총콜레스테롤을 낮추는 것으로 나타났으며, LDL과 HDL 모두가 낮아진다. 그러나 장기간 ω-6지방산의 과잉섭취는

28) 불포화지방산 unsaturated fatty acid : 분자내 이중결합을 갖고 있는 지방산

혈압을 증가시킬 수 있고 더군다나 동물실험의 연구결과에서 모두는 아니지만 PUFA의 과잉섭취가 암의 발생률을 증가시켰다. 어유에 많이 함유된 ω-3지방산은 적혈구세포의 점착성을 감소시키고 유연성을 향상시키는 프로스타그란딘의 생산을 촉진시킨다. 그러므로, 심장 마비를 일으킬 수 있는 혈관의 혈액응고물 등을 감소시킨다고 보고되었다. 생선을 먹는 집단과 먹지 않는 집단에서 심혈관질환(CVD)의 발생률을 비교한 몇몇 역학 연구결과는 생선을 먹는 사람이 심혈관질환에 의한 사망이 감소되는 경향이고, 뇌졸중에 의한 사망이 증가되는 경향이다. 〈표 3-5〉는 여러 해산물에서 ω-3지방산함량을 보여준다. 심혈관계 질병의 위험도가 높은 서구 여러 나라에서는 ω-3계열의 지방산이 많은 함유된 고등어, 정어리와 같은 등푸른 생선을 일주일에 적어도 2회 정도 섭취할 것을 권장한다. 식이 중 PUFA를 열량의 10%까지 구성하도록 권장하고 있다.

[표 3-5] 해산물 중 ω-3지방산의 함량

식 품 명	2온스(57g)당 ω -3지방산의 함유량(mg)
어 류	
멸치(anchovy, European)	0.8
농어(bass, striped)	0.5
전갱이(bluefish)	0.7
메기(catfish)	0.2
돔발상어(dogfish, spiny)	1.1
넙치(halibut, greenland)	0.5
청어(herring)	1.0
고등어(mackerel, atlantic)	1.5
창꼬치(pike, walleye)	0.2
전갱이(pompano, Florida)	0.4
연어(salmon, different varieties)	0.5~0.8
송어(trout, lake)	1.0
참치(tuna)	0.3
송어(whitefish, lake)	0.8
갑각류와 연체류	
대합(clams, softshell)	0.2
새우(shrimp, different varieties)	0.2~0.3
굴(oysters)	0.2~0.4
오징어(squid)	0.2

ω-3지방산은 EPA(eicosapentaenoic acid)와 DHA(docosahexaenoic acid) 함량을 동일하게 고려함

⑤ 식이에 함유된 단일 불포화지방산 MUFA

MUFA의 혈중 콜레스테롤에 대한 효과에 대한 역학연구에 의하면, MUFA가 다량 함유되어 있는 올리브기름이 주로 사용되는 지중해 국가의 사람들의 심장병 발생률이 총 지질 섭취량에 의하여 애견된 심장병 발생률보다 더 낮았다. MUFA 낮은 LDL농도로 혈중 콜레스테롤 농도를 큰 폭으로 낮추는 것으로 보인다. 그렇지만, ω-6지방산처럼 HDL을 낮추는 것으로는 보이지 않는다. 지질섭취 열량의 70%까지 MUFA를 허용한다.

⑥ 식이에 함유된 콜레스테롤

식이 콜레스테롤을 감소시키면 혈중 총 콜레스테롤 수준을 감소시킬 수 있다. 그러나, 변동의 범위는 개인에 따라 변화가 매우 크다. 대부분의 사람들에게서 식이 콜레스테롤량을 줄이는 것이 혈중 콜레스테롤의 수준을 낮추는데 가장 적게 영향을 주는 것으로 나타났다. 그 이유는 그림 3-10에서 보여주는 바와 같이 콜레스테롤이 체내에서 합성되므로 식이를 통한 콜레스테롤 섭취가 낮아도 섭취지질에 의하여 합성이 되기 때문이다. 마가린과 같은 고지방식품의 제품은 무 콜레스테롤 식품이지만 혈중 콜레스테롤 섭취를 감소시키지 못하므로 섭취량를 감소시키는 것이 합리적이다. 콜레스테롤의 섭취는 1일 300mg을 초과하지 않아야 한다고 권장하고 있다. 몇몇 연구에서는 식품가공 중에 발생될 수 있는 산화형 콜레스테롤이 혈관에서 산화되지 않은 콜레스테롤보다 혈관에 손상을 더 일으킬 수 있다고 보고하였다.

알아가기 **나쁜 콜레스테롤과 좋은 콜레스테롤 차이점**

성지단백질중 저밀도지단백 LDL(low density lipoprotein)은 세포막에 있는 수용체를 통하여 세포로 들어가 세포내로 콜레스테롤을 운반하는 역할을 한다. 식이 중 콜레스테롤이 높은 식사를 할 경우 혈중 LDL-콜레스테롤농도가 높아진다. LDL-콜레스테롤은 말초혈관벽에 플라그를 형성하여 동맥경화를 일으키는 원인이 되어 심혈관질환의 위험인자이어 나쁜 콜레스테롤이라 부른다. 그러나 고밀도지단백 HDL(high density lipoprptein)은 세포 및 말초혈관에 쌓여 있는 콜레스테롤을 간으로 가져가 분해시키기에 HDL-콜레스테롤은 심혈관질환을 예방하는 인자이어 소위 우리가 좋은 콜레스테롤이라 부른다.

⑦ 다른 식이요인

CLA의 경우 혈중의 지질농도와 콜레스테롤 농도를 낮추어 동맥경화를 예방한다고 보고되었다. Sucrose polyester(Olestra) 즉, 지질 대치 식품은 HLD 수준에는 영향을 주지 않았고 LDL 콜레스테롤을 낮추는 것으로 발견되었다 예비연구에서 가능성을 보이지만 더 많은 후속연구가 필요하다. 생명공학에서 또 다른 발전의 가능성은 식품 속에 함유된 자연계의 지방산을 변화시키는 것이다. 앞으로는 현재 유용한 식품보다 건강에 더 이로운 지방산의 비율과 형태를 함유한 유지류에 대한 연구를 해야 할 것이다.

(3) 식이지질과 암

암의 원인은 역학조사 결과 한 가지 이상의 환경요인인 발암원에 의하여 암이 발병된다고 지적한다. 식이성분은 환경적인 발암원에 속한다. 그래서 역학학자들은 암에 의한 사망의 1/3이 식사에 연결 되어 있다고 추정한다. 지질은 암의 촉진에 관련된 식이요인 중 가장 중요한 것으로 역학적 증거와 동물연구결과가 뒷받침하고 있다. 또 다른 것은 곰팡이에 의해 생성된 독성과 과량의 알코올이 포함된다. 환경적인 요인 중 식이요인 이외의 예는 담배, 방사선, 바이러스, 호르몬, 산업화학물질 들이 있다.

암 촉진을 방해하는 것을 항암원(anticarcinogen)이라 한다. 항암원에는 비타민 E와 카로티노이드(carotenoid)와 같은 영양소가 있고 식품 속에 함유되어 있는 비영양성분인 섬유소와 같은 것이 있다. 중요한 점은 식품이 단지 암의 잠재적인 요인으로써 부정적인 면만을 지니고 있다고 볼 것이 아니라 식이가 암 예방에 중요한 역할을 할 수 있다는 것이다.

암의 위험요인인 식이지질과 콜레스테롤에 대하여 살펴보자. 지질은 다른 식이구성성분보다 암의 진행에 더 밀접하게 연결되어 있는 결장암, 유방암의 발생률과 인구의 평균 1일 식이 지질섭취사이에 관련성을 보이고 있으며 육류를 피하는 사람이 50%정도 되는 안식일교도들은 암의 발생률이 낮다. 그들은 술 담배를 피하므로 어떤 종류의 암 발생률이 감소되어 있었다. 그들의 사망률은 술, 담배에 관련되어 있지 않은 신체의 다른 부위에 암의 발생률을 비교하였을 때에 단지 50~70% 정도이었다.

고지방식을 공급한 동물이 저지방식의 경우 보다 일반적으로 암발생률이 높으므로 식이지질과 암사이의 관계를 강조한다. 이러한 효과는 저지방식이 동물에서 암의 성장을 억제하는 저열량식의 효과에 기인하는 것이다. 식이지질 섭취와 결장암의 관련성은 아주 높다. 결장암에 유전적 경향, 비만과 같은 다른 요인의 영향이 보인다 할지라도 열량과 지질의 섭취가 높은 수준인 남자가 낮게 섭취하는 남자보다 4배의 높은 암발생이 있다. 고지방식의 섭취를 하는 여성의 경우는 낮게 섭취하는 경우보다 암발생률이 1.5배 높았다.

또한, 혈중 콜레스테롤과 암 발생률 사이에 차이를 보인다. 혈중 콜레스테롤이 낮다면(190mg/dℓ 이하)소화기계통의 암의 발생이 위험이 증가될 수 있다고 하였다. 특히 폐암은 혈중 cholesterol이 낮은(195mg/dℓ 이하) 사람에게서 발생되는 것으로 보이고 직장과 결장암은 상승된 혈중 cholesterol(250mg/dℓ 혹은 269mg/dℓ 이상)을 가진 경우에 증가되었다.

(4) 지질과 뇌기능

뇌의 정상구성성분 중 가장 많이 함유된 화학물질은 지질이기 때문에 이들 물질들이 뇌기능에 관련되어 있을 가능성이 늦게 나타난다. 인지질인 레시틴의 구성성분인 콜린은 그중 한 가지 화합물로 신경자극이 전달될 때 방출되는 화학물질인 신경전달물질의 전구체이다.

콜린(Choline)을 구성하는 신경전달물질은 아세틸콜린[29](acetylcholine)으로 기억력에서 중요한 역할을 한다고 알려져 있다. 래시틴의 섭취증가는 아세틸콜린의 생성을 증가시키므로 래시틴 섭취의 증가는 기억력을 증가시킬 수 있다는 가설에서 계속 연구되어 있다.

6 지질섭취와 권장량

(1) 지질의 섭취실태

한국인 식생활의 서구화로 선호하면서 과거와 가장 많은 섭취량 변화를 보이는 영양소가 지질

29) **아세틸콜린** : 콜린의 아세트산아이스테르로 체내에서 신경의 화학전달물질

이다. 2008년 국민건강영양조사에 의하면 탄수화물, 단백질, 지질의 열량섭취구성비(%)가 67.0 : 14.6 : 18.4 로 나타났다. 총지질의 에너지섭취비율은 1969년 국민영양조사를 처음 실시하였을 때 7.2%였고, 70년대 말에 11.2%로 증가하였고, 1980년대 말에 13.9%까지 증가하였고 1990년대 말에는 급속히 증가하여 국민조사결과는 19.1%였으며, 10년전 1981년에 39.2g에 비해 약 2배인 71.9g으로 증가하였다.

구미의 여러 나라에서는 총열량의 30%를 지질섭취량으로 권장하고 있으며 FAO/WHO 유지전문위원회는 필수지방산 공급, 지용성 비타민의 흡수율 및 에너지 밀도를 고려하여 총열량 중 지질섭취량을 15%로 유지할 것을 권장하였다. 우리나라는 한국인의 영양권장량 제7차 개정(2010) 이래 총열량의 20%를 지질에서 섭취할 것을 권장하여 왔다.

지방산 균형에 대한 기준으로는 다중불포화지방산, 단일불포화지방산, 포화지방산의 비(P/M/S)와 ω-6/ω-3(n-6/n-3) 지방산비가 적용될 수 있다. 우리나라에서는 바람직한 지방산의 균형섭취를 강조하여 P/M/S가 0.8~1.2/0.9~1.1/1로 권고되었다. 일본인의 영양소요량에서는 P/M/S비를 3/4/3으로 권장하고 있다.

콜레스테롤 섭취량은 전세계적으로 보면 1일 300mg을 초과하지 않도록 권장하는 것이 가장 보편적이다. WHO에서는 관상동맥심질환 예방을 위해 1일 콜레스테롤 섭취량을 1,000 kcal 당 100mg 또는 1일 300mg 미만으로 제한할 것을 권장하였다. 그리고 동물성 식품의 섭취비율이 1969년에 3.0%였고, 1987년에 20.2%까지 증가하여 90년대와 현재까지 비슷한 수준을 유지하고 있다. 이와 같이 동물성 식품의 섭취비율이 증가되는 것과 같은 추세로 지방의 급원식품도 동물성식품비율에서 같은 경향을 보일 것이다. 그러나 아직은 우리나라 사람의 동물성 식품 소비가 서구인과 비교하여 낮은 수준이지만, 현재의 콜레스테롤 섭취량이 160~400mg 정도이므로 식사지침을 통하여 콜레스테롤 섭취를 가능한 한 적게 섭취하도록 권고하는 것이 필요하다.

(2) 영양섭취기준

지질의 과다섭취는 비만을 유도하기 쉽고 포화지방이나 콜레스테롤의 섭취가 증가하면 관상 동맥심장질환 등 만성질환의 발생을 증가시키는 것은 잘 알려져 있으나 따로 상한섭취량이 설정되어 있지는 않다. 다만 식이지침을 통하여 적절한 양을 섭취하도록 지도하는 것이 바람직하다. 19세 이상 성인을 기준으로 하여 총 지방 에너지섭취비율을 15~25% 수준으로 유지하도록 하고, 포화지방산의 경우 4.5~7.0%에너지 적정비율을 따르도록 하였다. n-6계 지방산은 총에너지 섭취의 4~8%n-3계 지방산은 1%내외. 트렌스지방산 의 경우 1%미만으로 섭취하도록 권장하고 있다. 콜레스테롤의 경우 1일 성인 기준 300mg 미만으로 목표를 설정하였다.

우리나라의 경우 성인병 예방을 위해 한국인 지질 권장량을 총 섭취 에너지의 20%로 제안하고 지방산의 구성에 있어서는 다중 불포화지방산:단일불포화지방산:포화지방산의 비율을 1:1:1로 제안하였다(표 3-6). 미국은 여러 단체에서 지질 섭취량을 총열량의 30%로 권장하고 있고, 그 구성은 포화지방산 10%, 단일불포화지방산 10%, 불포화지방 10%로 제안하고 있다.

선진국들은 일찍부터 트랜스지방에 대한 연구 실험을 진행했고 규제책을 마련했다. 덴마크는 2004년부터 모든 가공 식품의 트랜스지방 함유량을 2% 이하로 제한하는 법률을 제정했다. 미국도 2006년에 가공식품의 트랜스지방 함유량 표시를 의무화했다. 우리나라는 2006년 9월에 트랜스지방 저감화를 위해 식용유지류에 트랜스지방 권장 규격을 5% 이하로 설정해 운영·관리하고 있다. 2007년 12월부터 식품의약품안전청은 가공식품에 트랜스지방 함량을 표시하도록 식품 등의 표시기준을 개정해 트랜스지방 표시가 의무화한다.

[표 3-6] 한국인의 지질 영양섭취기준

성별	연령	총지방 (%E)	포화지방산 (%E)	n-6계 지방산 (%E)	n-3계 지방산 (%E)	트랜스지방산 (%E)	콜레스테롤[2] (mg)
영아	0~5(개월)	25[1]	-	2.0[1]	0.3[1]	-	-
	6~11	25[1]	-	4.5[1]	0.8[1]	-	-
유아	1~2세	20~35	-	4~8	1 내외	-	-
	3~5세	15~30	-	4~8	1 내외	-	-
남자	6~8(세)	15~30	-	4~8	1 내외	-	-
	9~11	15~30	-	4~8	1 내외	-	-
	12~14	15~30	-	4~8	1 내외	-	-
	15~19	15~30	-	4~8	1 내외	-	-
	20~29	15~25	4.5~7.0	4~8	1 내외	< 1	< 300
	30~49	15~25	4.5~7.0	4~8	1 내외	< 1	< 300
	50~64	15~25	4.5~7.0	4~8	1 내외	< 1	< 300
	65~74	15~25	4.5~7.0	4~8	1 내외	< 1	< 300
	75 이상	15~25	4.5~7.0	4~8	1 내외	< 1	< 300
여자	6~8(세)	15~30	-	4~8	1 내외	-	-
	9~11	15~30	-	4~8	1 내외	-	-
	12~14	15~30	-	4~8	1 내외	-	-
	15~19	15~30	-	4~8	1 내외	-	-
	20~29	15~25	4.5~7.0	4~8	1 내외	< 1	< 300
	30~49	15~25	4.5~7.0	4~8	1 내외	< 1	< 300
	50~64	15~25	4.5~7.0	4~8	1 내외	< 1	< 300
	65~74	15~25	4.5~7.0	4~8	1 내외	< 1	< 300
	75 이상	15~25	4.5~7.0	4~8	1 내외	< 1	< 300
임신부		15~30	4.5~7.0	4~8	1 내외	< 1	
수유부		15~30	4.5~7.0	4~8	1 내외	< 1	

1) 충분섭취량(g/일)
2) 목표섭취량
(자료 : 한국영양학회·보건복지부, 한국인 영양섭취기준, 개정판, 2010)

[표 3-7] 해산물 중 ω-3지방산의 함량

	FAO/WHO	일본 RDA	한국 RDA		한국 DRI's
	1994	1999	1995	2000	2010
총열량에 대한 지방(%)	15~30	20~25	20	20	15~25
다중불포화지방산	4~10		6		
포화지방산	≤10		6		
P/M/S 비율		3:4:3	1:1~1.5:1	1:1:1	0.8~1.2:0.9~1.1:1
ω -6/ω -3 비율	5:1~10:1*	4:1	4:1~10:1	4:1~10:1	4:1~10:1
콜레스테롤(mg)	< 300	< 300	< 300	< 300	< 300
트랜스지방산(%)	< 1	-	-	-	< 5

ω-3지방산은 EPA(eicosapentaenoic acid)와 DHA(docosahexaenoic acid) 함량을 동일하게 고려함

(3) 지질의 급원식품

여러 식품과 식품군에 함유된 지질의 양을 〈표 3-8〉로 비교한다.

자연계에서 과일, 야채, 곡류의 지질함량은 극히 낮은 수준이다. 조리 과정이나 가공과정 중에 첨가된 지질은 섭취를 증가시킬 수 있다. 감자와 같은 신선한 야채가 포테이토칩으로 가공되었을 때 어떤 현상이 일어나는지 그리고 식빵과 케이크 사이의 지질함량차이를 〈표 3-8〉로 알 수 있다.

[표 3-8] 식품에 함유된 지질의 종류

식품의 급원에 따라		육안에 의한 식별 정도	
동물성 지방	식품성 지방	가시 지방	비가시 지방
포화지방산 함량이 높아 실온에 고체 예외 : 어류는 다가불포화지방산의 함량이 많아 실온에 고체	불포화지방산 함량이 높아 실온에서 액체 예외: 팜유와 야자유는 포화지방산 함량이 많아 실온에서 고체	육류의 지방이나 식용유	실제 지방함량은 높으나 인식하기 어려움 예: 튀각(52%), 우유(18%), 갈비구이(65%), 감자튀김(47%), 살코기(40%), 크림치즈(86%), 라면(33%)

지질의 함량이 높은 식품은 유제품과 육류와 견과류가 있다. 우유도 최근에는 지질섭취를 줄이기 위하여 무지방, 저지방 우유를 섭취하고 있다. 또한 탈지유로 만든 요구르트 같은 제품도 다이어트용으로 만들어져 있다.

일부분 탈지된 우유로 만들어진 모짜렐라 리코타 그리고 저지방 커티지 치즈는 전지유로 만들어진 것보다 지질의 함량이 낮다. 많은 육류와 육류제품에도 지질함량이 높은데 육류를 가공하는 방법과 동물을 사육하는 방법의 개선이 지질함량을 감소시키는데 기여할 수 있다.

콜레스테롤은 동물성 식품에서만 발견된다. 〈표 3-9〉에서 표준 1인분의 양의 콜레스테롤을 다량 농축한 식품이 많지 않다는 것에 주목할 만하다. 그러나 계란 노른자, 간, 오징어 등이 일상적으로 많이 먹는 콜레스테롤 식품이다. 콜레스테롤은 1일 300mg 이하를 섭취하도록 권장하고 있다.

[표 3-9] 여러 식품에 함유된 지질의 양

식 품 명	목측량(중량)	lipids (g) 0 10 20 30 40 50
과일과 야채		
신선한 것, 냉동된 것		
통조림		
감자칩		
아보카도		
곡류제품		
즉석빵		
식빵		
초콜릿케이크		
오오트쿠키		
옥수수칩		
아침식사용 곡류		
우유 및 유제품		
전지유		
2% 우유		
탈지유		
체더치즈		
프로세스치즈		
아이스크림		
육류 및 육류 대용 식품		
볼로냐		
통닭구이	1/2 컵(90g)	
닭고기 · 생선튀김		
햄과 같은 고기		
달걀		
조리한 콩		
호두		
땅콩		
혼합식품		
피칸파이		
과일파이		
닭고기와 국수		
스파게티와 고기		
치즈파이		
쇠고기 스프와 국수		
기타		
기름, 버터, 마가린, 마요네즈		
크림치즈		
이탈리안 샐러드 드레싱		
프렌치 샐러드 드레싱		
베이컨		
사우어 크림		

[표 3-10] 식품 중 cholesterol 함량

식 품 명	목측량(중량)	lipids (g) 0 100 200 300 400 500
과일과 야채		
모든 종류	1/2컵(90g)	
곡류제품		
식빵	1조각(25g)	
케이크, 파운드케이크	1조각(67g)	
아침식사용 곡류	1/2컵(14g)	
우유 및 유제품		
전지유	1컵(244g)	
2% 우유	1컵(244g)	
탈지유	1컵(245g)	
체더치즈	(85g)	
아이스크림	1 1/2컵(200g)	
육류 및 육류 대용 식품		
갈아구운 고기	(57g)	
껍질째 구운 닭고기	(57g)	
대구 구이	(57g)	
익힌 잔새우	(57g)	
달걀	2개(100g)	
두류, 견과류	1/2컵(70g)	
소간	(57g)	
기타		
알코올성 음료	1잔(56g)	
버터	1큰술(14g)	
크림치즈	(85g)	
마요네즈	1큰술(14g)	
식물성 기름	1큰술(14g)	
오징어	2조각(100g)	
깐새우	1/2컵(100g)	
문어	1/2컵(100g)	

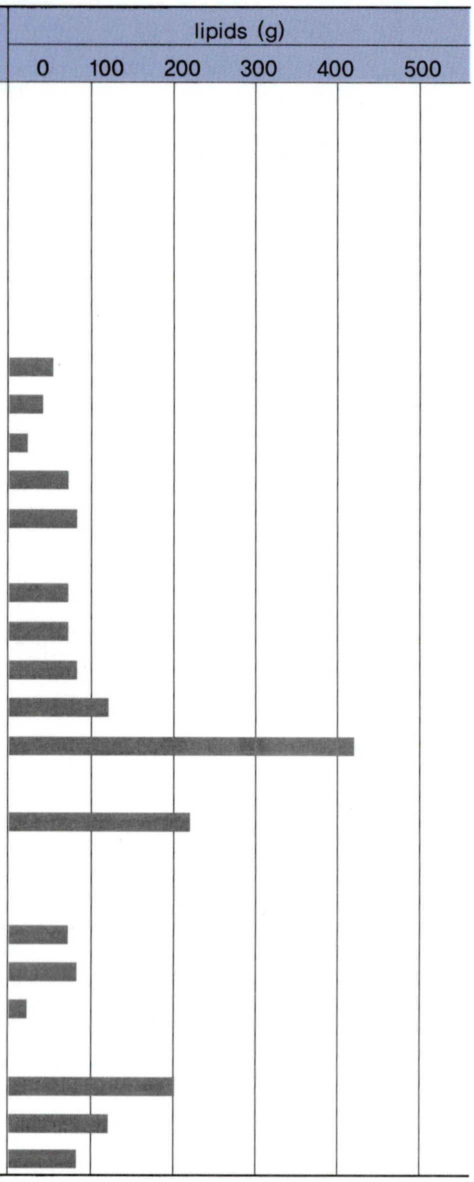

7 지질 대체 식품

지질 대체 식품으로 카프레닌(caprenin)은 글리세롤에 소화가 잘 되지 않는 지방산 3개가 붙어 있어 지방산의 일부만 흡수되기에 1g당 5Kcal의 열량을 낸다. 또한 식품속의 지질을 변형시키려는 법을 개발해 샐러드 드레싱, 마가린, 베이킹 버터와 같은 제품의 유분과 수분의 분리를 예방하기 위한 첨가제로 사용되고, 래시틴(lecithin)도 지질의 본성을 그대로 사용된다. 설탕과 기름을 혼합하여 만든 올레스트는 사람의 소화효소로 소화가 되지 않기에 열량을 내지 않으며 열에 강해 튀김과 같은 고온에 이용한다. 그러나 문제점은 지용성 비타민의 흡수를 감소시켜서 올레스트섭취시 지용성 비타민 섭취를 강화시켜야 한다.

우유와 달걀흰자에서 발견된 단백질로부터 만들어진 심플리스(simplesse)가 있다. 심플리스는 마요네즈와 유사한 맛과 질감이 있지만 에너지는 지질의 1/7 정도에 불과하다. 그러나 열에 약해 차가운 아이스크림이나 샐러드유 제조에 적합하다.

말토덱스트린[30](maltodextrin)과 폴리덱스트로오스[31](polydextrose)와 같은 여러 가지 탄수화물의 유도제품이 10여 년간 부분적으로 지질을 대신하여 사용되어 왔다.

이들의 한 가지 문제점은 소비자에게 조언할 때에 이들 제품의 과잉사용을 피하기 위하여 중요한 안전 섭취수준을 결정하는 것이다. 다른 고려할 점은 이들 가짜 지질이 다른 식품에 함유된 성분의 체내 이용에 어떠한 영향을 미치는가 하는 점이다.

30) **말토덱스트린** maltodextrin : 녹말의 불완전 가수분해로 생성된 탄수화물
31) **폴리덱스트로오스** polydextrose : glucose subitol 및 구연산을 가열중합하여 만든 백색에서 담황색의 비결점성의 분말로 묽고 약간의 산미도 갖는다.

제 4 장

단백질

단백질의 종류, 이용 및 기능, 단백질 섭취에 관련된 건강 문제를 학습하고 이해하도록 한다.

1 현대인과 단백질

단백질식품의 급원은 선진국에서는 육류와 달걀, 두류, 유제품 등을 통해 충분히 섭취하고 있으며, 우리나라에서도 국민건강영양조사[1](2005)를 통해 충분한 양을 섭취하는 것을 볼 수 있다. 최근 채식인구도 늘어나고 있지만 채식을 통하여도 충분한 단백질을 섭취 할 수 있는 단백가공식품들이 다양하게 개발되고 있다.

단백질(protein)은 생명현상을 유지하는데 중요한 역할을 하는 물질로, protein은 희랍어인 "proteos"(으뜸가는 것 - to come first)에서 유래된 이름이다. 탄수화물이나 지질과 함께 생체를 구성하거나 조절하며 특히 생명현상을 유지하는데 중요한 역할을 하는 물질이다.

단백질은 신체구성기능과 에너지를 내는 데에는 앞서 나왔던 탄수화물이나 지방과 같으나 살아있는 조직에 함유되어 있으며 효소, 호르몬, 항체, 근육의 myosin, 세포 원형질의 주성분이 되는 동시에 피부, 머리카락, 손톱 등 모든 생체기능에 관여하고 집중력이 높아지는 것으로 알려졌다.

단백질을 구성하는 기본성분은 아미노산[2](amino acid)이며 수백, 수천 개의 아미노산이 결합하여 단백질을 이루게 된다. 아미노산은 같은 탄소에 카르복실기(-COOH)와 아미노기($-NH_2$)를 지니고 있고, 펩티드(peptide)결합[3]을 형성하여 연결되어 단백질을 만든다.

최근에는 건강이나 비만예방으로 채식주의자들이 늘어나면서 동물성 단백질보다 식물성단백질을 선택하는 인구가 늘어나고 있다. 또한 구제역확산으로 인하여 식물성 단백질을 택하게 되는데 이들 모두 장단점이 있다. 동물성 단백질은 비타민군과 아연, 철, 칼슘과 같은 무기질이 풍부하다. 그러나 동물성 단백질은 섬유질이 적고 포화지방산과 콜레스테롤이 많아 심장질환의 위험이 증가한다. 식물성 단백질은 비타민 B군이나 철, 아연, 칼슘 등이 많기는 하지만 단백질의 흡수율이 떨어진다. 그러나 식물성 단백질은 섬유소가 많고 특히 콩단백질은 이소플라빈이 풍부하여 갱년기여성의 에스트로겐의 기능을 대신하여 주고 다이어트 식품으로 많이 애용되고 있다.

1) 국민건강영양조사 : 1969년 이래로 매년 실시되고 있는 국민 음식물섭취량 조사
2) 아미노산 : 단백질의 기본단위로서 아미노기($-NH_2$)와 카르복실기(-COOH)로 모두 가지고 있는 유기화합물
3) 펩티드결합 : 한 아미노산의 아미노기와 다른 아미노산의 카르복실기 사이에 물 한 분자가 빠져나가면서 형성된 결합으로 단백질의 1차구조로 이루는 주요한 결합

[그림 4-1] 두유제품

[그림 4-2] 채식인을 위한 단백고공식품

2 아미노산의 구조

단백질은 약 20여개의 아미노산이 있으며 각 아미노산은 1개의 탄소원자와 4개의 다른 화학기와 결합하고 있다. 즉 수소, 질소를 가진 아미노기, 산기 네 번째로 길이와 구조가 다양한 곁가지이다. 이 곁가지가 아미노산의 다양한 성질을 갖게 한다(그림 4-3). 단백질을 구성하는 기본성분은 아미노산(amino acid)이며 수백, 수천 개의 아미노산이 결합하여 단백질을 이루게 된다. 아미노산은 같은 탄소에 카르복실기[4](−COOH)와 아미노기[5](−NH_2)를 지니고 있고, 펩티드(peptide)결합을 형성하여 연결되어 단백질을 만든다.

아미노산은 염기성인 아미노기와 산성인 카르복실기를 모두 가지고 있는 양성물질이므로 체액을 중화시키는데 중요한 역할을 한다.

4) 카르복실기 −COOH
5) 아미노기 −NH_2

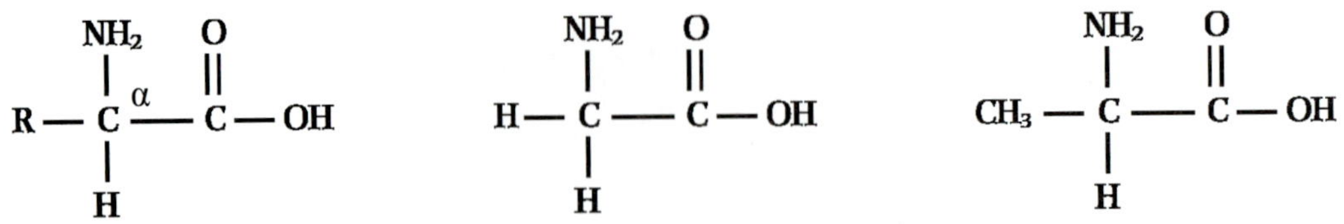

아미노산의 일반구조　　글리신　　알라닌

[그림 4-3] 아미노산의 기본구조

1 중성아미노산, 산성아미노산, 염기성아미노산

아미노산은 일반적으로 중성을 유지하나, R그룹에 카르복실기가 하나 더 붙으면 그 아미노산은 산성을 나타내고, R그룹에 아미노기가 더 붙으면 염기성을 나타낸다(표 4-1).

(1) 중성 아미노산

한 분자 중에 아미노기 1개와 카르복실기 1개를 가지고 있는 것으로 글리신(glycine), 알라닌(alanine), 세린(serine), 트레오닌(threonine), 발린(valine), 루신(leucine), 이소루신(isoleucine) 등이 있다.

(2) 산성 아미노산

한 분자 속에 아미노기 1개와 2개의 카르복실기를 지닌 것으로 아스파르트산(aspartic acid)과 글루탐산(glutamic acid)이 여기에 속한다.

(3) 염기성 아미노산

한 분자 속에 2개의 아미노기와 1개의 카르복실기를 지닌 것으로 리신(lysine)과 아르기닌(arginine)등이 있다.

2 영양적 분류

(1) 필수아미노산과 비필수아미노산

식품 중에 존재하는 아미노산의 종류는 약 20여 종 되며, 식품에 존재하지 않는 아미노산은 신체 내에서 다른 아미노산에 의해 합성되기도 한다.

필수아미노산(essential amino acid)은 체내에서 합성할 수 없으므로 반드시 음식으로 섭취해야만 하며, 필요한 필수아미노산이 모두 존재할 때 단백질 합성이 이루어지므로 성장에 필수적이다. 이에 비해 체내에서 합성할 수 있는 아미노산을 비필수아미노산(nonessential amino acid)이라고 한다.

비필수아미노산은 필수아미노산에 비해 신체 내에서의 중요성이 떨어지는 것은 아니다. 체내에서 단백질을 합성할 때는 필수아미노산과 똑같은 비중으로 비필수아미노산도 필요하므로 체내에서 역할의 중요성은 같으며 다만, 비필수아미노산은 단백질 합성을 위해 필요할 때 체내에서 합성될 수 있으나 필수아미노산은 꼭 식사를 통해 섭취해야 한다는 점이 다르다.

그러므로 식사에서 충분히 필수아미노산이 공급되지 않으면 체내에서 단백질 합성이 지연되므로 단백질의 분해가 합성을 능가하게 되어 건강이 나빠진다. 식품 중에 있는 필수아미노산 중 인체에서 요구되는 양에 비해 제일 적게 들어 있는 필수아미노산을 제한아미노산(limiting amino acid)이라고 하며, 식품 단백질의 종류마다 제한아미노산은 달라진다.

성인에게 필요한 필수아미노산은 루신, 이소루신, 발린, 리신, 트립토판, 트레오닌, 메티오닌 및 페닐알라닌, 히스티딘으로 9가지이다(표 4-1). 그리고 아르기닌은 어린 동물의 성장에 필수적으로 필요하나 성인은 체내에서 약간 합성되므로 조건부 필수아미노산(conditional essential amino acid)[6]이라고 한다.

조건부 필수아미노산인 타이로신은 체내에서 만들어 질 수 있는데, 이것은 필수 아미노산인 페닐알라닌으로부터 만들어 진다. 그러니까 페닐알라닌 섭취가 부족하면 타이로신은 만들 수가 없게 된다. 시스테인도 필수아미노산인 메티오닌이 부족 할 때 필수 아미노산이 되는 것이다.

[표 4-1] 필수아미노산과 비필수아미노산

필수아미노산[7]	비필수아미노산[8]
이소루이신(Ileu)	알라닌(Ala)
루이신(Leu)	아르기닌(Arg)* †
라이신(Lys)	아스파라긴(Asn)
메티오닌(Met)	아스파르트산(Asp)
페닐알라닌(Phe)	시스테인(Cys.H)과 시스틴(Cys)
트레오닌(Thr)	글루탐산(Glu) †
트립토판(Trp)	글루타민(Gln) †
발린(Val)	글리신(Gly) †
히스티딘(His)*	프롤린(Pro) †
	티로신(Tyr) †

* 히스티딘, 아르기닌은 성장기 인체에는 필수임
† 최근 조건적 필수아미노산(conditional essential amino acid)으로 분류됨(미국/캐나다 DRI, 2002)

6) 조건부 필수아미노산 : 특정한 조건이나 생애주기에 충분한 양을 체내에서 합성할 수 없어서 식사로 보충되어야만 하는 아미노산
7) 필수아미노산
8) 비필수아미노산

3 단백질의 분류

1 완전단백질, 부분적 불완전단백질, 불완전단백질

영양학적인 분류로 단백질의 질을 알 수 있으며, 식품에 함유된 아미노산의 종류와 양에 따라서 분류한다.

(1) 완전 단백질 complete protein

필수아미노산이 충분히 함유되어 있으며, 동물의 정상적인 성장과 체중을 증가시키고 생리적 기능을 돕는 단백질로 생물가가 높은 양질의 단백질이다. 트립토판과 리신함량이 낮은 젤라틴(gelatin)을 제외한 모든 동물성 단백질은 완전 단백질이며, 우유의 카제인(casein)과 락트알부민(lactalbumin), 달걀의 알부민(albumin), 대두의 글라이시닌(glycinin) 등이 여기에 속한다.

(2) 부분적으로 불완전 단백질 partial incomplete protein

필수아미노산을 가지고는 있으나 필수아미노산 중 몇 종류의 양이 부족한 단백질이며, 부족한 아미노산이 풍부한 식품을 함께 섭취함으로써 아미노산의 보강이 필요하다. 밀의 글리아딘(gliadin), 보리의 호르데인(hordein) 등이 여기에 속한다.

(3) 불완전 단백질 incomplete protein

생명을 유지하거나 어린이가 성장하기에 부족한 단백질을 말하며. 생물가가 낮은 식물성 식품이 여기에 속하는데 젤라틴(gelatin)과 옥수수의 제인(zein)이 있다.

2 제한아미노산 limiting amino acid

식품에 함유된 단백질 중 필수아미노산의 함량이 인체에 요구되는 양, 즉 기준 단백질의 필수아미노산 조성과 비교하여 가장 적게 들어 있는 아미노산을 제한아미노산이라고 하며, 단백질의 종류마다 제한아미노산은 다르다. 부분적 불완전단백질이나 불완전단백질을 섭취하는 경우 제한아미노산을 보충해 주어야 함. 이는 필수아미노산 중 하나라고 부족하면 단백질의 합성이 중단되어 나머지 아미노산도 이용되지 못하기 때문이다.

[표 4-2] 식물성 식품의 제한아미노산

식 품	부족한 아미노산	부족한 아미노산을 위한 좋은 식물성 급원
두류	메티오닌	곡식류, 견과류
곡식류	라이신, 트레오닌	두류
견과류	라이신	두류
채소, 옥수수	메티오닌, 트립토판, 라이신	곡식류, 견과류, 두류

3 단백질의 상호 보충효과

단백질이 완전단백질이 아닌 경우 필요한 필수아미노산을 골고루 얻기 위해 서로 다른 필수아미노산을 가진 단백질들을 섭취하게 되면 서로의 부족한 점을 보완 할 수 있다. 예를 들면 쌀에는 라이신이 부족하니 쌀밥에 콩을 넣어 같이 먹는다면 부족한 라이신이 보충되고, 콩에 부족한 메티오닌을 쌀에서 보충하게 된다. 단백식품들이 서로 상호 보충작용을 할 수 가 있어서 효과적이다.

4 단백질의 구조

1 펩티드 결합 peptide bond

단백질을 형성하기 위하여 아미노산들은 펩티드(peptide) 결합에 의하여 계속 결합되어야 한다. 펩티드 결합(-CO-NH-)이란 한 아미노산의 카르복실기(-COOH)와 다른 아미노산의 아미노기(-NH_2)가 물 1분자를 잃고 결합된 것을 말한다(그림 4-4).

2개의 아미노산이 결합된 것을 디펩티드(dipeptide)라 하고, 3개는 트리펩티드(tripeptide), 4개인 경우는 테트라펩티드(tetrapeptide)라 부른다. 대부분의 단백질은 적어도 500개 이상 수백, 수천 개의 아미노산으로 구성되어 있으므로 폴리펩티드(polypeptide)라고 부른다. 펩티드 결합은 소화되는 동안 산, 효소[9], 기타 다른 요인들에 의해 아미노산으로 분해될 수 있다.

2 단백질의 구조

(1) 1차 구조

단백질 내에서 펩티드 결합(그림 4-5)으로 이루어진 아미노산 배열을 1차 구조(primary structure)라 한다. 아미노산 배열은 단백질마다 매우 독특하고 고유한 아미노산 배열을 이루

9) **효소** enzyme : 소화, 신진대사의 반응속도로 빠르게 해주는 촉매역할 단백질

며, 각각의 단백질은 아미노산 배열순서에 의해 다음 단계의 독특한 입체 구조가 결정되며 또한 단백질의 기능을 결정짓는다.

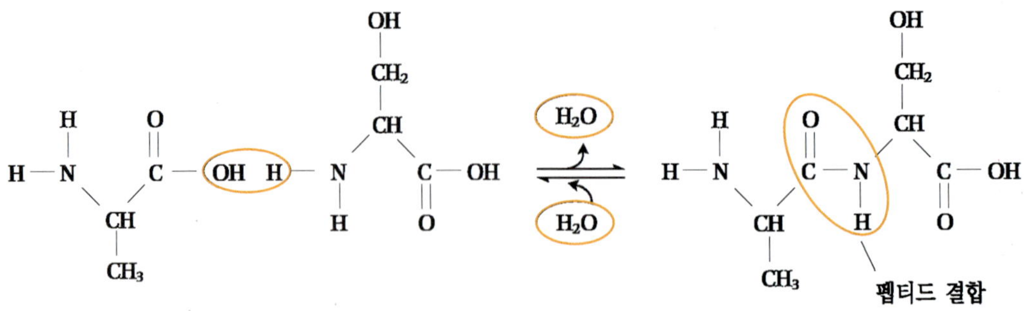

[그림 4-4] 아미노산의 기본구조

(2) 2차 구조

수소결합, 황을 함유하는 아미노산들의 -S-S-이황화결합(disulfide bridge)에 의해 2차 구조(secondary structure)가 형성된다. 이웃하는 아미노산 사이의 상호작용, 접힘, 꼬임, 회전에 따라 나선구조(α-helix)나 병풍구조(β-sheet)가 있다(그림 4-5).

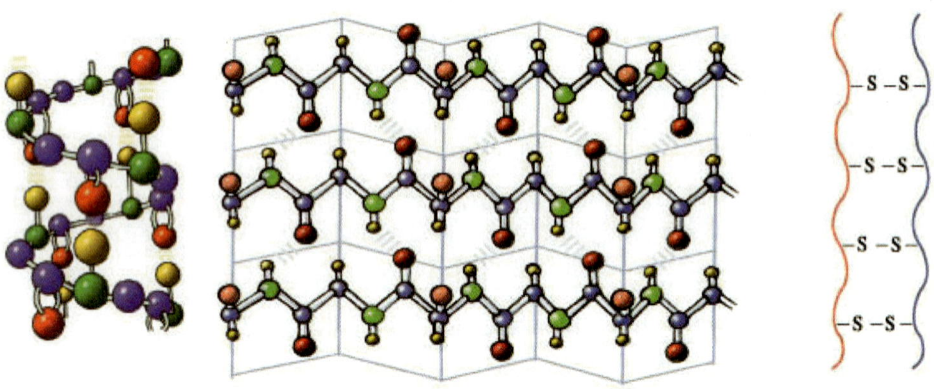

[그림 4-5] *α* 헬릭스, *β* 시트, 이황화결합

(3) 3차·4차 구조

단백질의 기능을 수행하기 위한 3차원적인 입체구조이다. 이 구조는 단백질 구조를 안정화시키기 위해 비공유결합들로 구성되는데, 아미노산의 곁가지가 친수성이면 표면으로 나오고 소수성이면 안으로 숨어 들어가서 형성되는 3차원적인 입체구조를 3차 구조(tertiary structure)라 한다. 그리고 3차구조의 폴리펩티드(polypeptide)가 두 개 또는 그 이상 상호작용하여 4차 구조(quarternary structure)를 이루기도 하며 각각의 폴리펩티드를 소단위(subunit)라고 한다(그림 4-6).

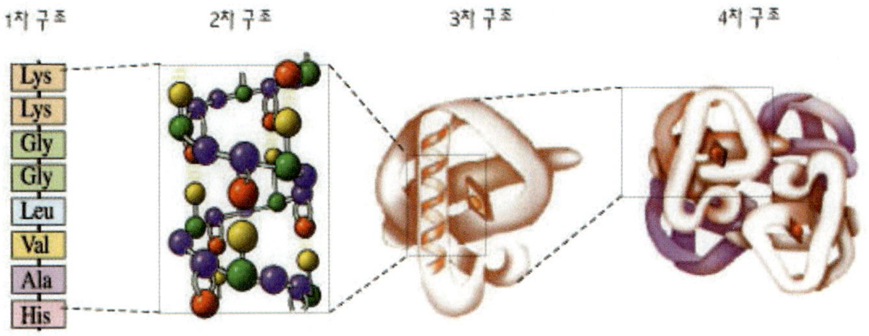

[그림 4-6] 단백질의 입체구조

3 단백질의 변성[10)]

가열, 산, 또는 기계적인 작용으로 단백질 분자의 구조적인 배열(수소결합, 이황화결합 등)이 깨어질 수 있으며, 이와 같이 자연 상태의 단백질이 그의 특유한 기능적 형태를 잃고 변화되는 것을 변성(denaturation)이라고 부른다. 대표적인 예로 가열에 의해 생기는 달걀 단백질(알부민)의 변성을 들 수 있다(그림 4-7).

체내에서의 단백질 변성은 3차원 입체구조가 깨지게 되어 단백질의 정상적인 생리적 기능을 수행할 수 없게 되어 위험한 상태에 이르게 하지만, 식품 단백질의 변성은 영양적 측면에서 인체에 유리하게 작용한다. 즉, 조리나 위액의 산성에 의해 일어나는 단백질 변성은 소화효소의 작용을 잘 받을 수 있어서 식품 단백질의 이용성을 높인다.

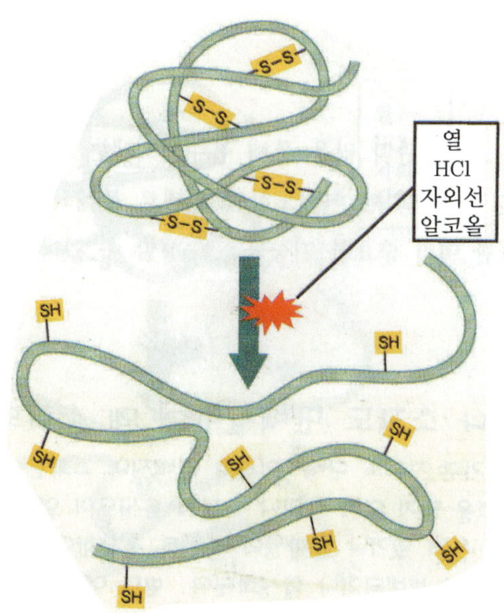

[그림 4-7] 단백질의 변성
단백질의 2차 구조와 3차구조가 풀어져서 긴 사슬 모양이 된다.

10) 단백질 변성 : 단백질의 3차원적 구조에 변화가 생김

5 단백질과 아미노산 대사

1 단백질 합성

단백질의 합성은 세포의 리보좀(ribosome)에서 대단히 복잡한 단계를 거쳐서 매우 빨리 일어난다. DNA(deoxyribonucleic acid)에 기억되어져 있는 아미노산 배열의 암호를 RNA(ribonucleic acid)가 읽어내어 정확하게 아미노산을 연결시켜 나간다. 즉, 핵에 존재하는 DNA는 직접 단백질을 생성하는 것이 아니라 새로 만들어진 DNA에게 기억되어진 암호를 전령 RNA(m-RNA)에 전달해서 그 전령 RNA가 핵을 나와 세포질로 이동하여 단백질 생성장소인 리보좀에 부착하여 아미노산을 운반하는 운반 RNA(t-RNA)의 작용으로 전령 RNA 유전암호에 따라서 아미노산이 차례로 결합되어 펩티드사슬(단백질분자)이 형성되며 형성된 폴리펩티드는 리보좀에서 분리된다.

단백질을 생성하는 아미노산은 여러가지 경로에서 공급되어지는데, 음식물로부터 흡수되어진 것, 체단백질의 분해에 의해 생성된 아미노산, 체내에서 생성되어지는 비필수아미노산 등이 있다.

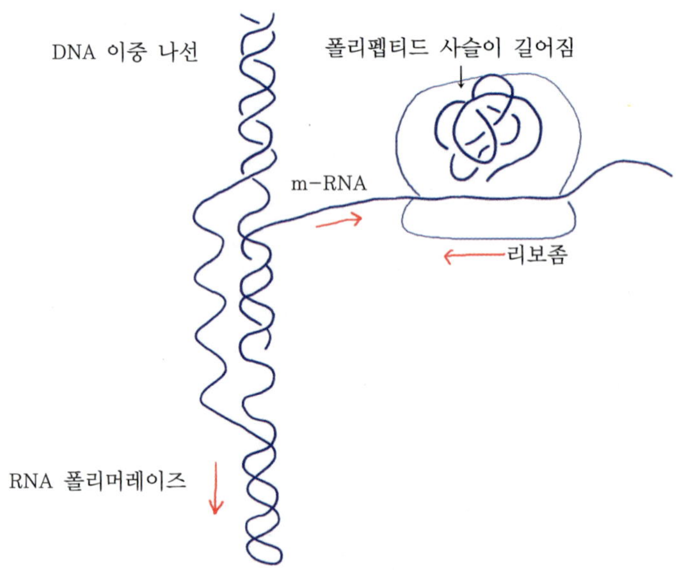

[그림 4-8] 단백질 합성

2 아미노산 풀

흡수된 아미노산은 간문맥을 통하여 간으로 가서 혈장단백질을 형성하고 간조직을 보수하며 일부는 간에서 아미노산 풀(amino acid pool)[11]을 형성하고, 일부는 혈액에 의해 신체 각 조직에 운반되어 조직세포 내에서 아미노산 풀을 형성한다(그림 4-9). 아미노산 풀은 아미노산이 모여 저장된 곳을 의미하며, 조직에서 여러 종류의 단백질 형성을 위해 필요한 아미노산을 공급해준다. 아미노산 풀에 있는 아미노산들은 식이로 섭취된 아미노산과 체조직 단백질의 이화작용에 의해서 받아들인다.

우리의 체조직은 한번 형성이 되면 그대로 머물러 있는 정적인 상태처럼 보이지만 간, 혈액 및 조직에 있는 아미노산 풀 사이에는 계속적인 교류가 되고 있어 동적 평형(dynamic state)이 유지되고 있다. 이처럼 체단백의 분해로 인해 생기는 아미노산은 풀로 가고, 그곳에 저장되었다가 필요시에 다시 이용된다. 아미노산 풀의 크기는 식이 섭취량, 체내 함량, 체단백질 분해 등에 의해 결정된다. 만일 이 아미노산 풀이 너무 크면 과잉의 아미노산들이 에너지, 포도당, 지방 생성에 사용된다. 그리고 단백질의 식이섭취가 부족하면 아미노산 풀은 감소하고, 부족한 아미노산은 체단백질을 분해하여 사용되므로 충분히 단백질을 섭취하여 단백질 합성에 필요한 필수아미노산을 공급하고, 비필수아미노산의 합성에 필요한 질소를 공급해 주어야 한다.

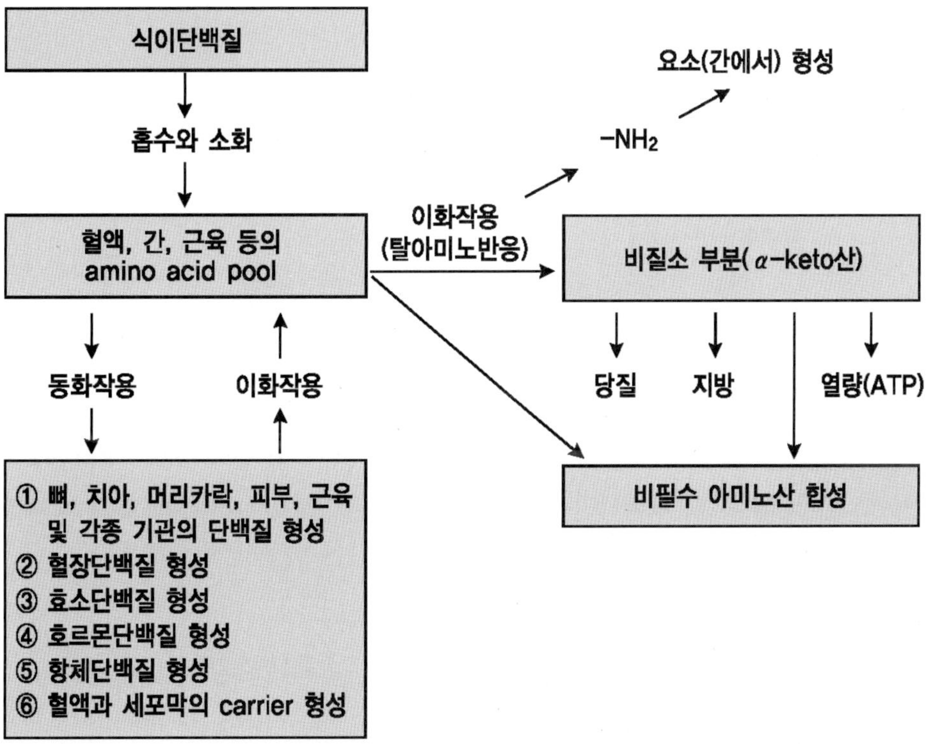

[그림 4-9] 아미노산 풀을 중심으로 본 단백질 대사

11) 아미노산 풀 : 체액과 체조직에 있는 아미노산으로 체기능을 위해 쉽게 이용 가능한 아미노산들

3 불필수아미노산 합성

(1) 아미노기 전이반응[12] transamination

아미노기 전이반응이란 아미노산에서 아미노기(-NH_2)를 떼어내어 다른 α-keto 산에 이동시켜 새로운 아미노산을 생성하고 자신은 α-keto 산을 형성하는 과정이다. 비필수아미노산의 합성시나 탄소골격이 아미노산의 아미노기를 글루탐산 형태로 모아 에너지를 내는 데 사용하는 산화과정의 대사경로로서, 피리독살인산(pyridoxal phosphate, PLP)이 조효소로서 아미노기를 옮겨 주는 역할을 한다(그림 4-10). 대표적인 아미노기 전이효소인 GPT(glutamate pyruvate transaminase, ALT)와 GOT(glutamate oxaloacetate transaminase, AST)는 간장이나 심근중에 다량 함유되어 있다가 이들 기관에 질환이 있을때 혈액중에 다량 함유된다. 그러므로 혈청중의 GPT와 GOT는 간장질환의 진단에 이용된다.

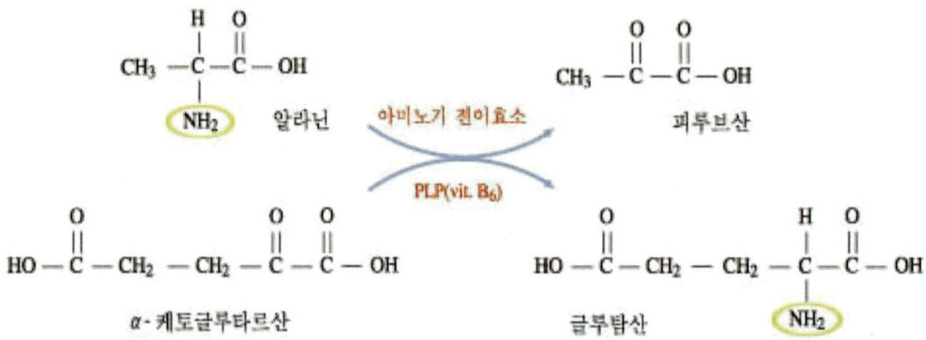

[그림 4-10] 탈아미노 반응

(2) 탈아미노 반응[13] deamination

아미노산이 아미노기(-NH_2)를 떼어내고 α-탄소골격(α-keto tks)을 형성하는 과정(그림 4-11)이다. 이 아미노기는 암모니아 형태로 분리되어 간에서 요소(urea)를 구성하게 되고, α-탄소골격은 연료로 사용되거나 또는 포도당과 같은 다른 물질을 합성하게 된다.

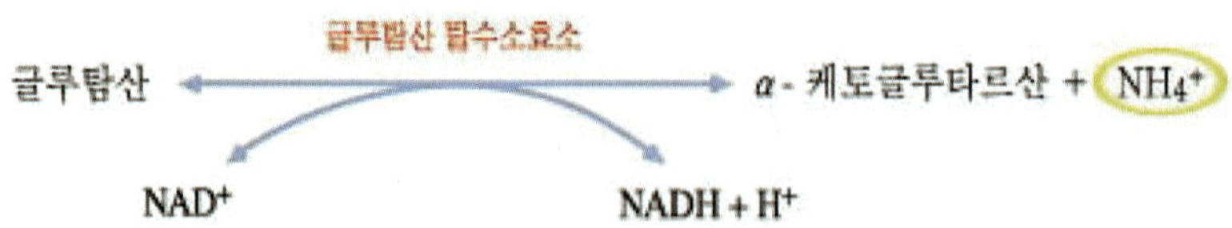

[그림 4-11] 탈아미노 반응

알아가기
① 탈아미노반응 : 독성이 있는 NH_3 생산
② 간 : NH_3 → 요소(urea)
③ 요소 : 혈액 통과하여 신장을 통해 소변으로 배설

12) 아미노산 전이반응 : 한 아미노산의 아미노기가 탄소 구조물로 저날되어 새로운 아미노산을 형성하는 반응
13) 탈아미노 반응 diamination : 아미노산에서 아미노기를 제거하는 반응

(3) 아미노산 탄소골격(α -keto 산)의 대사

단백질이 에너지를 내기 위하여 아미노산이 분해되며, 아미노산에서 질소가 떨어져나가는 탈아미노산반응이다. 아미노산의 탄소골격이 궁극적으로 대사되는 경로에 따라 포도당 생성이 가능한 아미노산은 당 생성 아미노산(glucogenic amino acid)이라 하고, 지방산 합성이나 케톤체 생성이 가능한 아미노산은 케톤 생성 아미노산(ketogenic amino acid)이라 한다(그림 4-12, 표 4-5).

아미노산으로부터 포도당신생은 주로 간에서 이루어지며 알라닌과 글루타민이 주요 급원 아미노산이다. 이들은 근육 아미노산의 이화에 얻어진 아미노기를 간으로 이동시키는 동시에 포도당 신생에 이동되어 극심한 운동을 하는 경우에는 근육에, 기아 시에는 간 외의 뇌조직이나 적혈구에 포도당을 공급하게 된다(그림 4-13). 그리고 간에서 혈장으로 유출되어 농도가 조절되는 트립토판은 뇌로 가서 신경전달 물질인 세로토닌(serotonin)합성의 전구체로 사용되고, 또한 티로신은 호르몬인 카테콜아민(에피네프린과 노르에피네프린)을 생성하여 혈당을 높이며, 측쇄아미노산[14](branched-chain amino acid, BCAA)은 말초조직, 특히 근육과 지방조직에서 분해된다.

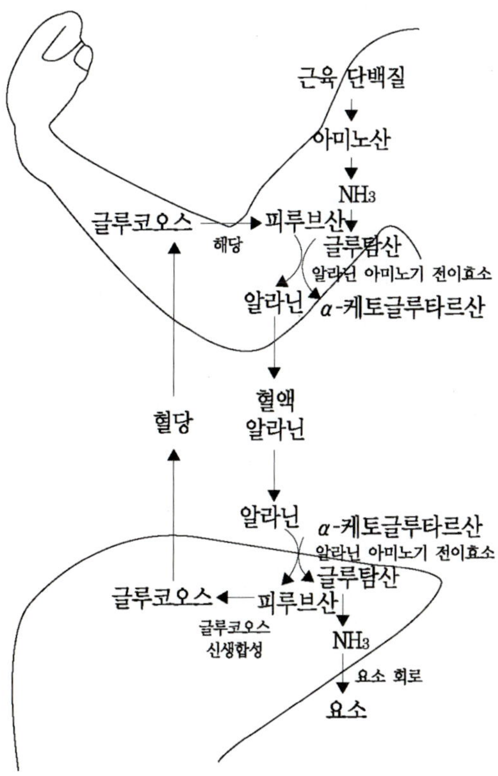

[그림 4-12] 글루코오스-알라닌 회로

14) 측쇄아미노산 : 아미노산의 곁사슬 부분의 완소골격이 돌연변이형태의 구조로 가진 것

[표 4-3] 포도당 생성 및 케톤 생성 경로로 가는 아미노산들

분 류	아미노산 종류
케톤 생성	루신, 리신
케톤 생성 및 포도당 생성	이소루신, 페닐알라닌, 티로신, 트립토판
포도당 생성	알라닌, 세린, 글리신, 시스테인, 아스파르트산, 아스파라긴, 글루탐산, 글루타민, 아르기닌, 히스티딘, 발린, 트레오닌, 메티오닌, 프롤린

(4) 요소회로(암모니아의 독성제거 작용)

탈아미노반응에 의해 아미노산으로부터 생성된 세포내의 유독한 암모니아(NH_3)는 혈액을 통해 간으로 운반된다. 암모니아는 신체에 매우 유독하며, 혈액 1ℓ 당 0.01mg이면 치사량으로 사람이 죽는다. 인체는 간조직에서 요소회로[15](urea cycle)에 의해 이산화탄소와 결합하여 무해한 수용성의 요소(urea)로 전환되었다가 신장을 통하여 배설된다. 간조직이 손상되었거나 유전적으로 요소회로에 관련된 효소에 결함이 있는 사람은 요소 합성이 순조롭지 못하며, 질소 노폐물이 혈액 중에 쌓인다. 이러한 사람들은 고단백식사를 하거나 비필수아미노산 함량이 높은 단백질 섭취시에는 암모니아가 많이 생성되기 때문에 필수아미노산 함량이 높은 양질의 단백질을 꼭 필요한 양만 주도록 한다.

4 단백질의 전환

단백질이 합성 · 분해되는 과정, 즉 단백질 전환(protein turnover)은 복잡하며, 성인은 동적인 평형상태(dynamic equilibrium)에 있으므로 하루에 섭취하는 단백질 양과 체외로 배설되는 양이 같다. 체중이 70kg인 성인 남자가 하루에 식이로 섭취하는 단백질 함량이 100g이고 장세포와 효소 등에서 유래된 내인성 단백질 함량이 70g 정도일 때, 대변으로 배설되는 단백질 함량을 제외하면 흡수되는 단백질 함량은 160g이다(그림 4-15). 그러나 체내에서는 하루에 약 250~300g의 단백질이 전환되는데, 실제 이들 단백질 전환량의 약 85%정도는 단백질 분해 후 재이용되기 때문에 식이에서 매일 공급되어야 하는 단백질의 필요량은 하루 합성 · 분해되는 단백질 양의 약 15%정도이다.

15) **요소회로** urea cycle : 사람의 주요한 질소의 최종대사산물인 요소를 생합성하기 위한 대사경로

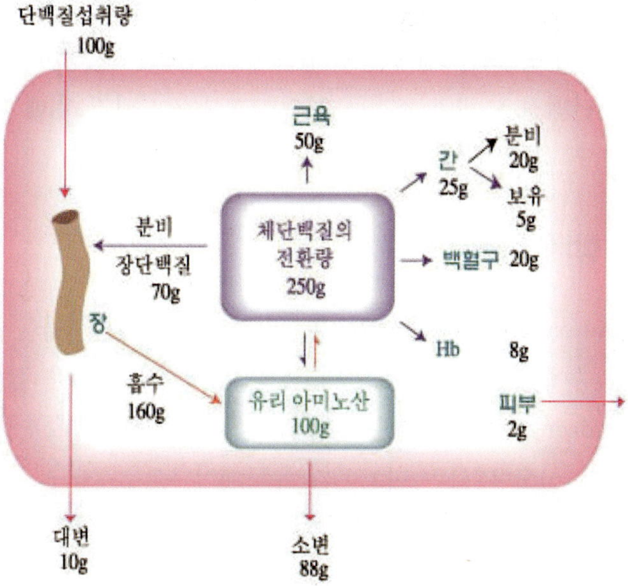

[그림 4-13] 단백질의 동적평형과 1일 단백질 섭취, 배설량

6 단백질의 기능

식사로부터 섭취한 단백질은 아미노산으로 분해된 후 흡수되어 혈액에 의해 각 조직에 운반되어서 많은 작용을 한다.

1 체조직의 합성과 보수

신체조직의 성장과 유지에 단백질은 매우 중요하다. 음식으로부터 흡수된 아미노산은 각 조직으로 운반되어 새로운 조직을 형성한다. 새로운 조직을 형성하기 위하여 필요한 단백질의 양은 성장과 보수과정에 따른 그 정도와 속도에 의존하므로 성장기, 임신 및 수유기에 단백질이 많이 요구되며, 일단 형성된 체구성 단백질이라도 계속적으로 퇴화되고 재생되어야 하므로 단백질이 매일 공급되어야 한다.

식이단백질의 부족은 뇌와 근육형성, 혈액공급 등에 영향을 미치며 성장도 지연된다. 머리, 피부, 손톱, 발톱 등에 존재하는 케라틴과 같은 단백질은 단단하고 물에 용해되지 않으므로 몸을 둘러싸서 보호하는 역할을 한다. 또한 혈관벽을 구성하는 단백질은 혈관에 탄력성을 주어 정상적인 혈압을 유지할 수 있게 하고, 뼈와 치아를 구성하는 무기질은 단백질로 형성된 틀에 끼워져 뼈와 치아를 단단하게 한다.

체내 단백질은 심한 출혈, 화상, 외과적 수술 및 뼈 골절과 같은 질환에 의해 손상된 부분의 조직을 다시 만들어 준다. 머리카락, 손톱 및 발톱은 일생을 통하여 성장이 계속되고, 적혈구도 120일이 되면 파괴가 되며, 모든 체내의 단백질은 그 속도는 일정하지 않지만 계속 퇴화되고 재생된다. 그러므로 단백질은 체내 조직을 보수하고 유지시키기 위해 계속 필요하다.

2 효소, 호르몬 및 항체 형성

단백질은 각종 효소(enzyme)의 주요성분이며, 몇가지의 조절물질들을 가지고 있다.
호르몬[16](hormone) 중에서 단백질이나 아미노산의 유도체인 것들은 갑상선호르몬(thyroxine)과 부신수질호르몬(adrenalin)은 비필수아미노산인 티로신(tyrosine)에서 생성되며, 췌장에서 분비되는 인슐린(insulin)도 역시 아미노산의 유도체이다.

신체가 효소와 호르몬을 합성할 때, 합성에 필요한 여러가지 아미노산들을 모두 갖추고 있어야 충분한 양이 합성된다. 만약 식사로부터 아미노산 공급이 원활치 못하게 되면 중요한 효소나 호르몬의 합성이 충분치 않아 특히 뇌와 같은 곳은 크게 손상을 입게 된다. 항체(antibody)는 질병에 대한 저항력을 가지게 하는 물질이다. 우리 몸은 세균, 바이러스 및 다른 미생물들로부터 보호하기 위하여 항체를 이용한다. 항체는 체내에서 단백질에 의해 만들어지므로 적당량의 단백질 섭취 없이는 질병을 방지하기 위한 충분한 항체가 체내에 존재하지 못한다. 병원균이나 세균성 이물질 등 여러 가지의 항원[17](antigens)에 대한 항체의 방어작용을 면역(immunity)이라고 하며, 식이단백질이 부족하면 체내에서 항체가 잘 만들어지지 않아 감염성 질병에 잘 걸리게 된다.

3 체액의 균형유지

(1) 수분 평형 유지

혈중 단백질인 알부민과 글로불린 등은 체내 수분 평형 유지를 돕는 작용을 한다. 세포내외의 체액은 여러 가지 요인에 의해 영향을 받는데 그중 단백질이 중요하게 작용한다. 만약 식이섭취를 통해 단백질이 충분히 공급되지 못하면 혈액 중의 단백질 양이 줄어들어 삼투압[18]이 떨어지면서 수분이 혈관내로 회수되지 못하고, 세포조직 사이에 수분이 잔류되어 부종이 나타난다(그림 4-14).

16) 호르몬 hormone : 내분비기관에서 혈액으로 분비되는 2 작용을 나타내는 조직(targen cell)로 이동하여 그 세포내 기능을 조절하는 화학물질
17) 항원 antigens : 생체에 투여되면 항체 혹은 세포성면역을 일으켜 그 항체 혹은 감각림프구와 생체 내 및 시험관에서 반응하는 물질
18) 삼투압 osmotic pressure : 삼투현상이 일어날 때 반투막이 받는 압력

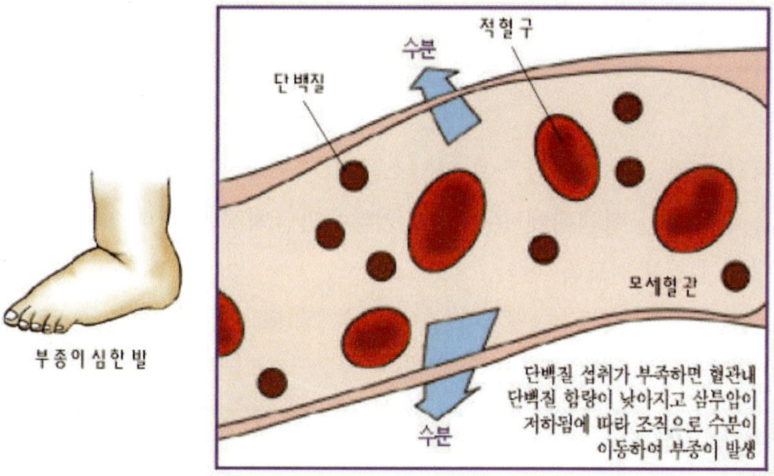

[그림 4-14] 단백질의 수분평형

(2) 산-염기 평형 유지

혈중 단백질은 양성물질로서 쉽게 수소이온을 내어주거나 받아들임으로써 완충제로 작용하여 혈액의 pH를 항상 일정한 상태(pH7.4)로 유지시켜 준다. 즉 체액이 염기성쪽으로 치우칠 때는 단백질이 산의 역할을 하여 염기성 반응을 중화시키고, 반대로 체액이 산성으로 기울게 되면 단백질은 염기의 역할로써 신체조직 내의 산, 염기 균형을 정상적으로 유지시켜 준다. 그러므로 혈중 단백질은 정상적인 세포의 대사에 필수적이며 체성분을 중성으로 유지하는데 매우 중요한 기능을 지니고 있다.

4 열량 공급 및 포도당 신생합성 gluconeogenesis

단백질도 탄수화물과 지질처럼 열량을 제공할 수 있다. 단백질 1g은 4kcal의 열량을 공급한다. 우리의 신체는 단백질이 가능한 단백질 고유의 기능에 사용될 수 있도록 탄수화물과 지질에서 발생하는 열량을 먼저 사용한다. 하지만 탄수화물의 공급이 충분하지 않는 경우, 신경조직이나 적혈구 등은 포도당을 에너지원으로 사용하기 때문에 혈액 포도당 농도를 일정하게 유지하기 위하여 간이나 신장에서 단백질은 분해되어 포도당 신생과정을 통하여 포도당을 합성한다. 열병상태, 갑상선 기능항진증, 신진대사율 증가 및 단식 상태일 경우에 충분한 열량이 탄수화물과 지질에서 공급되지 못하면 식이 단백질이나 신체조직 단백질이 열량원으로 사용되므로 단백질 고유의 기능을 하지 못하고 신체조직의 소모가 일어나 신체가 약화된다.

7 영양소의 운반

단백질은 여러 영양소들과 결합하여 영양소들이 세포내 필요한 곳에 운반하여 준다. 지단백형태는 지방을 수용성인 혈액내에 운반하며 철분운반단백질인 트랜스페린을 형성하여 흡수된 철분이 혈액내에서 운반되도록 한다.

8 단백질 평가

1 단백질 효율

단백질 효율(protein efficiency ratio, PER)[19]은 성장하는 동물의 체중이 증가하는 양에 의해서 단백질의 영양가를 평가하는 방법으로 체중증가가 체단백질 이용과 정비례한다는 가정하에서 측정한다.

$$\text{단백질 효율(PER)} = \frac{\text{증가한 체중의 양}(g)}{\text{섭취한 단백질의 양}(g)}$$

이 방법은 주로 어린 쥐를 대상으로 실험한다. 즉, 실험요건은 모든 영양소를 충분히 공급해야 하며, 단백질의 양을 총 사료무게의 10%가 되도록 배합하여 4주간 급이한 후 동물의 체중증가를 그 동물의 단백질 섭취량으로 나누어서 구한다.

단백질이 동물성장에 기여하는 정도는 식이섭취량에 따라 다르고, 체중증가가 체단백질의 증가와 비례하지 않고 체지방 축적에 의한 것일 수도 있으므로 에너지와 단백질 섭취량이 적절히 조절된 조건에서 단백질 효율을 측정하는 것이 중요하다.

2 생물가

생물가(biological value, BV)[20]는 생체 내에서의 단백질 이용률을 나타내며, 체내에 보유된 질소의 양을 체내에 흡수된 질소의 양으로 나누고 100으로 곱해서 단백질의 영양가를 산출해 내는 것이다.

19) 단백질 효율 : 실험 동물에게 시료단백질을 먹였을 때 체중 증가량을 기준으로 하여 단백질을 먹인 동물의 체중증가로 나눈 값
20) 생물가 : 식사로 먹이서 체내로 흡수된 질소량에 비해 체내에 보유된 질소량을 계산하여 측정한 단백질의 질

$$\text{생물가(BV)} = \frac{\text{보유된 질소의 양}}{\text{흡수된 질소의 양}} \times 100$$

$$= \frac{\text{식이 질소량} - (\text{소변 질소량} + \text{대변 질소량})}{\text{식이 질소량} - \text{대변 질소량}} \times 100$$

생물가는 불완전하게 소화되는 단백질의 질을 평가할 경우에는 잘 맞지 않으며, 완전하게 소화되는 단백질의 경우에만 아미노산가와 같은 경향을 보일 수 있다. 표 4-4는 주요식품의 생물가를 나타낸 표로서 달걀이 생물가가 가장 높고, 우유 · 육류 등 다른 동물성단백질의 생물가도 높으나 옥수수나 땅콩 단백질의 생물가는 낮다. 그러나 식물성 식품인 밀로 만든 빵과 땅콩버터 등을 함께 먹음으로서 식이의 생물가를 높일 수 있다. 신장이나 간장은 질소를 대사시키고 처리해야 하는 주요기관이므로 이런 질환을 가진 환자들은 생물가가 높은 단백질(달걀, 우유)을 섭취하여 식이 단백질로부터 조직단백질[21]로의 전환율을 높여서 신장과 간장의 아미노산 처리 부담을 줄여주어야 한다.

[표 4-4] 식품의 생물가

식 품	생 물 가	식 품	생 물 가
육 류		곡 류	
소고기	79	쌀	73
닭고기	79	보리	74
돼지고기	75	밀가루	53
내장고기	77	조	61
어 류		참깨	63
새우	75	옥수수	54
대구	83	서 류	
고등어	84	감자	67
멸치(건)	74	난 류	
오징어(생)	83	달걀	00
낙지	82	유 제 품	
두 류		우유	88
대두	77	채 소류	
녹두	63	열무	53
팥	46	표고버섯(건)	81
땅콩	57		

자료 ; 1970, Amino-acid Content of Foods and Biological Data on Proteins. Food and Agriculture Organization of United Nations.

3 순단백질 이용률

순단백질 이용률[22](net protein utilization, NPU)은 섭취한 단백질이 몸 안에서 이용된 비율

21) 조직단백질 : 근육 또는 장기로 구성하는 단백질

을 나타낸 것이다. 생물가(BV)는 흡수된 단백질이 몸 안에서 이용되는 것을 나타내지만 소화율을 고려하지 않는데 비하여 순단백질 이용률(NPU)은 소화율을 고려한 것이다.

$$\text{순단백질 이용률(NPU)} = \frac{\text{보유된질소량}}{\text{섭취된질소량}} = \text{생물가} \times \text{소화흡수율}$$

[표 4-5] 식품의 단백질 영양가

식품	단백질 (g/100g)	에너지 (kcal/100g)	소화율 (%)	단백질 효율 (PER)	생물가 (BV)(%)	순단백질 이용률 (NPU) (%)	화학가 (CS)	제한 아미노산
달걀	13	163	99	3.92	94	94	100	None
우유	4	66	97	3.09	85	82	61	Methionine Cystine
생선	19	125	98	3.55	83	81	75	Tryptophan
소고기	18	250	99	2.30	74	74	69	Valine
닭고기	21	120	95	–	74	70	67	Valine
돼지고기	12	350	–	–	74	–	68	Methionine Cystine
젤라틴	86	335	–	−1.25	–	3	0	Tryptophan
대두	34	403	90	2.32	73	66	46	Methionine Cystine
말린콩	22	340	73	1.48	58	42	34	Methionine Cystine
땅콩	26	564	87	1.65	55	48	43	Methionine Cystine
효모	39	283	84	2.24	67	56	45	Methionine Cystine
통밀가루	12	330	91	1.50	66	60	48	Lysine
옥수수	9	355	90	1.12	60	54	40	Lysine
현미	8	360	96	–	73	70	56	Lysine
백미	7	363	98	2.18	64	63	53	Lysine
감자	2	76	89	–	73	5	48	Methionine Cystine

자료 ; 1994, Food and Nutr. Encyclopia. 2nd edition.

4 아미노가 amino acid score

아미노가는 표준단백질의 해당 아미노산 함량에 대한 비교단백질의 가장 부족한 아미노산(제1 제한 아미노산)의 함량비로서 다음과 같이 계산된다.

22)순단백질 이용률 : 섭취된 질소량에 대한 체내 보유질소량의 백분율

$$아미노가 = \frac{비교단백질의\ 제1\ 제한아미노산의\ 함량}{표준단백질의\ 해당\ 아미노산의\ 함량} \times 100$$

달걀의 단백질을 기준으로 삼아서 달걀 단백질의 아미노가는 100이다. 우유는 88, 쇠고기는 83, 쌀은 72, 대두는 77, 옥수수는 42이다.

[표 4-6] 식품의 단백질 영양가

식 품	생 물 가	식 품	생 물 가
육 류		곡 류	
소고기	79	쌀	73
닭고기	79	보리	74
돼지고기	75	밀가루	53
내장고기	77	조	61
어 류		참깨	63
새우	75	서 류	
대구	83	감자	67
고등어	84	난 류	
멸치(건)	74	달걀	00
오징어(생)	83	유 제 품	
낙지	82	우유	88
두 류		채 소 류	
대두	77	열무	53
녹두	63	표고버섯(건)	81
팥	46		
땅콩	57		

5 단백질의 상호보완 효과

단백질의 영양가 평가에서와 같이 식물성 단백질은 동물성 단백질에 비해 영양가가 낮지만 실제로 식생활에서 한가지 단백질만 섭취하는 것은 아니며, 서로 섞어 먹으면 부족되는 아미노산이 보충된다. 이런 현상을 단백질의 보족효과(supplementary effect) 혹은 보완효과(complementary effect)라 한다.

단백질의 영양가가 낮을 때 그 제한아미노산[23]을 보충하거나 그 아미노산을 함유하는 단백질을 동시에 섭취함으로써 영양가를 높일 수 있다. 즉 질이 낮은 식물성 단백질은 단독으로 먹는 것보다 여러 종류의 식물성 단백질을 혼합하거나 또는 양질의 동물성 단백질과 혼합하여 먹음으로써 부족한 아미노산을 보완할 수 있다(표 4-7).

한편 동물성 단백질이 질이 좋다고 해서 그것만 섭취하면 어떤 필수아미노산만 과량 섭취하게 되고 필수아미노산 간의 균형이 깨지게 되어(amino acid imbalance라 함) 오히려 영양가가 낮

23) 제한아미노산 : 필수아미노산으로 필요량보다 가장 낮은 농도를 가진 아미노산. 단백질보안효과

아지고, 성장이 저하되며, 간에 지방이 축적되므로 식물성 단백질을 함께 섭취하면 아미노산 밸런스를 좋게 할 수 있다.

[표 4-7] 식물성 식품의 제한아미노산과 단백질 질의 보완효과

식품	제한아미노산	제한아미노산의 보강을 위한 좋은 식품
두류	메티오닌	곡식류, 견과류
곡류	리신, 트레오닌	두류
견과류	리신	두류
채소, 옥수수	메티오닌, 트립토판, 리신	곡식류, 견과류, 두류

9 단백질의 영양섭취기준

단백질의 필요량은 적당한 신체활동을 하면서 에너지 평형이 유지되고, 단백질의 합성과 분해가 평형을 이루어 질소평형을 유지하는 최소 필요량을 의미한다. 우리나라 단백질 영양섭취기준은 한국영양학회와 보건복지부가 공동으로 제정하고 있으며 1967년에 단백질 권장량이 제정된 이후 1975부터 5년에 한번 씩 개정되다가 2005년도에 새로운 개념인 영양섭취 기준(Dietary Reference Intakes : DRI)으로 그 내용과 범위가 확대되었으며, 2010년도에 한국인 영양섭취기준 개정판이 출간되었다. 단백질의 영양섭취기준은 건강한 한국인의 영양필요량을 충족시키기 위해 책정되며 에너지와 다른 영양소의 섭취가 충분할 때를 가정하여 제정한다.

2010년 개정 내용에서, 19세 이상 성인의 에너지 적정 비율(Accept-able Macronutrient Distribution Ranges, AMDR)은 단백질 7~20%, 탄수화물 55~70%, 지질 15~25%로 정하였다. 2008년 현재 우리나라 사람의 단백질 에너지 섭취는 14.6%이다.

1 성인의 단백질 영양섭취기준

2010전 현재 성인의 단백질 권장섭취량(Recommended Nutrient Intake, RNI)은 체중 kg당 0.83g이다. 노인의 경우 단백질 이용효율은 감소하나 체중당 근육비율도 감소하므로 체중당 단백질 필요량은 젊은 성인과 동일하다고 보아 성인과 같은 수준으로 제정되었다.

2 연령별 단백질 영양섭취기준

영아기의 단백질필요량은 체중당으로 볼 때 생애 어떤 시기보다도 가장 높은데 이는 이 시기에 빠른 성장을 지원하기 위함이다. 영아 초기(0~5개월)의 경우 모유의 단백질 함량과 평균 모유

섭취량을 근거로 한 충분섭취량(AI)으로 제정한다. 체중당 단백질 권장섭취량은 유아기, 학령기와 사춘기를 거치면서 서서히 감소한다.

임신과 수유기엔 단백질 권장섭취량이 증가한다. 성인 여자 평균필요량에 12g/일, 25g/일, 20g/일을 추가해주며, 단백질 권장섭취량은 임신 중기, 말기, 수유기에 각각 12g/일, 30g/일을 추가한다.

[표 4-8] 우리나라 연령별 영양섭취기준(충분섭취량 혹은 권장섭취량)

연령		체중 (kg)	평균필요량 (g/일)	충분섭취량 혹은 권장섭취량 (g/kg/일)	충분섭취량 혹은 권장섭취량 (g/일)
영아	0~5개월	6.2	–	1.52*	9.5*
	6~11개월	8.9	9.8	1.10	133.5
유아	1~2세	12.2	12	1.20	15
	3~5세	17.2	15	1.10	20
남자	6~8세	25.0	20	1.00	25
	9~11세	35.7	30	1.00	35
	12~14세	50.5	40	0.98	50
	15~19세	62.1	45	0.90	55
여자	6~8세	24.6	20	1.00	25
	9~11세	34.8	30	1.00	35
	12~14세	47.5	40	0.95	45
	15~19세	53.4	40	0.95	45

* 충분섭취량(Adequate Intake, AI)
(자료 : 한국영양학회 · 보건복지부, 한국인 영양섭취기준, 개정판, 2010)

3 단백질 급원식품

단백질은 주요 영양소로서 식물성 식품과 동물성 식품에 골고루 들어있다. 특히 닭고기, 쇠고기와 같은 동물성 단백질은 필수아미노산이 풍부한 질이 좋은 완전단백질이고, 생선, 달걀, 우유 및 유제품 등도 생물가가 높은 완전단백질이 많이 함유되어 있다. 그러나 젤라틴은 동물성 단백질일지라도 생물가가 낮은 불완전 단백질에 속한다.

식물성 단백질은 질이 다양하다. 대두는 질이 좋은 단백질을 함유하고 있으나 쌀, 보리, 밀 등에는 부분적으로 불완전 단백질을 함유하고, 옥수수에는 불완전단백질이 들어있다. 표 4-9는 식품의 단백질 함량을 나타낸 표이다.

[표 4-9] 단백질 급원식품

식품명	단백질 함량(g/100g)	식품명	단백질 함량(g/100g)
		콩류	
어육류 및 난류		노란 콩(말린 것)	36.2
쇠고기(한우, 등심)	21.0	검은 콩(말린 것)	34.7
돼지고기(갈비)	18.5	완두콩	6.5
닭고기	18.5	두부	8.4
고등어	19.4	된장	12
갈치	18.0	땅콩	24.8
대구	18.5	우유 및 유가공품	
가자미	22.2	우유	2.9
조기	18.4	치즈	18.3
연어	20.2	요구르트(액상)	1.5
오징어	19.5	요구르트(호상)	3.5
문어	15.5	아이스크림(바닐라)	3.0
잔멸치	44.6	곡류	
게	13.8	쌀밥	2.7
굴(자연산)	11.7	식빵	9.0
모시조개	7.2	감자	2.5
계란	12.6	고구마	1.4

자료: 식품성분표 제 6개정판, 농촌진흥청 농촌생활연구소, 2001

[그림 4-15] 단백질 식품(생선, 륙류, 검은콩, 대두 등)

10 결핍증 및 과잉증

1 단백질 결핍증

단백질 결핍증은 대부분 식품 섭취부족으로 인하여 다른 영양소 및 열량부족과 함께 나타나며, 저개발국가나 개발도상국에서 흔히 발생하여 성장 저해와 질병 감염률을 증가시킨다. 단백질과 열량 섭취가 부족한 사람은 단백질-열량 영양불량(protein-energy malnutrition, PEM)이 발생할 수 있다.

그 중 특히 열량이 결핍되면 마라스무스(marasmus)증세가 나타나고, 단백질 섭취가 불충분하면 기존의 질병과 복합적으로 작용하여 콰시오커(kwashiorkor)라는 단백질 결핍증이 발생한다. 단백질 결핍증은 어른보다 어린아이에게서 많이 나타나는데, 이는 성장을 위하여 단백질 요구량이 증가되기 때문이다.

전세계적으로 적어도 5백만 어린아이들이 PEM 증상을 보이고 있으며, 성인의 경우에는 주로 병원에 입원한 환자들로서 결핵, 암, 에이즈, 식욕감퇴증, 신장과 간질환, 흡수불량증 같은 2차 증상으로 단백질-열량 영양불량이 나타난다.

(1) 콰시오커

콰시오커(kwashiorkor)는 전세계적으로 저개발국가에서 흔히 볼 수 있는 단백질 결핍증으로 이유기의 어린아이가 열량을 겨우 섭취하고 단백질이 상당히 부족한 상태에서 나타난다. 콰시오커는 외관상으로도 뚜렷이 알 수 있으며 여러 가지 증상들이 단계별로 나타난다. 초기에는 신경과민반응을 보이며 성장이 지연되고 피부와 머리카락 색소의 변화, 근육소모, 복부팽만을 나타내고 더 진전되면 부종이 생긴다.

콰시오커 어린아이들은 적당한 때에 적절한 식이요법을 행하면 치료될 수 있다. 심한 콰시오커 어린이라면 부종이 없어질 때까지 탈지우유를 섭취하는 것이 좋고 그 경과에 따라 일반우유와 고단백식이를 제공하여 정상상태로 복귀시킨다.

콰시오커와 마라스무스 모두 단백질-열량 영양불량[24]증의 일종이지만, 발생시기, 외양, 생화학적 변화 등은 다르며 콰시오커가 마라스무스보다 더 심각한 형태의 영양불량증으로 보이며 전염병에 대한 저항력도 더 낮다.

> **선진국 단백질 결핍자**
> 입원환자, 암, AIDS, 결핵, 흡수불량증, 신장과 간질환, 식욕감퇴증

24) 단백질-열량 영양불량 protein-energy malnutrition : PEM 단백질과 열량부족으로 성장장해가 오는 병

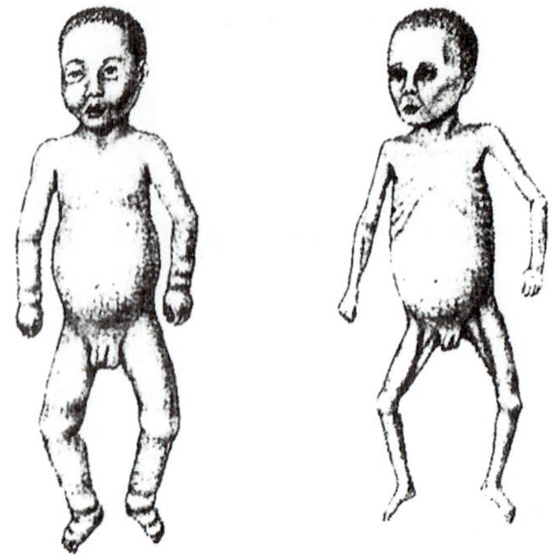

[그림 4-16] 단백질의 결핍증

(2) 마라스무스

마라스무스(marasmus)는 아프리카 지역에서 식량부족으로 이유기와 유아기에 잘 걸린다. 희랍어로 "소모한다"는 뜻이며, 주로 열량과 단백질이 모두 부족한 기아상태 때 나타나며 콰시오커와 증상은 비슷하나 다른 점이 있다. 피부, 모발, 간기능 등은 비교적 정상이지만 심하게 마른다. 얼굴은 "애늙은이" 또는 원숭이와 같으며 체지방의 저장이 거의 없어 피골이 상접해 보이고 근육도 거의 없어 힘도 없다.

치료식으로는 고단백식, 고열량식을 공급한다. 그러나 영양공급이 적절히 이루어지지 않으면 감염에 의해 보통 사망한다.

[표 4-10] 콰시오커와 마라스무스의 비교

특징	콰시오커	마라스무스
발생시기	12~48개월(이유 후 어린이, 급성장기)	6~18개월
주 원인	많은 단백질 부족	에너지와 단백질 부족
신장	거의 정상	나이에 비해 작음
외모	약간 마름	피부와 뼈만 있음
부종	심함	나타나지 않음
지방간	많이 발생	나타나지 않음
체지방	정상적으로 존재	없음
근육	근육이 위축	근육이 쇠퇴
피부	부스럼 발생	건조하고 마름
머리카락	건조하고 탈색	가늘고 수가 적음
혈청 알부민	저하	정상
비타민A 결합단백질	저하	정상
포도당 내성	저하	정상
식사요법	양질의 단백질을 충분히 공급	에너지와 단백질 공급

차 한잔

만성적 알콜중독자

단백질 부족으로 지방간, 간경병증 유발

2 단백질 과잉증

과잉의 단백질은 여분의 아미노산 산화로 체지방 축적과 질소노폐물 배설로 간과 신장에 부담을 줄 수 있고 뼈의 칼슘용출을 증가시킬 수도 있다. 그 외 심혈관질환, 비만, 암, 신장결석, 골다공증 등 만성퇴행성질환과의 관련성이 있다.

→ 포화지방산과 콜레스테롤 섭취 증가 → 순환기 질환 위험 증가

단백질, 특히 동물성단백질의 과잉섭취는 건강에 해로울 수 있다. 단백질을 과잉섭취하면 여분의 단백질이 연소하여 지방이나 당질의 연소를 절약하기 때문에 열량공급이 충분한 경우는 여분의 단백질이 글리코겐이나 저장지방으로 되어 체내에 축적되므로 체중이 증가된다.

단백질은 특이동적작용(specific dynamic action, SDA)이 당질이나 지질에 비해 강하므로 대사항진, 체중증가, 혈압상승과 함께 피로도 쉽게 오고, 단백질 분해물 증가로 신장에 부담을 주므로 신장질환의 경우 조심하여야 한다.

또한 동물성 단백질에 많이 들어 있는 산성의 황아미노산 대사물질이 중화되는 과정에서 소변을 통한 칼슘의 손실이 많아지므로 칼슘의 섭취부족, 운동부족, 술, 담배등과 관련되어 골다공증이 나타날 위험이 높으며, 식이섬유소의 섭취부족으로 결장암의 발생빈도도 높다.

알아가기

선천성 대사이상

아미노산 대사에서 선천적(유전적)대사 결함은 아주 희귀한 질환으로 각 아미노산의 중간물질이 축적되거나 비정상적인 물질이 생성되어 신경 장애와 육체적 · 정신적 발육을 지연시킨다. 대표적인 대사이상 질환에는 호모시스틴뇨증[25](homocystinuria), 페닐케톤뇨증[26](phenylketonuria), 단풍당뇨증[27](maple syrup urine disease)등이 있으며, 조기에 발견하여 식이요법을 실시하면 증상을 완화시키거나 수명을 연장 시킬 수 있다.

알아가기

콩단백과 건강

① 콩은 심장질환과 암위험률을 낮춘다.
콩단백질은 혈액중 LDL콜레스테롤 수준은 낮아지고 HDL콜레스테롤의 양은 증가한다. 콜레스테롤 저하효과는 콩에 있는 이소플라빈이다. 이소플라빈은 항암효과도 가져다준다. 이소플라빈은 여성호르몬인 에스토로겐과 유사한 기능을 가지고 있기도 하고, 또 다른 조직에서는 에스트로겐과 길항작용을 하여 유방암과 자궁암의 발생위험을 낮춘다.

② 골다공증을 낮추어준다.
갱년기여성의 골다공증도 예방하여주어 콩을 먹는 여성이 골밀도가 콩을 안먹는 여성보다 높게 나타난다 하였다.

25) **호모시스틴뇨증** : 메티오닌으로부터 시스테인을 합성하는 과정에 있어 시스타티오브 합성효소에 유전적결함으로 인해 생기는 질환

26) **페닐케톤뇨증** : 페닐알라닌 대사의 선척적 장애로 나타나는 질병

27) **단풍당뇨증** : 소변에서 단풍시럽 가은 단 냄새가 나는 질환, 곁가지 아미노산의 산화적 탈탄산소화를 촉진시키는 효소의 유전적인 결함에 의해 생기는 질병

제 5 장

소화와 흡수

* 1 탄수화물의 소화와 흡수

1 탄수화물의 소화

탄수화물의 소화는 구강에서부터 시작되며, 구강내 타액에 있는 프티알린이라는 아밀로오스 분해 효소가 있어 소화가 시작된다. 이 효소는 전분을 분해하여 덱스트린이나 맥아당으로 분해한다. 음식물이 위장에 도달되면 타액 아밀로오스 분해 효소는 중지되며 이러한 작용은 위액에 의해 중지된다. 타액의 pH는 7~8인데 위액의 pH는 1~2이기 때문이다.

위장에서는 탄수화물의 효소가 분비되지 않으며 탄수화물이 위의 유문을 통과해 십이지장에 이동하면 췌장으로부터 아밀로오스 분해효소가 분비된다. 췌장에서 아밀로오스에 의해 탄수화물은 포도당, 과당과 이당류인 맥아당, 유당, 서당으로 분해된다. 이당류는 소장 점막에 있는 이당류 분해효소에 의해 단당류로 분해되어 체내로 흡수된다.

[표 5-1] 이당류 분해효소

이당류	분해효소	분해당류
유당	락타아제	포도당+갈락토오스
서당	슈크라아제	포도당+과당
맥아당	말타아제	포도당+포도당

유당은 락타아제에 의해 포도당과 갈락토오스로 되며, 서당은 슈크라제에 의해 포도당과 과당으로 분해되고 맥아당은 말타아제에 의해 포도당 2분자로 된다.

대장에서는 탄수화물의 소화가 진행되지 않으며, 섬유소의 경우 대장에서 세균에 의해 발효되고 부패된다.

2 탄수화물의 흡수

단당류 형태로 소장에서 흡수되며 흡수 속도는 당의 종류에 따라 다르다. 포도당을 100이라 하면 갈락토오스 110, 과당 43 만노오스 19, 자일로오스 15, 아라비노오스 9이다. 헥소오스는 ATP와 핵소키나제가 존재해서 인산화되어 상피세포를 통과한다. 펜토오스는 단지 확산, 삼투에 의해서만 흡수되며, 흡수된 당은 모세혈관에서 문맥을 거쳐 간으로 이동된다.

2 지질의 소화와 흡수

(1) 리파제[1]의 작용

지질의 소화는 위에서부터 시작되며 주로 소장에서 일어난다. 소장에서는 췌장에서 리파제(lipase)라는 지방 가수분해효소가 분비되어 중성지질의 지방산과 글리세롤 사이의 에스테르결합을 끊는 작용을 한다.

(2) 담즙의 분비와 작용

담즙은 간에서 분비되는 수용성 액체로 수분(82%), 담즙산(12%), 레시틴 및 인지질(4%), 콜레스테롤(0.7%), 그리고 소량의 빌리루빈, 단백질, 전해질, 점액 등으로 구성됩니다. 간에서 하루 평균 600~1000cc의 담즙을 분비하고, 분비된 담즙은 담낭으로 유입된 후 담낭에서 수분과 전해질이 흡수 제거되어 5-10배 이상 농축된 후 십이지장으로 배출되게 됩니다.

중성지질은 리파제에 의하여 유리 지방산, 모노글리세라이드, 글리세롤 등의 물질로 분해된 후, 지질은 물과의 친화력이 낮으므로 소화기장벽을 덮고 있는 물층을 통과하기 어렵기 때문에 소장 세포 내로의 흡수가 어려우므로 지질이 흡수되기 위해서는 인지질, 콜레스테롤 그리고 담즙과 함께 복합 미셀(micelle)을 형성하여야 한다. 담즙산염은 극성과 비극성인 부분을 함께 가지고 있는 양성 물질로 작용하는 특성이 미셀을 형성하는 데 이용된다.

(3) 미셀(micelle)의 구조

미셀[2]은 지질과 담즙산염이 결합하여 만들어진 형태로써 물과 친화력이 낮은 소수기가 내부에 있고, 물과 친화력이 있는 친수기가 외부층을 이룬다. 미셀은 지방분자의 표면적을 증가시켜 지방 가수분해효소인 리파제의 작용을 받아 지방의 소화흡수를 촉진시키며, 물과의 친화력을 가지고 있기 때문에 소장 점막벽의 물층 가까이로 이동시키는 작용을 한다(그림 3-10).

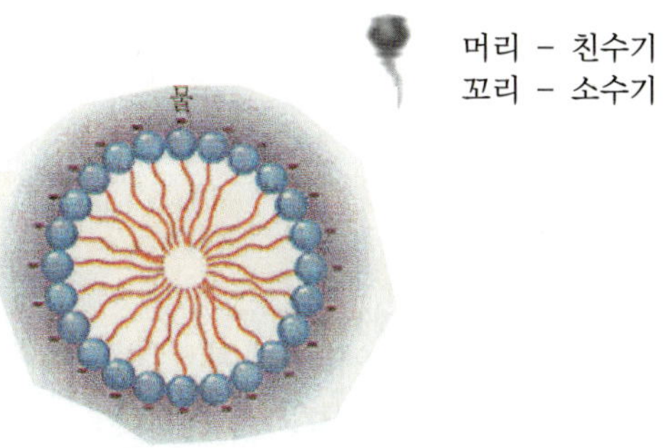

[그림 5-1] 미셀(micelle)의 구조

1) 리파제 lipase : 지방분해효소
2) micelle : 지방 소화산물이 담즙산으로 둘러싸여 소장에서 만들어지는 입자. 지방의 흡수를 돕는다.

(4) 지질 유화의 중요성

지질이 흡수되기 위해서는 인지질, 콜레스테롤, 그리고 담즙산염의 복합체인 미셀(micelle)을 형성하여야 한다. 미셀이 형성되면 지질의 유화작용이 일어나고 지질과 물이 혼합되어 지질 가수분해효소의 작용을 받고 지질의 소화과정이 진행된다. 섭취한 지질의 유화작용에는 담즙산염이 필요하다. 그 이유는 담즙산염이 극성과 비극성인 부분을 함께 가지고 있는 양쪽성 물질로써 미셀을 형성하는 데 필요하기 때문이다.

(5) 회장에서의 TG 합성 과정

섭취된 중성지질은 소장의 점막세포에서 새로 중성지질을 생합성하여 지단백질(lipoprotein)인 chylomicron을 형성하여 림프관과 혈액으로 운반된다. 지단백질[3]의 표면은 물에 녹는 유화제의 역할을 하는 인지질과 아포단백질(apoprotein)이라는 단백질로 둘러싸여 있으며, 내부는 중성지질 · 콜레스테롤 · 콜레스테롤 에스테르로 구성되어 있다. 이런 상태로 지질이나 지질에 녹는 물질들은 안전하게 체내를 이동하게 된다.

(6) TG의 림프관 순환

지방을 섭취한 후 1~2시간이 지나면 혈액 내 지방량이 증가되기 시작하여 3~5시간 후에 최고조에 달하며 혈액의 지질이 높은 농도를 보이는 lipemic 상태로 된다. 그리고 8~10시간이 지나면 굶었을 때와 같은 정도로 낮아진다. 소장으로부터 흡수된 중성지방은 chylomicron을 형성한 후에 림프나 혈액을 통해서 운반되고, 간에서 생성된 VLDL과 LDL은 주로 신체 지방조직에서 분해된 지질의 운반체 역할을 한다. 지단백질은 혈액을 따라 이동하다가 체조직 세포막 표면에 존재하는 지단백질 리파제[4](lipoprotein lipase, LPL)에 의해서 다시 지방산과 글리세롤로 분해되면 세포로 흡수된다. 세포들은 지단백질로부터 지질을 얻어 에너지로 사용하거나 세포막을 형성하고, 콜레스테롤과 같은 대사 물질로 전환시키며, 과잉된 양은 지방조직에 축적시킨다.

지질의 대사

(1) 지질의 운반과정

물에 녹지 않는 지방이 혈액을 통하여 우리 몸의 구석까지 운반되기 위해서는 특별한 운송체계가 필요하다. 지방자체로는 운반이 안되기에 체내에서 인지질류(phospholipids)와 결합하여 혼합된 것에 단백질이 함유된 표면막이 수용성을 만든다. 이 수용성의 화합물이 지단백

3) 지단백질 : 중성지방과 콜레스테롤이 단백질, 인지질, 콜레스테롤로 된 막으로 둘러싸인 입자로서 혈관과 림프를 통해서 지질을 운반한다.
4) 지단백질 리파네 LPL

(lipoprotein)이다(그림 3-11). 이것은 지용성물질이 안쪽에 모여있고 수용성 물질들이 바깥쪽을 둘러싸고 있으며, 지단백질은 소장에서 흡수된 중성지방과 콜레스테롤, 지용성 비타민 등의 지질운반을 돕는 일을 한다.

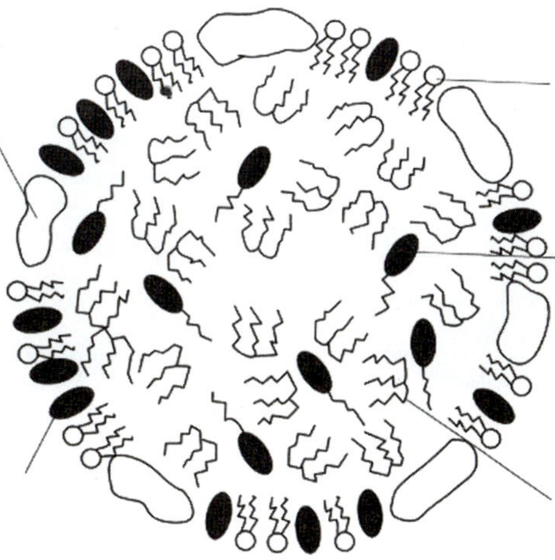

[그림 5-2] 지단백질의 일반적 구조

(2) 혈중 지단백질의 구성

소장에서 지질의 운반은 물에 녹는 정도에 따라 다르다. 혈액 내에 여러 종류의 지단백질이 있는데, 지단백질은 입자의 밀도(density)에 따라 카일로미크론(chylomicron, CM)[5], 초저밀도 지단백질(very low density lipoprotein, VLDL)[6], 저밀도 지단백질(low density lipoprotein LDL), 및 고밀도 지단백질(high density lipoprotein HDL)[7]로 분류된다. 혈중의 대표적인 지단백질인 CM, VLDL, LDL, HDL은 중성지질, phospholipid, cholesterol 등의 함량에 따라 차이가 있으며 단백질의 형태와 양에 따라서도 차이가 있다. 지단백질의 중성지질 함량이 감소하고 인지질과 아포단백질의 함량이 증가할수록 밀도가 커지고, 밀도가 커질수록 입자의 크기는 작아진다.

5) **카일로미크론** CM : 소장의 점막세포로부터 지질을 운반해 중성지방을 인체 세포로 운반해주는 지단백질
6) **초저밀도 지단백질** VLDL : 간에서 만들어진 지단백질로 간에서 인체 세포로 중성지방을 운반해 준다.
7) **고밀도 지단백질** HDL : 세포로부터 콜레스테롤을 걷어내 간으로 운반해 제거되도록 하는 지단백질, HDL 수치가 높으면 혈관질환 위험이 낮아진다.

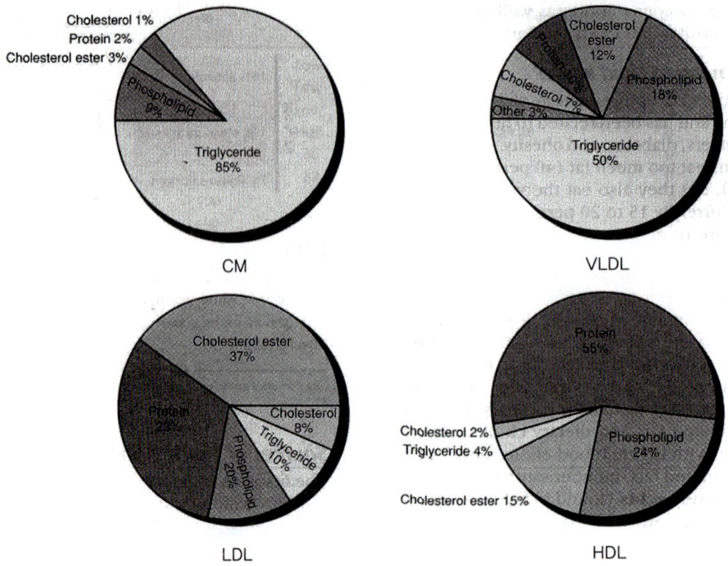

[그림 5-3] 지단백질의 조성

① 장에서 형성된 lipoprotein

장벽세포에서 형성된 lipoprotein의 주요 형태는 카일로미크론이다. 이것은 다른 형태의 lipoprotein보다 중성지질을 더 많이 포함하고 있다. Chylomicron은 장벽세포로부터 림프관으로 운반되고 혈액에 합류한다. Lipoprotein들이 체내에서 운반되어지는 도중에 근육과 지방세포에 중성지질을 넘겨준다. Chylomicron의 생존기간은 짧다. 식후 몇 시간 지나면 chylomicron은 분해되고 다른 지질들을 구성하게 되거나 에너지원으로 사용된다. 식후 1~2시간 내에 혈액을 채취하면 공복후보다 chylomicron의 농도는 더 높다.

② 간에서 형성된 lipoprotein

간에서 형성된 liprotein종류는 비중에 따라 다르다. Lipoprotein의 구성성분 중 가장 무거운 물질은 단백질이다. 그중에서 가장 많은 단백질을 함유하고 있는 lipoprotein은 HDL[8]이라하고 또 다른 lipoprotein의 종류는 VLDL[9]과 LDL[10]이 있다. 여러 lipoprotein들은 간에서 새로이 lipoprotein을 구성하기 위하여 구성성분이 분리되거나 교환되어지는 과정 후 혈류에 방출된다. 심혈관질환(cardiovascular disease; CVD)에서 중요한 두 가지 형태의 lipoprotein인 HDL과 LDL에 대하여 살펴보면 체내에는 LDL이 HDL보다 더 많이 존재하는 것이 정상이다. 그러나, LDL과 HDL의 양에 있어서 개인차는 고려될 수 있다.

LDL cholesterol과 총 cholesterol이 상승되어 있는 사람의 경우 통계적으로 관상동맥질환의 위험이 높다. 한편 높은 혈중 HDL의 수준은 관상동맥질환과 역의 상관관계를 나타낸다. 그러기에 LDL cholesterol은 '나쁜 cholesterol'이고, HDL cholesterol은 '좋은 cholesterol'이라 불린다.

8) HDL High Density Lipoprotein
9) VLDL Very Low density Lipoprotein
10) LDL Low Density Lipoprotein

[표 5-2] 지단백의 조성

형 태	합성 부위	크기와 조성	비 고
chylomicron	소장	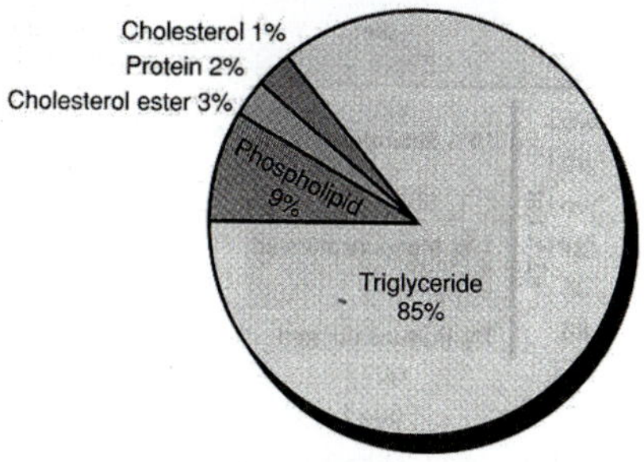	식후 혈중 존재, 다른 형태로 전환
very low density lipoprotein(VLDL)	소장 간	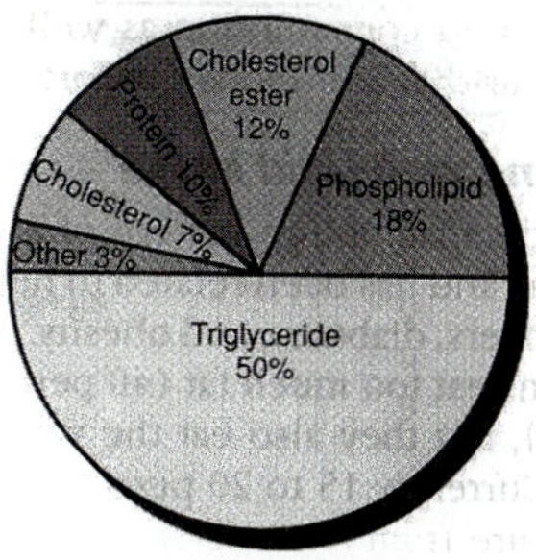	대부분 LDL로 전환
low density lipoprotein(LDL)	간	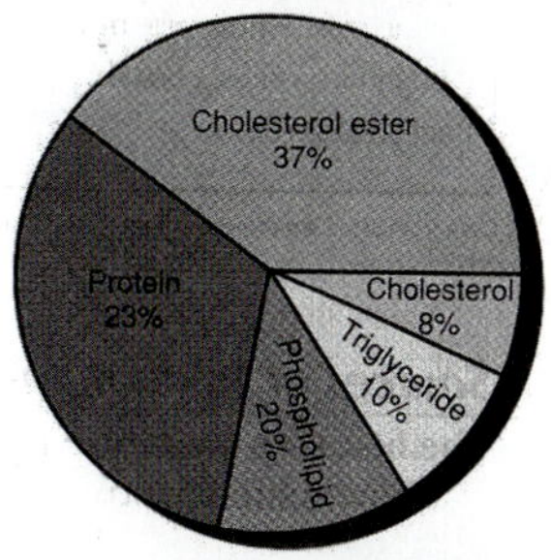	일부는 담즙 생산, 나머지는 체구성 성분으로 이용, 혈관벽에 침착
high density lipoprotein(HDL)	간	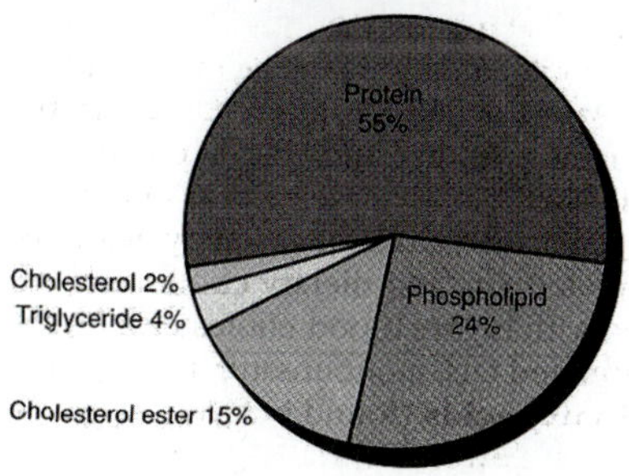	일부는 담즙 생산, 나머지는 체내의 이용을 위해 순환함

- **HDL-콜레스테롤과 LDL-콜레스테롤은 어떻게 다른가?**

수용액인 혈액 속에서 비극성인 지질이 운반되기 위하여 지질은 극성을 띄는 인지질, 단백질 및 콜레스테롤로 둘러싸인 공모양의 지단백질 내부로 들어가 운반된다. 여러 종류의 지단백질 중에 콜레스테롤 함량이 가장 높은 저밀도 지단백질(low density lipoprotein, LDL)은 세포막에 있는 수용체를 통하여 세포 내로 들어가 세포 내로 콜레스테롤을 운반하는 역할을 한다. 평소에 식이 중에 콜레스테롤 섭취가 너무 많은 경우 이미 세포 내의 콜레스테롤 농도가 높아서 더 이상 LDL이 세포 내로 흡수되지 않아 LDL은 혈액에 머무르게 되므로 혈중 LDL농도가 높아지게 된다. LDL-콜레스테롤은 혈관계를 순환하다가 말초혈관 내부 벽에 플라그를 형성하게 되어 동맥경화를 일으키는 원인이 되므로 혈액에 높은 LDL 콜레스테롤 농도는 심혈관질환의 주요 위험인자로 인식되고 있다. 반면에 고밀도 지단백질(high density lipoprotein, HDL)은 세포 및 말초혈관에 쌓여 있는 콜레스테롤을 간으로 가져가 분해시키는 역할을 하므로 혈액의 높은 HDL 콜레스테롤 농도는 심혈관질환의 억제 인자로 인식되고 있다.

(3) 지방산의 분해

혈중의 중성지질은 lipase에 의해서 glycerol과 fatty acid로 분해된 후 미토콘드리아에서 fatty acid가 β-산화[11]되어 에너지를 생성하게 된다. 지방산은 지방조직에 저장된 지방으로부터 방출되어 세포질로 들어가 아실CoA로 활성화된 후 카르니틴에 의해 미토콘드리아 내부로 이동되어 β-산화(β-oxidation)를 일으킨다. 카르니틴 아실 전이효소(carnitine acyl transferase)는 지방산 β-산화의 조절 효소로서 지방산을 세포질에서 미토콘드리아로 이동시키는 역할을 한다. β-산화를 통해 아세틸 CoA와 탄소수 2개 적은 지방산 acetyl CoA가 되는데 이러한 과정의 반복을 통해 생성된 acetyl CoA는 TCA회로에 의해서 에너지를 생성하게 된다.

3 단백질의 소화와 흡수

1 소화

단백질은 위와 소장에서 소화되지만 주된 장소는 역시 소장이다. 단백질의 소화과정은 두 단계로 나누어 볼 수 있으며, 첫째는 단백질이 특유의 기능적인 형태를 잃고 긴사슬이 되어서 효소의 작용을 잘 받을 수 있게 변성되는 과정이고, 둘째는 단백질 소화효소에 의해 펩티드 결합이 끊어져서 단백질의 구성단위인 아미노산으로 가수분해하는 것이다.

단백질이 섭취되면 우선 위에서 불활성의 펩시노겐[12](pepsinogen)이 분비되는데, 이것은 위의 주세포(chief cell)에서 호르몬인 가스트린[13](gastrin)에 의해 분비가 촉진되고, 위산(HCl)에 의하여 활성형인 펩신[14](pepsin)으로 변한 후 페닐알라닌, 트립토판, 티로신이 있는 펩티드 결합을 가수분해한다. 단백질은 펩신에 의해 위에서 프로테오스(proteose)와 펩톤(peptone)으로 분해되며 펩신의 최적 pH는 1.5~2.0이다.

부분적으로 소화된 단백질은 다른 영양소들, 물, 위산, 소화액과 섞여 죽 상태인 유미즙(chyme)이 되어 소장의 윗부분인 십이지장에 도달하면 장벽에서 호르몬 세크레틴(secretin)을

11) β-산화 β-oxidation : β 위치의 탄소원자가 연속적으로 산화됨으로써 지방산의 앗틸-coA로 산화적으로 분해되는 것
12) 펩시노겐 : 펩신의 불활성형태
13) 가스트린 : 위의 주세포에서 분비
14) 펩신 : 단백질 효소

분비시키고, 이 호르몬에 의해 약 알카리성인 췌장액의 분비가 촉진되어 유미즙(pH2~3)의 산성을 중화시킨다. 또한 십이지장으로 분비된 콜레시스토키닌[15](cholecystokinin)의 자극으로 췌장에서는 트립시노겐[16](trypsinogen)과 키모트립시노겐(chymotrypsinogen)이 불활성형으로 분비된다.

트립시노겐(trypsinogen)은 엔테로키나아제[17](enterokinase)에 의하여 활성형인 트립신(trypsin)으로 변한 후, 아르기닌 또는 리신 잔기의 카르복실기(COO−) 펩티드 결합을 자르고, 키모트립시노겐[18](chymotrypsinogen)은 트립신에 의하여 키모트립신(chymotrypsin)으로 활성화된 후 티로신, 페닐알라닌, 트립토판 잔기의 카르복실기 펩티드 결합을 자른다. 이와 같은 작용으로 트립신과 키모트립신은 위에서 펩신의 작용으로 만들어진 폴리펩티드를 더 작은 펩티드로 가수분해한다. 그런 다음 이 펩티드는 췌장에서 불활성형 전구체로부터 만들어진 카르복시펩티다아제(carboxypeptidase)에 의해서 펩티드의 카르복실기 말단에 있는 아미노산을 하나씩 차례로 제거하여 아미노산으로 모두 분해되거나 일부 디펩티드(dipeptide) 또한 소장은 짧은 펩티드에서 아미노기 말단의 아미노산을 차례로 가수분해시키는 아미노펩티다아제(aminopeptidase)도 분비한다. 이와 같은 연속적인 작용에 의해 단백질은 디펩티드와 아미노산으로 분해된다. 아미노산까지 분해된 것은 그대로 흡수되고, 디펩티드로 분해된 것은 소장 점막세포로 흡수된 후 그곳에 있는 디펩티다아제(dipeptidase)에 의하여 모두 아미노산으로 가수분해된다.

[표 5-3] 단백질의 소화효소와 최종산물

<table>
<tr><th rowspan="2">기관</th><th colspan="3">효소</th><th rowspan="2">펩티드 결합에 대한 특이성</th><th colspan="2">소화작용</th></tr>
<tr><th>불활성형</th><th>활성촉진제</th><th>활성형</th><th>기질</th><th>최종산물</th></tr>
<tr><td rowspan="2">위</td><td>펩시노겐</td><td>염산</td><td>펩신</td><td>페닐알라닌</td><td>단백질</td><td>폴리펩티드</td></tr>
<tr><td>–</td><td>–</td><td>레닌</td><td>티로신</td><td>카제인</td><td>파라카제인</td></tr>
<tr><td rowspan="3">췌장</td><td>트립시노겐</td><td>엔테로키나제</td><td>트립신</td><td>리신, 아르기닌</td><td rowspan="2">단백질,
긴폴리펩티드</td><td rowspan="2">짧은
폴리펩티드,
디펩티드</td></tr>
<tr><td>키모트립시노겐</td><td>트립신</td><td>키모트립신</td><td>티로신, 페닐알라닌,
트립토판</td></tr>
<tr><td>프로카르복시
펩티다아제</td><td>트립신</td><td>카르복시
펩티다아제</td><td>카르복실기
말단 잔기</td><td>폴리펩티드</td><td>디펩티드,
아미노산</td></tr>
<tr><td rowspan="2">소장</td><td>–</td><td>–</td><td>아미노
펩티다아제</td><td>아미노기
말단 잔기</td><td>폴리펩티드</td><td>디펩티드,
아미노산</td></tr>
<tr><td>–</td><td>–</td><td>디펩티
다아제</td><td>디펩티드</td><td>디펩티드</td><td>아미노산</td></tr>
</table>

15) 콜레시스토키닌 : 십이지장으로 분비
16) 트립시노겐 : 트립신의 불활성형태
17) 엔테로키나아제 : 장액효소, 트립신활성화효소
18) 키모트립시노겐 : 키모트립신의 불활성형태

[표 5-4] 단백질의 소화

기관	효소	기질과 최종 분해산물
위	펩신(pepsin) 트립신(trypsin)	단백질 → 큰 polypeptides 단백질 → 큰 polypeptides 큰 polypeptides → dipeptides
췌장	카이모트립신(chymotrypsin) 카르복시펩티다아제(carboxypeptidase) 아미노펩티다아제(aminopeptidase)	단백질 → 큰 polypeptides 큰 polypeptides → dipeptides 작은 polypeptides → amino peptides dipeptides
소장	디펩티다아제(dipeptidase)	dipeptides → amino acids

2 흡수

단백질은 그 상태 그대로는 흡수되기 어렵고 대부분 아미노산으로 가수분해된 후에 흡수된다. 펩신에 의해 위에서 분해된 아미노산은 위벽을 통해 직접 흡수될 수 있으나, 대부분의 아미노산은 소장벽을 통하여 흡수되며 에너지와 운반체를 필요로 하는 능동수송(active transport)에 의하여 매우 빠르게 흡수된다.

아미노산과 함께 디펩티드들도 소장을 통해 흡수가 가능하며, 흡수된 디펩티드들은 소장점막세포 내에서 모두 개개의 아미노산으로 분해된다. 그리고 장점막 세포로부터 흡수된 아미노산은 대부분 모세혈관을 통해 문맥을 거쳐 간으로 운반된다.

이러한 아미노산들은 간에서 아미노산 풀(amino acid pool)을 형성하여 다양한 대사를 하며, 일부는 다시 혈액으로 나와 각 조직에 운반되어 단백질 합성 등을 위해 사용된다. 일반적으로 단백질 흡수율은 동물성 단백질이 식물성 단백질보다 높으며 평균 92% 정도로 본다.

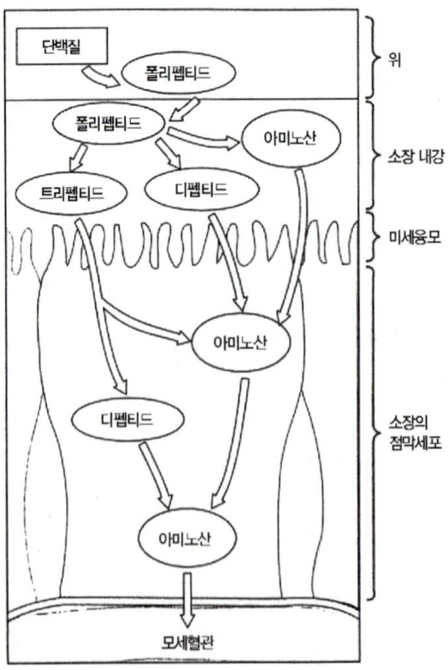

[그림 5-5] 아미노산과 디펩티드의 흡수

제 6 장

에너지와 영양

1. 에너지 필요량을 알아본다.
2. 영양섭취기준, 식품의 열량가를 알아본다.
3. 신체 에너지 소모량을 측정한다.
4. 엔지 균형과 불균형, 에너지 섭취와 관련된 건강문제를 이해한다.

01 에너지의 측정

1 에너지의 단위

신체의 모든 세포와 조직 및 기관의 기능유지 및 활동에 에너지는 반드시 필요하다. 에너지(energy)란 '일을 할 수 있는 힘'이다. 즉, 호흡과 심장박동, 혈액순환 뿐만 아니라 뇌, 간, 신장 등의 기능유지와 여러 내분비선, 신경계의 활동과 섭취된 식품의 소화, 흡수, 대사에도 에너지가 필요하다. 그뿐만 아니라 새로운 조직을 합성할 때도 에너지를 소모하며, 휴식을 취할 때도 에너지가 필요하다. 운동 및 노동시에 일어나는 근육의 수축과 이완에도 반드시 에너지가 필요하다.

사람이 사용하는 에너지는 식물 잎의 엽록소(Chrolophyll)에서 태양으로부터 탄소동화작용으로 생성한 전분이 있으며, 주요한 에너지 급원이다. 식품속에 함유된 여러 가지 영양소 중 당질, 단백질, 지방을 열량소, 즉 에너지원이라 하며, 음식을 통해 들어온 이 영양소들의 에너지는 체내에서 생화학적 분해 단계를 거쳐 ATP(adenosine triphosphate)의 형태로 변화되어 이용된다. 그러므로 모든 세포는 탄수화물, 지질, 단백질에서 생성된 ATP형태로 전환한다. 과잉으로 섭취된 에너지는 체지방으로 축적하게 된다. 에너지 단위는 열을 측정하는 calorie 또는 kilocalorie(kcal)이며, 에너지 섭취나 소비에 같은 단위를 사용한다.

1 ATP[1] adenosine triphosphate

ATP는 아데노신(adenosine)에 3개의 인산이 결합되어 있고, 효소의 작용으로 무기인산인 Pi가 한 개 떨어지면 ADP(adenosine diphosphate)로 되며 이때 고에너지(7.6kcal)가 방출된다. 이때 방출되는 에너지로 세포는 활동하고, 근육의 수축과 이완이 일어난다. ADP에서 인산이 1개 떨어지면 AMP(adenosine monophosphate)가 되면서 에너지를 생성하게 된다. 아데노신(adenosine)에 인산의 결합은 고에너지를 보유하게 된다. 소모된 ATP가 보충되기 위해서는 고에너지를 가진 인산화합물인 크레아틴 인산(creatine phosphate)의 인산기가 ADP에 전이되어 결합하면 ATP가 생성된다.

ATP의 체내함량은 많지 않으나 그 대사 회전이 왕성하여 하루에 사람의 체중과 같은 60~70kg이 합성, 분해된다.

1) ATP : 아데노신의 리보오스의 5자리에 인산 3분자가 결합한 것

2 식품의 열량가와 생리적 열량가

식품을 연소시키면 열량을 발생하게 되는데 이를 식품의 연소열이라 한다. 모든 식품의 열량가는 직접법과 간접법으로 측정할 수 있다.

직접법이란 식품을 폭발열량계(bomb calorimeter)[2]라는 기구를 사용하여 식품에서 발생되는 열량을 직접 측정하는 것이다. 폭발열량계는 완전히 외부와 차단되어 있고 절연체로 장치되어 있으며, 단시간에 일어나기 때문에 인간의 생체에서 일어나는 연소와는 다르다. 폭발열량계로 측정해 보면 열량소들의 열량가는 다음과 같다.

탄수화물	1g	4.10kcal
단 백 질	1g	5.65kcal
지 방	1g	9.45kcal

식품을 구성하고 있는 영양소 중 연소되어 열량을 발생하는 영양소는 탄수화물, 단백질, 지질이 세 가지 영양소와 알코올이다. 연소되어 발생하는 열량은 탄소와 수소가 많이 든 것일수록 연소열량이 많은데, 지방은 원소의 조성이 탄수화물이나 단백질과 다르기 때문에 탄수화물이나 단백질에 비하여 두 배 이상의 열량을 생산한다.

단백질을 구성하고 있는 질소는 폭발열량계에서는 연소되어 열을 생산하지만 생체에서는 요소로 만들어져서 산화되지 않고 오줌으로 배설된다. 그 열량은 단백질 1g 당 1.25kcal이므로 폭발열량계에서의 생산되는 열량과 생체내에 열량은 차이가 있다. 대부분의 식품들은 탄수화물, 단백질, 지방의 구성비율이 서로 다르기 때문에 생산되는 열량도 각기 다르다. 뿐만 아니라 신체 내에서는 식품의 소화가 완전히 되지 않고 또한 흡수 및 대사도 완전히 이루어지지 않기 때문에 체내에서 영양소의 열량가는 소화율과 불완전 연소[3]되는 것을 뺀 나머지이다.

일반적으로 영양소의 평균 흡수율은 탄수화물 98%, 지방 95%, 단백질 92%이며, 식품의 종류에 따라 평균 소화율이 조금씩 달라질 수 있는데 특히 섬유소가 많은 경우 낮아진다.

따라서 소변으로 나가는 열량손실과 소화율을 감안하면 신체 내에서의 열량가는 탄수화물 4kcal, 단백질 4kcal, 지방 9kcal이며, 이를 생리적 열량가라 하며, 에트워터 계수(Atwater factor)이라고도 한다. 각 식품의 구성성분을 알면 이 에트워터 계수를 이용하여 쉽게 식품내 함유된 잠재 에너지를 산출할 수 있다.

2) **폭발 열량계** : 음식의 에너지성분 측정 기구. 건조된 음식물이 연소되면서 방출하는 에너지 열을 측정한다.

3) **불완전 연소** : 산소의 공급이 불충분한 상태에서의 연소

[표 6-1] 각 열량소의 열량가

열량소	bomb calorimeter에서 측정한 열량가 kcal/g	체내에서 산화 열량가 kcal/g	소화 흡수율(%)	생리적 열량가 (Atwater 계수)	KJ
탄수화물	4.10	4.10	98	4.0	17
지질	9.45	9.45	95	9.0	38
단백질	5.65	4.35	92	4.0	17
알코올	7.10	7.00	100	7.0	29

[표 6-2] 에너지 영양소의 산화 에너지와 대사 에너지 함량

		산화에너지 (kcal/g)	kcal/LO_2	RQ(CO_2/O_2)	대사에너지 (Atwater 계수), (kcal/g)
탄수화물	전분	4.18	5.05	1.00	4.0
	설탕	3.94	5.05	1.00	
	포도당	3.72	4.99	1.00	
지방		9.44	4.69	0.71	9.0
단백질	완전연소	5.60			4.0
	체내대사	4.70	4.66	0.84	
알코올		7.09	4.86	0.67	

3 식품의 열량가

식품분석표를 이용하여 식품 100g당 구성성분을 표시한 것이다. 식품마다의 열량값을 비교해 보면 쇠고기, 닭고기 등의 육류 및 유지류 식품은 지질함량은 많으며 수분량은 적어 많은 열량을 함유하고 있지만 채소류, 과일 등의 식품은 수분함량도 많은 분만 아니라 열량소도 적게 들어 있으므로 같은 무게라도 적은 양의 열량을 공급한다.

[표 6-3] 식품의 성분 함량과 열량 함유량

성 분	수분(%)	탄수화물(g)	섬유소(g)	지질(g)	단백질(g)	열량(kcal)
 쌀(백미)	11.7	79.6	0.3	1.0	6.8	391
 감자	78.1	18.5	0.5	0.2	2.1	84
 쇠고기(갈비)	52.5	0.3	0.0	30.8	15.6	357
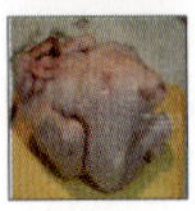 닭고기	65.4	0.1	0.0	14.1	19.8	217

성 분	수분(%)	탄수화물(g)	섬유소(g)	지질(g)	단백질(g)	열량(kcal)
 치즈	43.2	2.8	0.0	27.8	21.8	357
 시금치	89.5	5.4	0.7	0.5	3.0	33
 콩나물	90.2	2.9	0.5	1.0	4.2	31
 사과(홍옥)	86.8	11.5	0.6	0.5	0.3	49
 수박	94.5	4.7	0.1	0.1	0.4	19

02 인체 에너지대사량

사람이 하루에 얼마의 에너지가 필요한가를 알려면 신체의 모든 기관이 활동할 때 발생되는 열량을 측정하면 된다. 신체에서 발생되는 열량을 에너지 대사율(energy metabolic rate)이라 하며, 측정하는 방법에는 직접적인 방법과 간접적인 방법이 있다.

1 직접 열량측정법 direct calorimetry

식품에 있는 에너지를 측정하는 것과 같은 방법으로 사람이 소비하는 에너지를 직접 측정한다. 직접 열량측정법은 몸 안에서 소비되는 에너지는 결국 열의 형태로 몸밖으로 방출되기 때문에 피실험자를 완전히 절연된 방에서 활동하게 하고 발생하는 열은 주위의 코일을 통해 흐르는 물에 전도되어 올라간 물의 온도를 측정함으로서 열량을 알 수 있다.

이 방법은 인체의 대사율을 비교적 정확하게 측정 할 수 있는 방법이다.

그때 적당한 공기의 유통을 위해 산소공급과 탄산가스를 흡수시키는 장치도 부착되어 있기 때문에 이 기계로 가스 교환도 측정할 수 있다. 소모되는 산소와 생산되는 탄산가스를 측정할 수 있어 간접열량측정법은 호흡법으로도 사용한다.

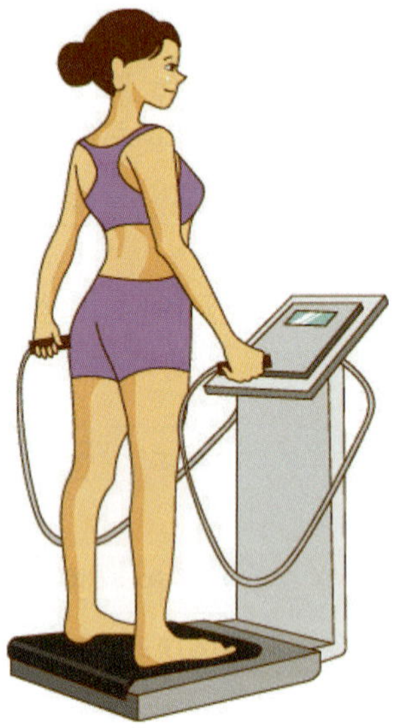

[그림 6-1]

2 간접 열량측정법 indirect calorimetry

산소 소비량과 이산화탄소 배설량을 측정하며, 산화과정에서 생산되는 에너지를 계산하는 방법이다. 몸 안에서 탄수화물, 지질, 단백질의 양에 따라 생성된 CO_2와 소변으로 배설되는 질소를 측정하여 발생하는 에너지를 측정하는 방법으로 호흡시험법(respiratory exchange method)과 출납시험법(balance method)이 있다.

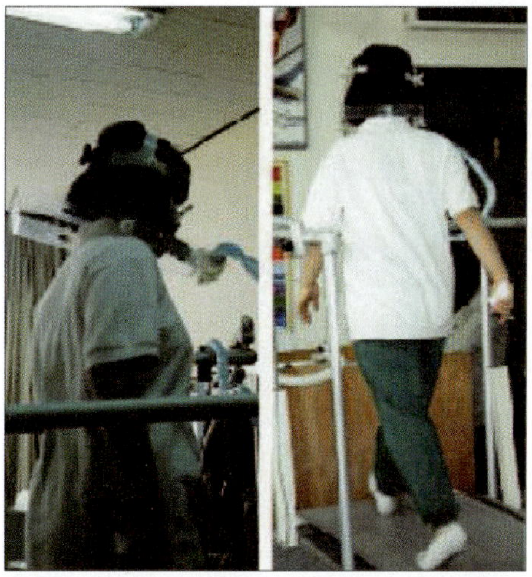

[그림 6-2]

1 호흡시험법 Respiratiry exchange method

체내에 들어온 열량소들은 O_2를 소비하고 CO_2를 발생하면서 연소되어 에너지를 생산하게 된다. 이때 소비되는 O_2와 생산되는 CO_2 양을 측정하여 간접적으로 소비한 열량을 측정하게 되는 것이다. 일정한 시간에 소비한 O_2 양을 같은 시간에 배출한 CO_2 양을 측정한 것을 호흡상(respiratory quotient, RQ[4])이라 한다.

RQ = 생산된 CO_2 양/ 소모된 O_2 양

각 열량소마다 원소의 조성이 다르고 소비되는 O_2와 생산되는 CO_2 양이 다르기 때문에 호흡상이 모두 다르다. 탄수화물의 RQ는

$$C_6H_{12}O_6 + 6\ O_2 \rightarrow 6\ CO, + 6\ H_2O$$

$$RQ = \text{생산된 } CO_2 \text{ 양/소모된 } O_2 \text{ 양} = 6\ CO_2\ /\ 6\ O_2 = 1$$

지방은 탄수화물에 비해 산화가 적게 일어나므로 RQ는 0.7이다. 지질의 RQ는 탄소와 수소의 양에 비해 산소의 양이 적어 지방이 연소될 때 탄수화물보다 훨씬 많은 양의 산소가 필요하게 된다. 예를 들어 팔미트산(palmitic acid)으로 지방의RQ를 계산해 보면,

4) RQ respiratory quotient : 호흡계수로 탄수화물1, 지질0.7, 단백질0.8, 혼합식0.85

$$2\,(C_{51}H_{98}O_6) + 145\ O_2 \rightarrow 102\ CO_2 + 98\ H_2O$$

RQ = 생산된 CO_2 양 / 소모된 O_2 양 = 102 CO_2 / 145 O_2 = 0.704

단백질은 아미노산의 아미노산의 산화과정에서, 질소가 에너지로 상용되지 않고 요소와 같은 물질로 변하여 뇨로 배설되므로 단백질의 RQ는 0.8정도이다.

RQ가 0.8보다 적으면, 에너지 섭취가 부족한 것이고, 0.7보다 적으면 굶은 상태이거나 저탄수화물 식사이고, 1이상이면 체내에서 지방이 합성된다는 것이다.

RQ = 생산된 CO_2 양 / 소모된 O_2 양 = 4.76 / 5.94 = 0.801

03 신체 에너지 필요량

소비되는 에너지는 기초/휴식대사량(Basal/Resting Energy Expenditure), 활동대사량(Physical Activity) 및 식이성 발열효과(TEF: Thermic Effect of Food)로 구성된다.

1 기초/휴식대사량

기초대사량[5)]은 사람의 생명이 있는 한 호흡, 순환, 배설, 체온유지 등의 생리현상은 계속된다. 이를 위해서는 끊임없이 화학에너지를 소비해야 한다. 이처럼 오직 생명을 유지하는데 필요한 최소한의 에너지를 기초대사(Basal Metabolism) 또는 기초대사율(BMR)이라 한다.

기초대사량은 정상적인 신체기능을 유지하고, 체내 항상성을 유지하며, 자율신경계의 활동을 위하여 기본적으로 필요한 최소한의 에너지이다. 기초대사량을 측정할 때는 실내 온도가 18~20℃이며, 12~15 시간이 지난 완전 공복상태에서 식이성 발열효과의 영향이 배제된 상태에서 측정한다. 심리적 · 신체적 스트레스가 전혀 없는 쾌적한 환경조건에서 측정한다. 감정적인 흥분상태나 걱정이 전혀 없는 완전히 육체적, 정신적으로 편안한 상태로 누운자세 즉, 자고 일어난 아침시간에 측정한다. 반면 휴식대사량[6)]은 휴식을 취하고 있는 상태에서의 에너지 소비량으로 기초대사량과 비교하여 10~20% 정도 많다. 이는 식이성 발열효과의 영향과 이전에 수행한 신체 활동의 영향 때문으로 생각할 수 있다. 식사 후 기초대사는 개인마다 조금씩 다르며, 여러 가지 조건에 의하여 영향을 받는데 특히 체표면적에 비례한다. 일반적으로 정상성인의 1일 기초대사율은 1,200~1,800kcal이며, 비교적 일정하다.

기초/휴식대사량은 체중에서 체지방 함량을 뺀 제지방량과 밀접한 상관관계를 나타낸다. 개개인간의 휴식대사량 차이 중 70~80%각 개개인의 체지방량 차이로 설명된다.

5) **기초대사량** basal metabolic rate BMR : 기초대사량은 휴식상태에서 소모되는 에너지 비율로 식사 후 적어도 12시간이 지난 후 기상 전 아침에 따뜻한 방에서 측정한다.

6) **휴식대사량** rest metabolic rate : 휴식시에 소모되는 대사, 식사나 운동없이 5~6시간 이후 에너지 사용을 측정하는 것에 의해 결정된 기초대사율의 평가

2 기초대사량의 측정

기초대사량은 개인에 따라 다른데 체중에 비례하는 것보다 체표면적과 깊은 관계가 있다. Rubner의 체표면적율에 의하면 사람에게서 발산되는 열량은 체중보다 체표면적에 비례한다는 것을 알 수 있다.

[표 6-4] 연령과 성별에 따른 체표면적 1㎡에 대한 시간당 에너지 소모량 기초대사율 (kcal/㎡/hr)

연령	남자	여자	연령	남자	여자
3	60.1	54.5	26	38.2	35.0
4	57.9	53.9	27	38.0	35.0
5	56.3	53.0	28	37.8	35.0
6	54.0	51.2	29	37.7	35.0
7	52.3	49.7	30	37.6	35.0
8	50.8	48.0	31	37.4	35.0
9	49.5	46.2	32	37.2	34.9
10	47.7	44.9	33	37.1	34.9
11	46.5	43.5	34	37.0	34.9
12	45.3	42.0	35	36.9	34.8
13	44.5	40.5	36	36.8	34.7
14	43.8	39.2	37	36.7	34.6
15	42.9	38.3	38	36.7	34.6
16	42.0	37.2	39	36.6	34.5
17	41.5	36.4	40~44	36.4	34.4
18	40.8	35.8	45~49	36.2	34.1
19	40.5	35.4	50~54	35.8	33.8
20	39.9	35.3	55~59	35.1	33.1
21	39.5	35.2	60~64	34.5	32.8
22	39.2	35.2	65~69	33.5	32.0
23	39.0	35.2	70~74	32.7	31.6
24	38.7	35.1	75+	31.8	31.1
25	38.4	35.1			

이는 주어진 무게의 체중당 열생산량은 작은 동물이 큰 동물보다 많은데, 이것은 작은 동물의 경우 체중당 체표면적인 큰 동물의 체표면적보다 크기 때문이다. 열손실은 대부분 피부를 통하여 일어나기 때문에 체표면적이 넓으면 따라서 열손실도 커짐으로 기초대사량도 높아진다. 체표면적은 실지로 사람마다 일일이 측정하기가 어렵기 때문에 DuBois 공식을 사용하여 신장과 체중으로 구한다. 그림 6-3은 신장과 체중을 토대로 체표면적은 계산할 수 있는 도표이다. 예를 들면 20세 남자로 신장 170cm와 체중 65kg의 수치를 직선으로 연결하고 가운데 만나는 수치를 읽으면 1.74m 체표면적을 쉽게 얻을 수 있다.

S.A(m²) = W0.425 × H0.725 × 71.84
S.A = 체표면적, W = 체중(kg), H = 신장(m)

[그림 6-3]

기초대사량은 성별, 연령에 따라서 다른 차이를 보이며, 이에 성별, 연령별, 체격별 기초대사량 산출 공식을 다음과 같다.

아동 및 청소년(3~19세)

남자(kcal/일) = 68−43.3×연령(세) + 712×신장(m)+19.2×체중(kg)
여자(kcal/일) = 189−17.6×연령(세) + 625×신장(m) + 7.9×체중(kg)

성인(20세 이상)

남자(kcal/일) = 204−4×연령(세) + 450.5×신장(m) + 11.69×체중(kg)
여자(kcal/일) = 255−2.35×연령(세) + 361.6×신장(m) + 9.39×체중(kg)

3 기초대사량에 영향을 주는 요인

기초대사량은 일반적으로 일정한 값을 가지지만 사람의 개인차에 따라서 체표면적, 성별, 연령, 기후, 호르몬, 건강상태 등의 여러 가지 요인에 영향을 받는다.

(1) 체표면적

체표면적은 기초대사량과 비례한다. 체표면적이 넓은 사람일수록 피부를 통해 발산되는 열량이 크기 때문이다. 일반적으로 같은 체중을 가지더라도 키가 크고 마른 사람이 키가 작고 뚱뚱한 사람보다 체표면적인 넓어 기초대사량이 높다.

(2) 성 별

체중과 키가 같을지라도 남자가 여자보다 기초대사량이 5~10%높다. 이는 여성보다 지방조직이 적고 에너지 소모가 많은 근육량이 많기 때문이며, 여성호르몬보다 남성호르몬인 테스토스테론[7](testosterone)이 기초대사량의 영향이 크기 때문이다.

7) **테스토스테론** : 대표적인 남성호르몬. 주로 정소의 간질세포에서 생성, 분비됨. 남자의 제2차 성장을 발현시킴

(3) 연 령

기초대사량은 생후 1~2년에 가장 높고 그 뒤는 점차 감소하다가 사춘기에 다시 어느 정도 상승한다. 어린이의 기초대사량이 어른에 비해서 높은 것은 성장에 필요한 새로운 세포의 형성에 많은 에너지가 필요하며 체표면적도 어른에 비해서 넓으므로 열손실도 많기 때문이다.

(4) 기 후

기온의 변화에 따라 기초대사량이 달라진다. 기온이 내려감에 따라 대사량이 증가하는데 이는 추운 환경에서는 피부로부터 열의 손실이 많아 체온조절을 위한 근육수축작용이 증가되어 산화작용을 증진시켜 열생산량을 높이므로 기초대사량이 증가한다. 반대로 기온이 높을 때는 근육이 이완되고 대사기능이 저하되어 열의 방출이 적어진다. 추운 지방의 사람들은 추위를 막기 위해서 갑상선기능이 증진된다. 겨울에는 기초대사량이 평균치보다 5% 증가하고 여름에는 5% 감소한다.

(5) 호르몬

갑상선, 부신, 뇌하수체, 생식선에서 분비되는 호르몬 등은 기초대사에 많은 영향을 미친다. 갑상선에서 분비되는 티록신[8](thyroxin)은 기초대사에 크게 영향을 미쳐 갑상선 기능항진의 경우 대사량이 50% 이상 증가하며, 반대로 티록신 분비 감소시 갑상선 기능저하는 대사량이 30~50% 낮아진다.

뇌하수체 전엽에서 분비되는 성장호르몬도 세포의 활동을 촉진시키므로 대사량이 증가되며, 남성호르몬인 테스토스테론(testosterone)의 분비는 기초대사량을 상승시키며, 놀라거나 흥분으로 부신 피질호르몬[9], 인 아드레날린[10](adrenaline)이 분비되어도 기초대사량이 증가된다.

(6) 영양상태

오랫동안의 기아상태로 체중이 감소되면 기초대사가 10% 이상 감소된다. 이는 체내 세포들의 활동감소와 열량소비를 줄이려는 신체의 적응현상이다.

(7) 임신

임신기간 동안 기초대사량이 15% 정도 증가하는데 이는 모체 및 태아, 태반의 활동증가로 인한 것이다.

8) 티록신 : 아미노산의 일종인 티로신으로부터 만들어지는 요오드로 포함한 갑상선 호르몬
9) 피질호르몬 : 부신피질에서 합성분비되는 호르몬의 총칭
10) 아드레날린 : 에피네프린이라고도 하며, 간이나 근육에서 글리코겐의 분해를 촉진하며 혈당치를 상승시킴

(8) 체온

발열로 체온이 높아지면 기초대사도 증가하는데 보통 1℃증가하는데 13% 증가한다.

(9) 체구성 성분

근육조직은 지방조직보다 대사작용이 활발하므로 근육조직을 많이 축적될수록 기초대사량이 높다. 따라서 근육이 발달된 운동선수들은 보통사람보다 높은 대사량을 가진다.

(10) 수면

잠자는 정도에 따라 차이가 있지만 일반적으로 잠잘 때는 기초대사의 10%가 감소한다. 이는 근육이 이완되고 자율신경의 활동이 감소하기 때문이다.

(11) 기타

카페인이나 흡연은 대사량을 높인다.

4 휴식대사량 RMR : rest metabolic rate

휴식대사량은 쾌적한 생활환경에서 휴식하고 있을 때의 상태로 정상적인 신체기능을 유지하고, 체내 항상성을 유지하며, 자율신경계의 활동을 위하여 최소로 필요한 에너지양으로 이는 근육대사 활동에 기인하는 것으로 근육량에 비례한다. 휴식 대사량은 보통 식사 후 여러 시간이 지난 후에 편안한 환경에서 조용하게 앉아 있거나 누워있는 상태에서 측정한다.

휴식대사량은 하루 필요한 총 에너지 중에서 차지하는 비율이 가장 커서 하루 에너지 소비량의 60~75%를 차지한다고 본다. 이와 비슷한 개념으로 기초대사율(Basal Metabolic Rate)이 있다. 일반적으로 기초대사량이 휴식대사량보다 값이 작지만 그 차이가 적으므로 거의 같은 뜻으로 사용되고 있다.

5 활동대사량[11)]

신체활동에 따른 에너지 소비량은 사람에 따라 많은 차이가 있으며, 또 일일간에도 상당히 많은 차이가 나타나는 것으로 보고되고 있다. 활동량이 적은 사람은 활동에너지 소비량이 기초대사량의 절반에도 미치지 못하는 반면, 활동량이 많은 일부 노동자 또는 운동선수의 경우 기초대사량의 2배 이상을 활동에너지로 소비하기도 한다. 활동의 정도는 총에너지 소비량(TEE: Total Energy Expenditure)을 기초대사량으로 나눈 값, 즉 신체활동수준(PAL: Physical Activity Level, TEE/BEE)에 근거하여 비활동적(sedentary), 저활동적(low active), 활동적(active), 매우 활동적(very active)의 4단계로 구분하고 있다.

- **신체활동 수준(PAL)이 1.0이상 1.4미만인 경우** ; 비활동적
- **신체활동 수준(PAL)이 1.4이상 1.6미만인 경우** ; 저활동적
- **신체활동 수준(PAL)이 1.6이상 1.9미만인 경우** ; 활동적
- **신체활동 수준(PAL)이 1.9이상 2.5미만인 경우** ; 매우 활동적

비활동적 수준으로 주로 입원환자 등 활동이 제한된 사람들의 활동 수준에 해당하며, 여가 시간을 활용하여 적극적으로, 규칙적으로 운동을 수행하지 않는 일반 사무직 종사자들은 대부분 저활동적 수준에 해당한다. 활동 수준별 일상생활 패턴 및 1일 활동 시간 구성을 표 6-5에 제시하였으며, 휴식 및 여가활동, 저강도, 중강도, 고강도 활동별 해당 활동의 예를 표 6-6에 제시하였다.

[표 6-5] 신체활동 수준별 일상생활 패턴 및 1일 활동 구성

신체활동 수준		저활동적 1.50*(1.40~1.60)	활동적 1.75*(1.60~1.90)	매우활동적 2.00*(1.90~2.20)
일상생활		대부분의 시간을 앉아서 하는 경제 활동으로 보냄	주로 앉아서 보내지만 서서 하는 작업, 통근, 물건구입, 가사, 가벼운 운동 등 포함	주로 서서 하는 작업 종사, 또는 운동 등 활발한 여가활동
1일 활동구성 (시간/일)	수면(1.0*)	8	7~8	7
	휴식 및 여가활동 (1.5:1.1~1.9*)	13~14	11~12	10
	저강도 활동 (2.5:2.0~2.9*)	1~2	3	3~4
	중강도 활동 (4.5:3.0~5.9*)	1	2	3
	고강도 활동 (7.0:6.0이상*)	0	0	0~1

*신체활동 수준(PAL)

11) 활동대사량 : 운동이나 노동 등 신체활동에 의해 항진된 에너지대사

[표 6-6] 활동 수준별 신체활동의 예

신체활동수준	활동 예
1.0	수면
휴식, 여가 활동 :1.1~1.9	옆으로 눕기, 앉아서 책읽기, 서예, TV 시청, 대화, 요리, 식사, 세면, 배변, 바느질, 재봉틀, 꽃꽂이, 다도, 카드놀이, 악기연주, 운전, 서류정리, 워드작업, 사무용 기기 사용 등
저강도 활동 :2.0~2.9	지하철/버스 서서 탑승, 쇼핑, 산책, 세탁(세탁기 사용), 청소(청소기 사용) 등
중강도 활동 :3.0~5.9	정원 손질, 보통속도 걷기, 목욕, 자전거 타기, 아기 업고 보행, 게이트볼, 캐치볼, 골프, 가벼운 댄스, 하이킹(평지), 계단 오르기, 이불 널고 걷기, 체조 등
고강도 활동 :6.0 이상	근력 트레이닝, 에어로빅, 노 젓기, 조깅, 테니스, 배드민턴, 배구, 스키, 축구, 스케이트, 수영, 달리기 등

6 식이성 발열효과[12] TEF : Thermic Effect of Food

식품이용을 위한 에너지소모량 혹은 식품 특이동적 작용(SDA, specific dynamic action)이라고 불리운다. 음식을 섭취한 직후 체내의 에너지 대사율이 증가한다. 이는 체내에 들어온 영양소들이 에너지를 이용하여 소화, 흡수, 저장, 다른 영양소로 전환, 대사되기 때문이다.

식이성 발열효과는 식품섭취에 따른 영양소의 소화와 흡수, 이동, 대사, 저장 및 이 과정에서의 자율신경계 활동 증진 등에 기인한다. 식품섭취 후 나타나는 에너지 소비량 증가분(기초대사량 초과분)을 식품의 에너지 함량으로 나눈 것을 식이성 발열효과로 지칭하며, 식이성 발열효과는 영양소별로 차이가 있다.

우리가 식사를 할 때 몸이 더워지고 땀이 나는 것을 경험하는데 이를 식품의 특이동적 작용이라고도 한다. 섭취된 영양소의 종류와 양에 따라 소모되는 에너지도 다르다. 지방은 흡수, 분해, 저장과정이 비교적 쉽게 이루어지기 때문에 에너지 영양소 가운데 가장 적은 0~5%에 불과하며, 탄수화물은 5~10%, 단백질은 식이성 발열효과가 20~30%로 가장 많다. 단백질의 많은 식이성 발열효과는 단백질 소화 분해 산물인 아미노산의 흡수, 아미노산의 체단백 합성, 아민기의 요소 합성, 포도당 신생합성 등과 같은 복잡한 대사과정에 기인한다. 일상적으로 섭취하는 에너지 영양소 구성비율을 기준으로 식이성 발열효과는 10%정도로 생각한다. 알코올 발열효과는 20%로 탄수화물의 2배 가량 되며, 단백질보다 적은 양이다.

12) 식이성 발열효과 : 식품의 소화, 흡수, 대사, 이동, 저장을 위해 필요한 에너지를 말한다

7 1일 필요한 총 에너지 소요량[13]의 계산

1일 필요한 총 에너지 소요량 = 기초대사량 − 수면시 대사저하로 인한 열량(10%)
+ 활동대사량 + 식품이용을 위한 에너지

1일 필요한 총에너지 소요량 계산 예

22세 여대생으로 체중이 50 kg, 키는 160 cm이다. 보통 활동을 하는 경우 1일 필요한 에너지를 구해보면 다음과 같다.

1. 기초대사량 : 1040Kcal(①)
   (1) 기초대사량 : 0.9×50×24=1.080kcal
   (2) 수면에 의한 공제(10%): 0.1×50×8=40Kcal
2. 활동 대사량: 1.040×0.75=780Kcal②)
3. 식품의 이용을 위한 에너지:
   (①+②)×0.1(1.040+780)×0.1=182Kcal(③)
4. 1일 필요한 총 에너지:

13) 총 에너지 소요량 : 식품 이용을 위한 열량 소모량, 신체 활동에 소모되는 열량, 체온 조절, 새로운 조직의 합성과 우유의 생산에 사용되는 에너지 등의 기초 열량 소모량의 합계

04 에너지 균형

1 에너지 영양섭취기준

에너지 영양섭취기준은 모든 연령층에 평균필요량에 해당하는 에너지필요추정량(EER: Estimated Energy Requirements)을 제시하고 권장섭취량과 상한섭취량이 설정되지 않았다(표 6-7).

필요량을 초과하여 섭취한 여분의 에너지는 체지방으로 축적되어 비만을 초래하고, 비만은 각종 질병의 직접 또는 간접 원인이 되기 때문에 에너지는 권장섭취량을 정하지 않았으며 상한섭취량도 설정하지 않았다. 에너지필요추정량은 성인의 경우 에너지 소비량(Total Energy Expenditure: TEE)으로 규정하며, 영유아, 아동 및 청소년은 에너지 소비량에 성장에 소요되는 에너지를 추가하여 산정하였다.

[그림 6-4] 에너지 소비와 에너지 섭취균형

[표 6-7] 한국인의 1일 에너지 영양섭취기준

연령			에너지필요추정량(kcal/일)
영아	0~5(개월)		550
	6~11		700
유아	1~2(세)		1,000
	3~5		1,400
남자	6~8(세)		1,600
	9~11		1,900
	12~14		2,400
	15~19		2,700
	20~29		2,600
	30~49		2,400
	50~64		2,200
	65~74		2,000
	75~이상		2,000
여자	6~8(세)		1,500
	9~11		1,700
	12~14		2,000
	15~19		2,000
	20~29		2,100
	30~49		1,900
	50~64		1,800
	65~74		1,600
	75 이상		1,600
	임신부	1기	+0
		2기	+340
		3기	+450
	수유부		+320

자료 : 한국영양학회 · 보건복지부, 한국인 영양섭취기준, 개정판 2010.

우리나라도 이중표시수분방법에 의거한 에너지 필요량 산출 공식을 적용하여 에너지 섭취기준량을 설정하게 되었다.

성인의 에너지필요추정량은 총에너지 소비량(TEE: Total Energy Expenditure)이다. 성인 남녀의 에너지필요추정량 산출공식을 다음에 제시하였다.

한국 성인의 신체활동 수준은 운동선수와 특수 노동자를 제외한 부분의 사람들이 PAL 1.60 미만의 저활동적 상태로 보고되었다(표 6-8).

[표 6-8] 한국 성인의 직업별 활동계수

직업	전체	남	여
대학생	1.50	1.52	1.50
전문직 종사자	1.56	1.56	1.58
사무직 종사자	1.58	1.56	1.59
숙련공	2.02	2.01	2.04
비숙련공	2.70	2.73	2.64

따라서 우리나라 성인 남녀의 에너지필요추정량은 남녀 각각 저활동적 수준에 해당하는 신체계수인 1.11과 1.12를 적용하여 산출하였다.

그리고 성인은 20~29세, 30~49세 및 50~64세의 3개 연령군으로, 65세 이상은 노인군으로 하였는데, 이는 다만 이들 연령군 사람들의 체격, 즉 신장과 체중의 차이에 근거한 분류일 뿐 성인 및 노인 연령군 모두 동일한 공식을 적용하여 에너지필요추정량을 산출하였다.

30세 성인 남녀의 신체활동 수준별 에너지필요추정량을 정상 체중의 최저 범위(BMI, 18.5)와 최대 범위(BMI, 24.9)로 구분하여 각각 표 6-9와 표 6-10에 제시하였다.

[표 6-9] 30세 성인 남자의 신체활동 수준별 에너지필요량

신장	신체활동수준	체중		에너지필요추정량	
		BMI 18.5	BMI 24.9	BMI 18.5	BMI 24.9
160	비활동적 저활동적 활동적 매우 활동적	47.4	64.0	1,993 2,171 2,397 2,769	2,257 2,464 2,727 3,160
165	비활동적 저활동적 활동적 매우 활동적	50.4	68.0	2,068 2,254 2,490 2,880	2,349 2,566 2,842 3,296
170	비활동적 저활동적 활동적 매우 활동적	53.5	72.2	2,114 2,338 2,586 2,992	2,442 2,670 2,959 3,434
175	비활동적 저활동적 활동적 매우 활동적	56.7	76.5	2,222 2,425 2,683 3,108	2,538 2,776 3,078 3,576
180	비활동적 저활동적 활동적 매우 활동적	59.9	81.0	2,301 2,513 2,782 3,225	2,635 2,884 3,200 3,720

[표 6-10] 30세 성인 여자의 신체활동수준별 에너지 필요추정량

신장	신체활동수준	체중		에너지필요추정량	
		BMI 18.5	BMI 24.9	BMI 18.5	BMI 24.9
160	비활동적	41.6	56.2	1,625	1,762
	저활동적			1,803	1,956
	활동적			2,025	2,198
	매우 활동적			2,291	2,489
165	비활동적	44.4	60.0	1,688	1,834
	저활동적			1,873	2,037
	활동적			3,104	2,290
	매우 활동적			2,382	2,593
170	비활동적	47.4	64.0	1,752	1,907
	저활동적			1,944	2,118
	활동적			2,185	2,385
	매우 활동적			2,474	2,699
175	비활동적	50.4	68.0	1,876	1,982
	저활동적			2,016	2,202
	활동적			2,267	2,407
	매우 활동적			2,567	2,807
180	비활동적	53.5	72.2	1,881	2,057
	저활동적			2,090	2,286
	활동적			2,350	2,573
	매우 활동적			2,662	2,917

05 비 만

1 에너지섭취 과잉

바람직한 에너지의 섭취는 필요한 만큼의 에너지만 섭취하는 것이다. 필요한 양보다 많이 섭취되면 많이 섭취된 에너지가 지방으로 바뀌어 체내에 저장되어 체중이 증가하게 되고, 소모되는 에너지가 섭취된 에너지보다 많으면 체중이 감소하게 된다. 정상적인 체중은 건강의 척도로서 비만과 저체중은 여러 가지로 신체에 영향을 미치게 된다. 충분한 에너지의 섭취가 되지 못하면 원기가 부족하게 되고 따라서 활동량이 감소되며, 병에 대한 저항력도 낮아져 질병에 쉽게 걸린다. 또한 성장기 어린이의 경우는 성장이 제대로 되지 않으며 심한 경우에는 마라스무스라는 질병이 오게 된다.

에너지를 과잉으로 섭취하면 정상보다 많은 지방이 체내에 축적되므로 비만을 불러일으킨다. 일반적으로 남자는 체중의 15%, 여자는 25~30%가량이 지방으로 되어 있다. 비만은 우선 행동이 둔해지고 고혈압, 관상심장질환, 동맥경화증, 당뇨병, 암과 같은 성인병을 초래하여 평균 수명을 단축시킨다.

2 비만을 판정하는 방법

비만은 체지방이 증가된 상태로 그 평가기준은 여러 가지가 있으나 요즈음은 체질량지수[14](body mass index, BMI)로 하는데 키와 체중으로 계산한다. 표 6-11에 보는 바와 같이 나이에 따라 이상적인 BMI지수가 다르다.

① 체지방 측정방법

② 체지방 분포 측정

14) BMI body mass index : 체질량 지수

3 비만과 관련된 질병

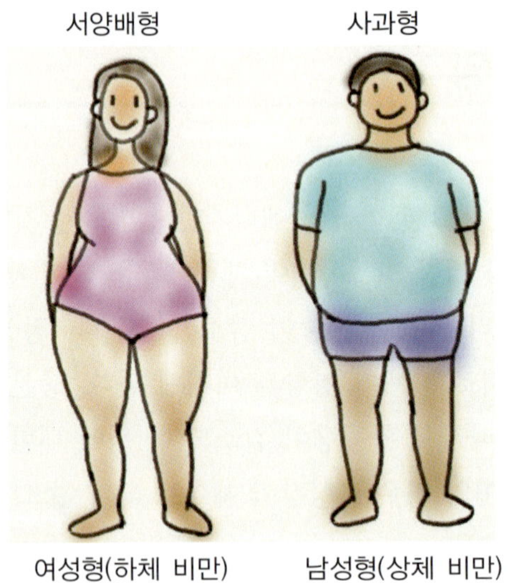

[그림 6-5] 비만

[표 6-11] BMI 공식과 연령별 이상적인 BMI 지수

BMI = 체중(kg)/신장^2 (m^2)
BMI 25이상　비만
　　20~25　정상, 20이하　저체중

연령	BMI(kg/m^2)
19~24	19~24
25~34	20~25
35~44	21~26
45~54	22~27
55~64	24~29

에너지의 불균형으로 인한 체중을 조절하기 위해서는 에너지 섭취와 에너지 소비를 균형있게 조절을 하여야 한다. 최근 우리나라에서도 비만의 인구가 날로 증가하는 추세이며, 비만에 따른 성인병의 발병률도 상당히 높아지고 있다. 특히 초등학교의 어린이들의 비만이 증가추세로 앞으로의 국민건강에 주의를 요하고 있다. 표 6-14는 100kcal를 함유하고 있는 식품들이다.

표 6-12와 표 6-13은 활동별 80kcal를 소비하는데 걸리는 시간과 식사량과 운동량을 비교하여 나타낸 것이다. 많은 에너지를 섭취한다고 해도 활동으로 섭취된 에너지를 모두 소비하면 체중에는 변함이 없는 것이다.

[표 6-12] 80kcal를 소모하는데 필요한 운동의 종류 및 시간

운동의 종류	80kcal를 소비하는데 필요한 시간	소비에너지량(140kcal)
산책 (60m/분)	30분	80
빠르게 걷기(80m/분)	20분	80
조깅 (조깅이나 걸으며 100m/분 이상	15분	80
골프	1라운드	80*4
스키	60분	80*2
스케이트	60분	80*2
볼링	3게임	80
야구 (투수, 포수외	1시합	80*4
캐치볼	15분	80
제자리 뛰기	15분	80
계단 오르내리기	15분	80
탁구	15분	80
배드민턴	15분	80
사이클링	3시간	80*7
하이킹	3시간	80*7
달리기(120m/분)	10분	80
평영	10분	80
테니스(싱글)	10분	80

[표 6-13] 식사량과 운동량의 비교표

식사량	운동량
쌀 밥 140g(1공기) = 200kcal	달리기 20분
떡종류60g(1개) = 140kcal	테니스 23분
면 류(스파게티) 100g(작은 1 접시) = 360kcal	줄넘기 43분
만 두 70g(1개) = 200kcal	골프연습 52분
아이스크림 80g(1개) = 140kcal	배구 34분
즉석라면 100g(1개) = 470kcal	탁구 85분
맥 주 630cc(1병) = 180kcal	자전거 36분
정 주 140cc(1병) = 140kcal	체조 28분

[표 6-14] 100kcal를 함유하고 있는 식품

식품명	중량(g)	목측량
밥	70	1/3 공기
쇠고기	80	탁구공크기 2개
치즈	30	1과 1/2쪽
토마토	500	중간크기2개
고구마	80	중간크기1/2개
감자	130	중간크기 1개
우유	160	3/4컵
바나나	120	보통크기 1개
사과(후지)	200	중간크기 1개
귤	200	중간크기 2개
딸기	400	보통크기 25알
포도	160	30알
감	160	중간크기 1개
파인애플 통조림	160	2쪽
토마토	500	중간크기 2개
참외	240	중간크기 1개
과즙음료	160	약 1컵
과즙첨가음료	160	약 1컵
우유	160	3/4컵
치즈	30	1 1/2컵
요구르트	130	2 병
아이스크림	70	1scoop(브라보콘 1개)
고형요구르트	100	1통(요플레, 요거트 1통)
고구마	80	중간크기1/2개
감자	130	중간크기 1개
비스켓	20	에이스 6개, 다이제스티브 2개 건빵 10개
웨하스	20	6개
새우깡	20	40개
감자	20	20장
콘후레이크	20	약 2/3대접
팝콘	20	약 1대접
초콜렛	20	1/3개
사탕	26	6개
건포도식빵	40	1쪽
샌드위치식빵	40	2/3쪽
팥빵	30	1/2개
소보로빵	30	1/2개
카스테라	24	
핫도그	24	1/2개

4 체중과다와 체중과소

1 에너지 균형

에너지 균형이란 섭취한 에너지와 소모된 에너지와의 관계를 나타내는 것이다.

❶ 체중은 우리 몸의 에너지 균형 상태를 나타내는 척도, 체중이 항상 일정하게 유지되면 우리 몸의 에너지 상태가 평형을 이룬다는 것을 뜻한다.

섭취에너지 = 소모에너지	체중이 유지됨
섭취에너지 < 소모에너지	체중이 감소됨
섭취에너지 > 소모에너지	체중이 증가됨

❷ 섭취 에너지는 우리가 식품을 섭취하여 얻는 에너지이며 소모 에너지는 우리 몸을 유지하는 데에 쓰인 에너지와 신체 활동이나 운동 등에 쓰인 에너지이다. 신체 활동에 쓰이는 에너지는 신체 활동량에 따라 다르며 개인의 신체 활동량도 매일 같을 수는 없고 각 사람마다 활동 여하에 따라 에너지 소모량은 달라진다.

그러므로 에너지 평형은 개인마다 다르며, 또한 개인도 매일 같을 수는 없다. 체중은 이 에너지 평형을 반영하는 것이므로 우리는 체중을 지표로 삼아 에너지 상태를 알 수 있고 또한 에너지의 균형을 조절함으로서 체중을 조절할 수 있다.

2 체중과다와 체중과소의 판단

❶ 건강유지를 가장 중요하게 고려하여 자신의 몸무게는 몇 kg이 가장 적당한 지를 나타낸 것을 표준체중이라 하며, 표준체중은 다음과 같이 구한다.

표준체중: (신장 − 100) × 0.9

❷ 표준체중은 사람이 질병에 걸리지 않고, 오래 잘 살 수 있는 체중으로 이를 바탕으로 각자의 비만도를 다음과 같은 방법으로 판정한다.

$$\frac{\text{비만도(\%)}-\text{현재체중(kg)}}{\text{표준체중(kg)}} \times 100$$

79% 이하	심한 체중부족
80 ~ 89%	약간 체중부족
90 ~ 109%	정상
110 ~ 119%	체중과다
130% 이상	심한 비만

❸ 신체중량지수(BMI: Body Mass Index)란 체중과 신장으로 쉽게 구할 수 있는 비만도 측정에 유용한 자표로 다음과 같이 구할 수 있다. 단, 노인의 경우에는 약간의 과체중이 오히려 건강에 도움이 될 수 있다.

$$\frac{\text{체질량지수(BMI)} = \text{체중(kg)}}{\text{신장}(m^2)} \times 100$$

16 이하	극심한 저체중
17 ~ 19	저체중
20 ~ 24	정상
25 ~ 29	과체중
30 이상	비만

3 체중과다와 체중과소의 문제점

체중과다와 체중과소는 여러 가지 건강상의 문제를 일으킬 수 있다.

① 체중과다의 문제점

- 체중과다는 미용상의 문제뿐만 아니라 건강을 위협할 수 있다. 특히 체지방의 과잉 축적에 의한 체중과다는 고혈압, 당뇨병, 심장질환 등에 걸릴 위험을 증가시킨다. 직장암, 결장암, 유방암 등에 걸릴 위험 또한 커진다. 과도한 체중으로 무릎 관절 등에 무리가 가 관절염이 생기기 쉬우며 담석증, 호흡곤란 증상을 나타낼 수도 있다.
- 체중과다는 우울증 등 정신적인 문제의 원인이 되기도 한다. 마른 체형을 선호하는 사회적 분위기와 대중매체의 발달은 비만한 사람에게 좌절감, 소외감을 느끼게 하며 이러한 영향은 여성과 청소년에서 특히 크게 나타난다.

② 체중과소의 문제점

- 에너지의 섭취부족으로 체중 감소가 지속되면 체지방뿐만 아니라 근육 단백질이 손실된다. 특히 어린이의 경우는 신체적, 지적 성장이 느려지고 그 영향은 영구적일 수도 있다.
- 영양소 부족으로 철 결핍성 빈혈, 골다공증이 생기고 심하면 월경이 없거나 이가 빠지기도

한다. 백혈구가 감소되고 질병에 대한 저항력이 떨어져 질병에 쉽게 감염된다. 상처가 쉽게 낫지 않으며 피부가 거칠어지고 머리카락이 빠지기 쉽다.

4 음식섭취 이상 Eating disorder

① 거식증[15] Anorexia Nervosa

- 자신의 체형(Body Image)을 실제보다 훨씬 뚱뚱하다고 생각하고 계속 먹기를 거부하여, 영양부족은 물론 종래에는 굶어 죽는 수도 있다.
- 근육상실, 호르몬 변화, 뼈의 골절, 여성의 생리 중지, 심장이상, 면역기능 감소, 빈혈 등이 나타난다. 거식증 환자는 대개 전해질 이상으로 인한 심장마비로 사망하게 된다.

② 신경성 대식증[16] Bulimia Nervosa

- 주로 사춘기나 성인초기에 발병하는 정신장애로 복통, 수면, 자발성 구토가 일어날 때까지 먹는 것을 계속하는 발작이 특징이며, 많이 먹는 것이 비정상적이라는 것을 알고 있으며, 먹는 것을 자발적으로 멈추지 못한다는 두려움과 많이 먹은 후에 오는 자기 비난과 우울한 심정을 갖는 것이 특징이 있다.
- 보통 정상적인 식사나 단식이 교대로 나타나며, 겉보기에는 정상적인 경우가 많아 대식증을 일으킬 때는 최고 10,000kcal까지 섭취하며, 대부분 섬유소가 없고 지방이 많은 탄수화물을 섭취한다. 전해질 이상, 식도염증, 심장이상, 면역력 감소 등이 따르게 된다.

음식섭취 이상(Eating Disorder)을 예방하기 위한 생활 수칙

- 식사지침에서 권장한 횟수아래까지 식품을 제한하지 말라.
- 먹는 횟수를 늘여라, 자주 먹어야 너무 배가 고파서 아무거나 먹는 것을 피할 수 있다.
- 표준체중을 기준으로 하여 적절한 체중을 목표로 하라.
- 체중이 많더라도 목표체중에 도달할 때까지 충분한 기간을 가져라(1주일에 0.5kg 이상씩 체중을 감소하는 것은 위험)
- 체중유지에 관심 있는 사람끼리 모임을 만들어라.

15) 거식증 Anorexia Nervosa
16) 신경성 대식증 Bulimia Bervosa

제 7 장

비타민

1. 지용성비타민의 성질을 안다.
2. 지용성비타민의 구조, 대사, 기능, 결핍증을 학습한다.
3. 수용성비타민의 특성을 설명하고, 결핍시 나타나는 질병에 대해 설명한다.
4. 수용성비타민 B군과 C의 구조, 대사, 기능, 결핍증 등과 조효소 형태를 설명한다.
5. 항산화기능을 하는 비타민을 설명한다.
6. 비타민C가 피부의 콜라겐 합성에 중요한 이유를 설명한다.

비타민이란?

비타민은 음식이나 다른 급원으로 반드시 공급되어야 하는 필수 물질이다. 소량으로 성장, 재생산, 건강에 필요한 신체 기능 들을 유지하고 조절한다. 세포 안에서 특수한 대사기능을 하기 위하여 신체에서 매우 소량이지만 필수물질이다. 대부분의 비타민은 조효소의 역할로서 동물의 정상성장, 신체유지, 생식에 극미량이 필요하나 비타민 자체가 에너지를 발생하거나 세포의 구성물질은 아니다.

또한, 비타민은 식품 속에 적은 양이 들어 있고 신체 내에서는 합성되지 않으므로 반드시 식품을 공급받아야한다. 새로운 비타민이 계속 발견되고 있으며 이들의 과학적, 생리적, 임상적인 면에서 연구가 계속되고 있다.

현재는 암, 순환기계 질환, 당뇨병 등의 생활습관병 등에 대한 비타민 작용기전이 주목되고 노령자를 대상으로 한 비타민 대사 연구와 가령이나 노화기전에 대한 비타민 작용 등의 연구가 진행되고 있다.

현재까지 알려져 있는 비타민은 지용성이 4개, 수용성이 11개로 모두 합하여 15종류의 비타민이 있다. 각 비타민은 독자적인 기능을 소유하고 있으나 용해도에 따라 지용성 비타민과 수용성 비타민으로 구별된다.

자연계에는 비타민류의 화학구조가 유사하며, 또 영양학적으로 대단히 중요한 두 그룹의 물질이 존재하는 데 한 그룹은 비타민 전구체라 하고, 또 한 그룹은 항비타민이라 한다. 길항하는 물질은 항비타민의 체내 흡수를 방해하여 비타민 결핍을 초래하게 된다. 또한, 비타민 자체와 결합하여 이것을 무효로 하는 것과 비타민을 파괴함으로써 그 작용을 상실시키는 항비타민 물질이 있다.

비타민의 일반적 기능

- 번식, 시력, 골격형성 등의 고유한 생리 현상을 지배한다.
- 조효소[1]의 구성성분으로 당질 대사 및 에너지 대사에 관여한다.
- 여러 영양소의 효율적인 이용에 관여한다.
- 피부병, 빈혈, 신경증 등의 질병을 예방한다.
- 일부는 항산화제[2]로 이용된다.

1) 조효소 coenzme : 어떤 종의 효소에 결합하여 그 효소가 기능을 활발히 하도록 도와주는 유기분자
2) 항산화제 antioxident : 활성 산소를 제거할 수 있는 물질로 산화에 의한 손상을 줄여 준다.

1 지용성비타민

지용성 비타민 A, D, E, K는 모두 지용성이란 공통점으로 인해 같은 종류로 분류되지만 체내에서의 생물학적 기능은 서로 다른 것이 특징이다.

[표 7-1] 지용성과 수용성 비타민의 일반적인 성질

성 질	지용성	수용성
용해도	지방과 유기용매에 용해되고, 물에는 불용이다.	수용성으로 지방에는 불용이다.
흡수와 이송	지방과 함께 흡수되며 임파계를 통하여 이송된다.	당질, 아미노산과 함께 소화되고 문맥으로 흡수된다.
방 출	담즙을 통하여 체외로 매우 서서히 방출(좀처럼 방출되지 않음)된다.	소변을 통하여 빠르게 배설한다.
저 장	간이나 지방조식에 저장된다.	신체는 스펀지같이 일정한 양을 흡수하면 초과량은 배설하고 저장하지 않는다.
공 급	필요량을 매일 공급할 필요성은 없다.	필요량을 매일 절대적으로 공급하여야 한다.
전구체	존재한다.	존재하지 않는다.
조리 동안 손실	산화를 통하여 약간 손실이 일어나나 조리하는 물 안에 용해되지 않는다.	조리시 물에 용해되어 손실이 크다.

[표 7-2] 비타민의 발견과 종류

분 류	종 류	화 학 명	발견(연대)
지용성 비타민류	비타민 A	retinol	
		axerophthol	1931
	Provitamin A	carotenoids	
	비타민D	calciferol	
	Provitamin D	ergosterol	
		7-dehydrocholesterdl	1936
	비타민 E	tocopherdl	
	비타민 K	Phylloquinone	1924
		menadione	1935

1 비타민 A

최근 피부질환, 피부노화 방지나 특정 암의 치료에 효능이 있다는 보고가 있어 비타민 A에 관심이 높아졌다. 식품 중에는 비타민 A와 비타민 A의 전구체[3]의 두형태로 존재한다. 대부분의 식품에는 체내에서 이용할 수 있는 형태로 존재하는 레티놀[4](retinol)과 다른 형태로는 레티

3) **전구체** : 일련의 대사반응에서 어느 특정한 물질보다 앞단계에 있는 물질
4) **레티놀** retinol

날[5](retinal), 레티노익산[6](retinoic acid)이 있다. 이 중에서 레티노산은 체내에서 레티놀로 전환될 수 없다.

대부분 식물성 물질에 존재하는 카로티노이드[7]는 비타민 A와 구조적으로 유사하다. 이들 중 약 50가지는 체내에서 레티놀로 전환되어 비타민 A의 기능을 할 수 있다. 이러한 비타민 A의 전구체들 중에 가장 중요한 것은 β–carotene이다.

인체에서 여러 가지 식품으로부터 이 provitamin A를 흡수하는 정도는 섭취량의 1/3정도이다. 비타민 A는 레티놀과 레티닐 에스테르 및 비타민 A 활성을 지닌 카로티노이드를 총칭한다. 레티놀과 레티닐 에스테르는 주로 동물성 식품에 존재하며, 카로티노이드는 식물성 식품에 존재하는데 식물성 식품에 존재하는 카로티노이드 600여종 중 몇 가지만이 체내에서 레티놀로 전환된다.

비타민 A와 전구체들은 지방과 유기 용매에 녹고, 열, 산 알칼리에 안정하나, 공기나 광선(특히, 자외선)에서는 불안정하여 쉽게 분해된다. 특히 산화에는 약하므로 건조나 탈수시에 상당량 파괴되나, 일상의 조리온도에는 안정하므로 음식을 조리 할 때는 거의 손실이 없다. 저온에는 장시간 가열하는 것이 고온에서 단시간 가열보다 비타민 A가 더 많이 파괴된다. 그러나 통조림과 냉동을 할 때에 비타민 A의 손실은 적다.

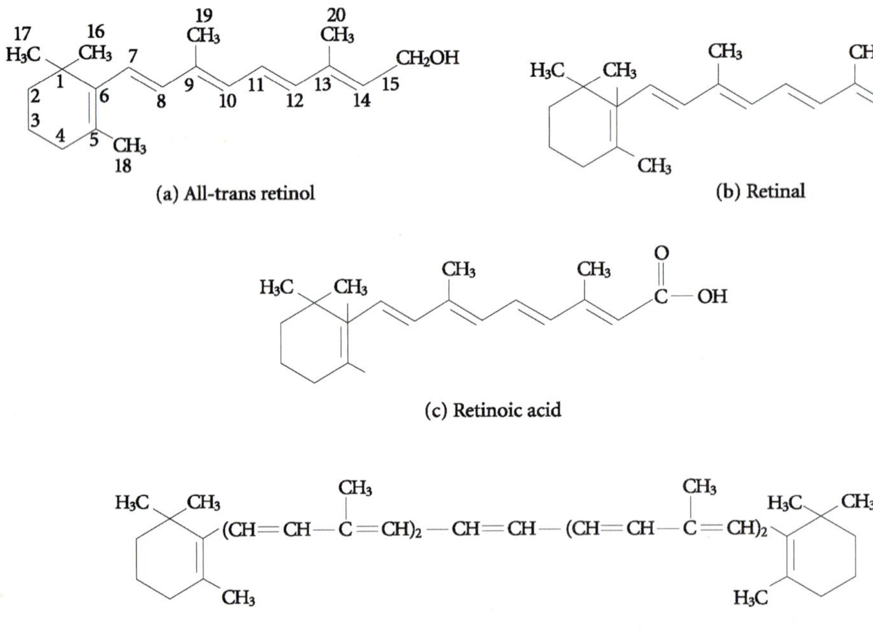

(a) All-trans retinol

(b) Retinal

(c) Retinoic acid

(d) β-carotene

[그림 7–1] 비타민 A의 화학구조식

5) 레티날 retinal

6) 레티노익산 retinoic acid

7) 카로티노이드 carotenoid : 당근의 황색색소인 β–carotene을 기본골격으로 하는 탄소수 40의 탄화수소 및 그 산화물

(1) 흡수 및 대사

비타민 A와 프로비타민 A(카로틴)는 소장에서 흡수되는데, 이때 지방과 담즙에 의해 흡수가 촉진된다. 비타민 A는 카로틴보다 빨리 흡수된다. 특히 카로틴 흡수에는 지방과 담즙이 반드시 필요하다. 흡수된 비타민 A는 임파관을 통해 혈중으로 들어간다. 혈액 중의 비타민 A는 대부분 유리형이고, 간장 중에는 대부분 에스테르형으로 존재하므로 비타민 A의 에스테르화는 장관이나 상피조직[8]에서 일어난다고 알려져 있다.

혈중의 비타민 A 에스테르는 거의 모두 간(약 90%)으로 들어가 저장된다. 나머지는 레티놀결합 단백질[9]로 결합되고, 혈액을 통해서 각 조직에 운반되며, 주로 각막, 피부, 점막 등 상피조직의 단백질과 결합되어 조직을 안전하게 유지한다. 또한 성장촉진, 생명유지, 당단백질과 당지질 생합성, 세포증식, 분화억제, 면역 유지 등에 영향을 준다.

카로틴은 지방조직에 저장되므로 일시에 다량의 카로틴을 섭취하게 되면 피부가 황색으로 변하는 베타-카로틴혈증이 일어난다. 이때 카로틴의 섭취를 줄이면 황색은 없어진다.

비타민 A의 체내 저장량은 출생 시에 가장 적고 나이에 따라 점차 증가된다. 간의 저장량은 섭취량과 흡수량에 달려있다. 보통 건강인의 간 비타민 함량은 1g당 200~400IU정도이고, 정상인의 간에는 600,000IU의 비타민A를 저장한 능력이 있으며, 이 양은 4개월간의 필요량을 공급할 수 있다. 비타민 A는 장을 통하여 대변으로 배설되며 일부는 신장에 의해 배설되기도 한다.

(2) 기능

① 시각용

비타민 A는 retina(망막)에서 단백질 부분인 옵신과 결합하여 시각과정에 있어서 광학적으로 빛을 민감하게 느끼게 하는 물질인 로돕신이 된다. 따라서 비타민 A의 섭취가 부족하게 되면 밝고 어두움에 따라 보게 되는 시각의 적응속도가 정상인보다 매우 느려지는데 이를 야맹증[10]이라고 한다. 즉 어두운 곳에서 시력을 유지하는 역할을 한다.

척추동물 눈의 뒤쪽에 있는 망막에는 빛에 반응하는 두 종류의 세포가 있는데, 이 중에서 간상세포(rods)는 낮은 강도의 빛에 예민하여 침침한 광선 중에서 볼 수 있게 하는 것이며, 원추세포(cones)는 높은 강도의 빛에 예민하여 밝은 광선 중에서 불 수 있게 하면서 동시에 색상을 구분하는 기능을 한다. 두 종류의 세포들은 모두 레티날과 옵신[11](opsin)이라고 하는 단백질 분자로 구성된 색소 물질을 함유하고 있다. 간상세포[12]에 들어있는 색소물질은 로돕신(rhodopsin) 또는 시홍(visual purple)이라고 하며, 원추세포[13]에 들어있는 색소물질은 시홍소

8) 상피조직 epithelial tissue : 신체를 구성하는 조직의 모든 유리표면을 덮고 있는 조직
9) 레티놀결합 단백질 : 비타민 A를 간에서 다른 조직으로 이동시키기 위해 필요한 단백질
10) 베타카로틴 all-trans β-carotene : 어두운 곳에서 사물을 단지 식별하는 능력의 소실 또는 감소되는 증상
11) 옵신 opsin
12) 간상세포 rod cell
13) 원추세포 cone cell

(visual violet)라고 한다.

② 상피조직의 보호작용

비타민 A는 세포분화에 관여하며, 세포핵에 직접적으로 작용하고, 유전자 표현에 영향을 미치는데 이는 세포에서 DNA와 최종적으로 단백질 합성의 형태와 양에 영향을 미친다. 점액분비세포와 뮤코다당류의 합성에서도 비타민 A가 필요하다. 따라서 비타민 A가 부족하면 점액분비 저하로 각막의 상피세포, 피부 장점막 등에 각질화가 생긴다.

상피조직은 신체의 외부층으로 각막과 점막뿐 아니라 후각기관, 소화기관, 요 생식계, 피부의 내막을 포함한다. 여기에는 피부의 표면층과 소화기관, 호흡기관, 생식기관, 내분비기관, 눈 등의 점막 표면층이 포함된다. 비타민 A는 이들 조직을 유지하는데 필수적으로 요구될 뿐만 아니라 점막세포에 의하여 점액이 정상적으로 분비되도록 한다. 이 점액은 박테리아나 위산과 같은 해로운 물질이 상피조직으로 침투되어 들어가는 것을 막는 기능을 한다. 따라서 비타민 A가 결핍되면 부드럽고 축축했던 상피세포들은 점차 단단하고 건조한 각화성 조직으로 변하게 되며, 각화가 점점 진행되면서 점액과 기타 다른 분비물들의 분비기능이 상실되어 박테리아의 침입을 받기 쉽게 된다.

또한, 비타민 A는 생체막[14](membrane)조직의 구조와 기능을 조절하는 역할을 한다. 그 예로서 세포내 리소좀의 막에 비타민 A가 적절하게 함유되어 있으면 이막은 온전하게 유지된다. 리소좀은 세포의 노폐물과 죽은 세포를 파괴시키는 가수분해 효소와 소화 효소를 함유하고 있는데, 비타민 A 결핍상태에서는 이 효소들이 리소좀으로부터 새어나오는데 이들은 체세포들을 손상시킬 수도 있다. 체내의 비타민 A가 결핍되면 점액분비 저하로 각막연화증이 일어나 상피조직이 비정상적으로 거칠어진다. 이와 같이 눈에 나타나는 비타민 A의 심한 결핍증상을 안구건조증이라고 한다.

③ 항암 작용

카로티노이드의 불충분한 섭취는 암을 초래한다. 카로티노이드의 다량섭취는 폐암에 걸릴 위험을 낮추는 것과 관련되는데, 이러한 기전은 확실하지는 않지만 항산화제로서 역할을 할 수 있는 것과 관련이 있다. 레티놀의 항산화 작용이 암에 걸릴 위험률을 감소시킨다는 것은 통계적으로 상관관계가 있다. 또한 카로티노이드를 함유한 식품의 다른 요소인 식이섬유 등으로 암의 진전 방지에 영향을 미치는 것 같다.

④ 성장과의 관계

동물이 정상적으로 성장하는 데는 비타민 A가 필요하다. 비타민 A가 결핍되면 먼저 골격의 성장에 지연이 오며 이어서 연조직 장애를 일으킨다. 따라서 비타민 A가 결핍된 동물과 성장기 아동들은 제대로 성장을 하지 못한다. 그러나 성장을 뒷받침하는데 비타민 A가 어떻게 작용하

14) 생체막 membrane : 단백질과 지질로 구성되는 세포나 세포소기관 외부로 싸고있는 막

는가에 관하여는 시력과의 관계에서처럼 명확하게 알려져 있지 않다. 다만 비타민 A 결핍으로 성장이 멈추는 것은 식욕감퇴가 원인일 수 있다고 생각될 뿐이다. 성장기 아동에게서 비타민 A가 결핍되면 뼈의 성장이 저하되거나 멈출 수 있으며, 이때에 중추신경계의 기계적 손상이 나타날 수 있다. 따라서 초래되는 신경 증세는 마비(paralysis)로서 신경의 정상적인 기능이 상실되어 운동능력이 소실된다.

⑤ 생식기능과의 관계

비타민 A는 동물의 생식기능을 증진시키는 기능이 있다. 따라서 비타민 A가 결핍되면 동물은 생식기능이 손상된다. 비타민 A 결핍은 스테로이드 합성에 필요한 효소를 감소시킴으로써 프로게스테론[15](progesterone)을 비롯한 성호르몬의 생성을 저하시키는 기능이 있다고 보인다. 또한 비타민 A가 결핍되면 생식선[16](sex glands)의 세포들이 변화하여 부신조직이 쇠퇴되는 경향을 보인다.

(3) 권장섭취량

과거에는 국제단위인 IU(international unit)로 나타냈으나, 1967년 FAO/WHO는 비타민 A의 활성도 표시로 retinol equivalent(RE)를 사용하도록 결정하였다. 우리나라에서는 1985년 이후에 RE를 사용하였으며, 식품의 비타민 A값은 다음과 같이 계산할 수 있다. 한국인의 비타민 A의 권장량은 레티놀 당량으로 나타내어 성인 남자 750RE, 성인 여자 650RE, 임산부는 720RE, 수유부는 1,140RE로 정하였다.

$$\text{식품의 비타민 A값(RE)} = \mu g \quad \text{retinol} + \frac{\beta-\text{carotene}, \ \mu g}{6} + \text{기타}\frac{\text{provitamins}, \mu g}{12}$$

(4) 급원식품

비타민 A는 동물성 식품인 버터, 간유, 동물의 간, 난황, 우유, 기름진 생선과 녹황색이 짙은 식물성 식품인 시금치, 당근, 호박, 풋고추, 무우청, 감, 토마토, 복숭아, 살구 및 김 등에 많이 함유되어 있다.

(5) 결핍증

비타민 A 결핍증의 초기증상으로는 식욕감퇴, 성장정지, 그리고 모든 조직의 감염에 대한 저항력 저하 등이 나타난다.

비타민 A가 약간 부족할 때에는 모낭의 각화증과 야맹증이 나타나며, 결핍이 오랫동안 계속되어 심하게 되면 피부가 마르고 눈의 망막에 파열현상이 일어나는 비톳반점과 함께 안구건조

15) **프로게스테론** progesterone : 난소에서 분비되는 여성호르몬으로 황체호르몬이라 함
16) **성호르몬** : 생식세포, 정자나 난자를 만들어내는 기관

증[17], 각화연화증에 걸린다. 이는 영양상태가 나쁜 개발 국가의 어린이에서 흔히 볼 수 있다.

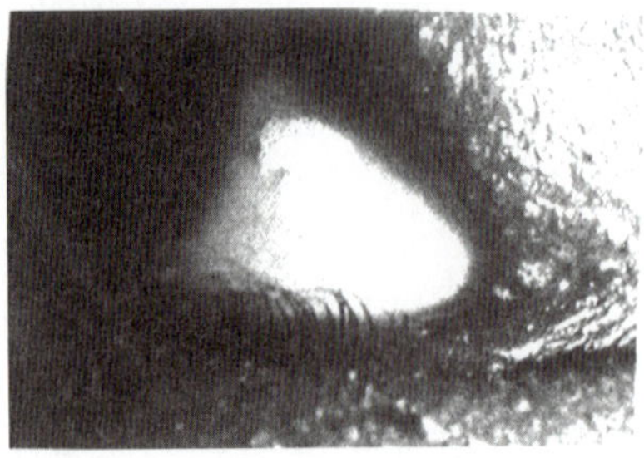

Bitot's 점

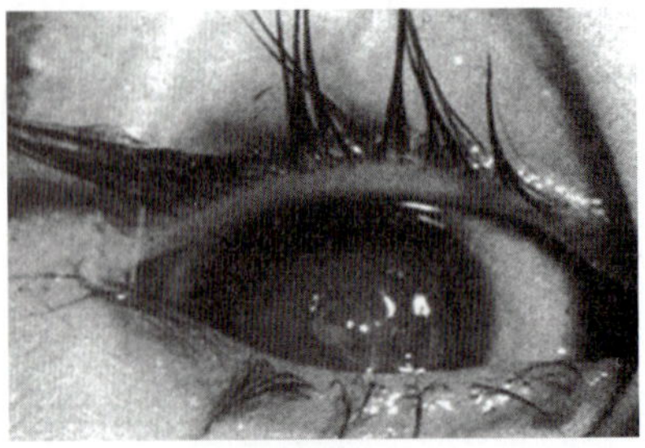

각막연화증

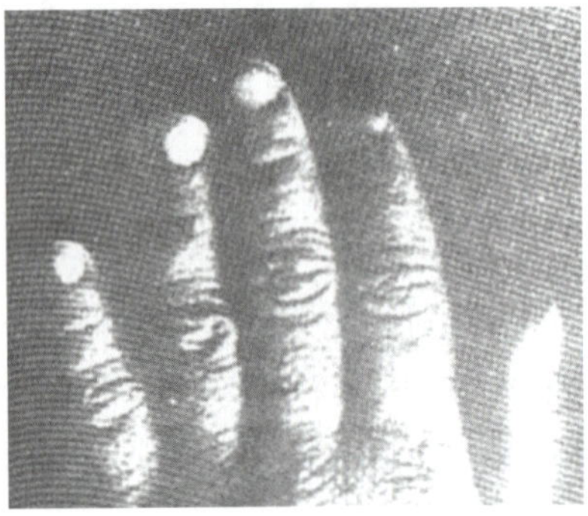

손의 각화증

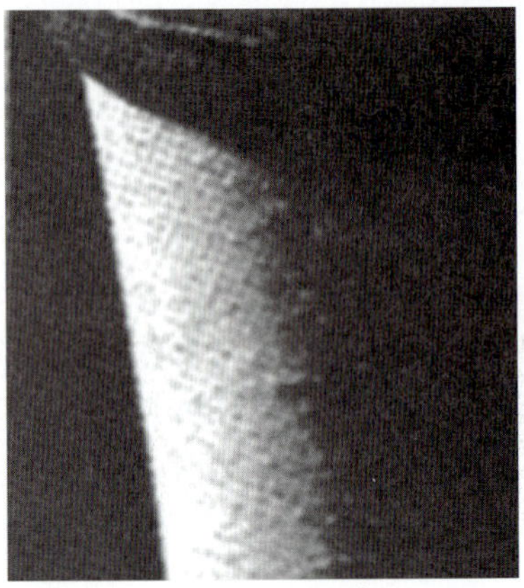

다리의 각화증

[그림 7-2] 비타민 A의 결핍증

(6) 과잉증

과잉섭취(1일 50,000IU 이상)시 독성증상이 나타나는데, 피부의 병변(가려움증과 두드러기)이 일어나고 머리카락이 빠지며, 결국은 간과 뼈에 손상이 온다.

2 비타민 D calciferol

비타민 D는 체내에서 생성될 수 있는 비타민으로 영양적으로 중요한 D_2와 D_3가 있다. 비타민 D_2는 맥각과 효모에서 발견되는 provitamin D_2로서 자외선의 조사에 의해 형성되며 이 조사에 의해 생산되는 것은 칼시페롤로 알려져 있다. 비타민 D_3는 생선간유와 인간피부에서 얻을 수 있다. 프로비타민 D_3[18]은 햇빛 또는 자외선에 피부가 노출되었을 때 형성되어 간과 신장에서 활성형으로 변한다.

17) 안구건조증 : 비타민 A의 결핍으로 인해 눈의 점액 생성이 잘 되지 않아 각막과 결막 등이 건조해지는 현상
18) D_3 cholecalciferol : 비타민 D의 불활성 식이형태

비타민 D는 무색침상의 결정이며 열에 안전하나 알칼리에서는 불안정하여 쉽게 분해되며 산성에서는 서서히 분해된다.

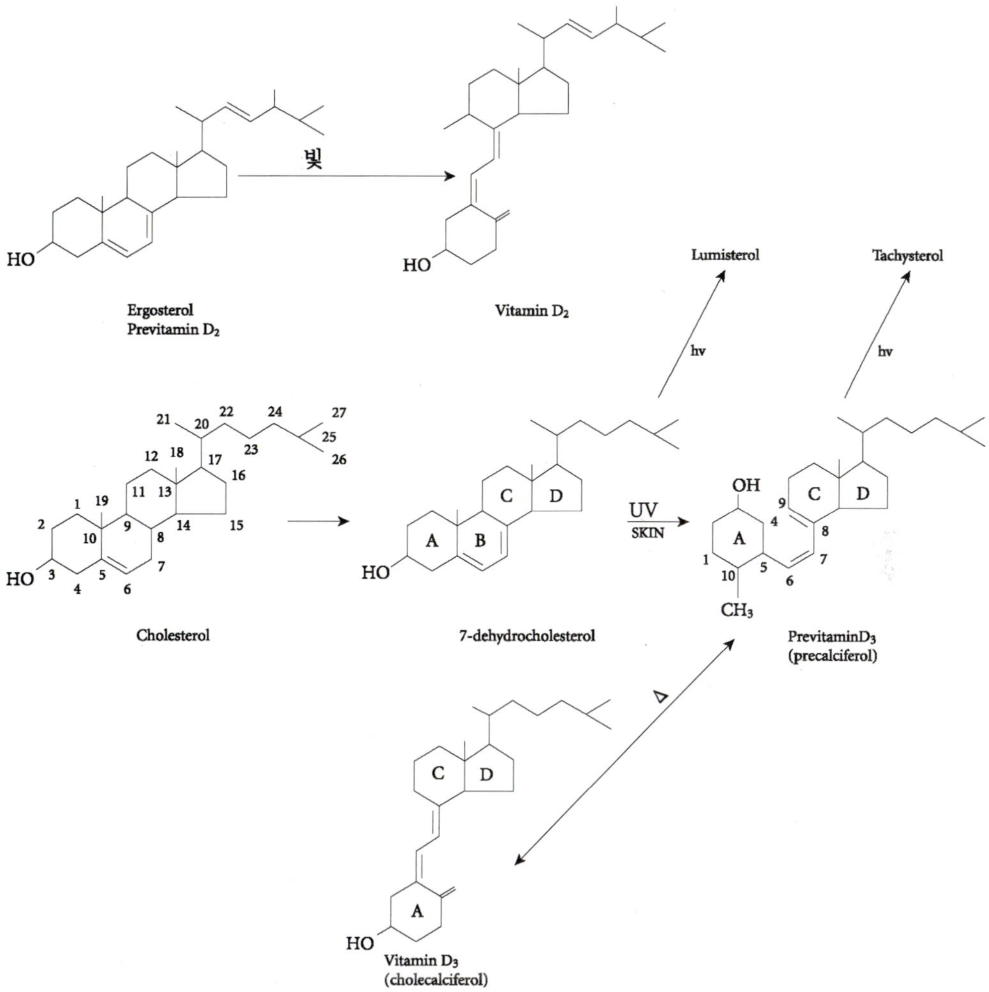

[그림 7-3]

(1) 흡수와 대사

비타민 D는 자외선을 쬐었을 때, 피부에서 합성하여 얻을 수 있다. 섭취된 비타민 D는 소장에서 흡수되며 지방과 담즙의 도움을 받는다. 흡수된 비타민 D는 림프관을 통하여 혈중으로 들어가고 주로 간에 저장되며 피부, 뇌, 비장 및 뼈에도 소량 저장된다.

(2) 기능

① 칼슘과 인산염의 흡수 촉진

비타민 D는 장의 상피세포에서 칼슘 이온의 운반에 필요한 단백질(calcium-binding protein, CaBP)의 생합성을 촉진시키는 것으로 알려져 있으며, CaBP이 많이 형성될 때 칼슘의 흡수는 증가된다고 한다. 식사를 통해 섭취한 인의 흡수도 비타민 D에 의하여 비슷한 양상으로 증가된다. 비타민 D의 작용으로 장에서 이들 두 무기질의 흡수가 증가되면 결국 혈청의 칼슘과 인산염의 농도가 높아져서 골격의 정상적인 석회화가 이루어지도록 한다.

비타민 D는 간과 신장에서 활성화된 후에 체내에서 호르몬으로 역할을 한다. 이 호르몬은 신장을 자극하여 1,25DHCC를 생산하도록 하며, 이것이 공급되는 소장에서의 Ca 흡수가 상승되거나 뼈에서 Ca이 분리되어 혈청 Ca량이 높아진다. 즉, 체내에서 Ca 항상성과 장에서 Ca과 인의 흡수율을 높이고, Ca을 소변 중에 배설시키거나 필요하면 뼈의 Ca을 동원해서 Ca량의 유지를 돕는다. 이러한 작용들은 혈액내 Ca과 인의 양을 일정수준으로 유지시켜 정상적인 신경과 근육의 활동성을 위해 필요하다.

② 뼈 흡수의 촉진

비타민 D는 골격 칼슘의 방출을 증가시킴으로써 혈청의 칼슘과 동시에 인산염의 농도를 적절한 수준으로 유지시킨다. 혈청의 칼슘 또는 인산염의 농도가 떨어지게 되면 부갑상선이 반응하여 부갑상선 호르몬(PTH)이 분비되는데 이 호르몬은 신장의 히드록시화 효소를 자극하여 25-OH-비타민 D가 1,25-$(OH)_2$-비타민 D로 전환되도록 돕는 기능을 한다. 이러한 방법으로 체내 작용이 가장 강력한 비타민 D의 활성 대사물질이 필요한 만큼 만들어짐으로써 골격으로부터 혈액으로 칼슘과 인산염이 방출되는 것을 촉진하며 동시에 장과 신장에서의 대사 촉진 기능을 하게 된다. 일단 혈청 Ca량이 정상치에 도달하면 PTH의 생산이 중지되며, 동시에 신장에서 활성 비타민 D의 형성도 이루어지지 않는다. 이와 같이 1,25 DHCC의 형성은 직접적으로 PTH에 의해 조절되고, 간접적으로는 혈청 Ca량에 의해 조절된다. 혈청 인도 1,25 DHCC의 생산을 조절한다. 혈청 P량이 낮을 때에는 직접 1,25 DHCC의 합성을 촉진시킨다. 1,25 DHCC은 장에서 인의 흡수를 증가시키고 PTH가 없을 때는 신세뇨관으로부터 인의 재흡수를 증가시킨다. 또 혈청 P량이 높을 때나 요독증과 같은 장애가 있을 때는 1,25 DHCC의 생성이 저해되어 결국은 장에서의 Ca의 흡수도 낮아진다.

③ 신장에 의한 칼슘과 인산염의 재흡수 촉진

비타민 D는 신장에서 칼슘과 인산염이 재흡수되는 것을 도움으로써 이들을 체내에 보유한다. 특히 인산염이 소변으로 배설되는 것을 감소시키는 비타민 D의 기능이 중요하다. 혈액 내에 칼슘과 함께 인산염의 농도가 적절하게 유지되는 일은 골격의 석회화 과정을 위하여 필수적이다.

④ 비타민 D의 전구체와 태양광선

동물조직 내의 대부분의 비타민 D는 체표면에 태양광선이 쪼임으로써 생성된다. 즉 사람의 피부에는 7-디히드로콜레스테롤[19]이라고 하는 스테롤물질이 함유되어 있는데, 여기에 자외선이 닿으면 비타민 D_3로 전환된다. 이 때에 비타민 D_3로 전환시키는 자외선의 효과는 피부에 닿는 자외선의 강도에 따라 달라진다. 즉 계절과 거주 위치에 따라 자외선의 강도가 다르며 체모, 창문의 유리 또는 연기, 안개, 먼지 등 대기오염과 입고 있는 의복은 자외선을 흡수한다. 피부색

19) **7-디히드로콜레스테롤** : 피부에 존재하며 비타민 D의 전구로 작용하는 콜레스테롤 화합물

에 따라서 흑인은 백인에 비하여 자외선의 투과율이 떨어진다. 태양광선을 얼마나 쬐어야 사람이 하루에 필요로 하는 비타민 D를 합성할 수 있겠는가하여 1962년 이것을 실험한 게일러(Gaylor)는 양 손등을 정오에 햇볕에서 1시간 쪼이면 하루에 필요한 비타민 D가 생성된다고 하였다.

(3) 단위와 충분섭취량

비타민 D는 국제단위를 사용하며(1 IU = 0.025μg 비타민 D_3), 한국인의 비타민 D 충분섭취량은 영아부터 성인 49세 까지는 5μg을 권장하고 있으며, 50~75세 이상까지는 10μg을 권장한다. 그러나 겨울철 실내에서 사는 사람, 야근하는 사람 등 직접 햇빛을 받지 못하는 사람은 반드시 비타민 D를 식사에서 보충하여 섭취해야 하며, 임신부와 수유부는 5μg 추가 섭취를 권장하고 있다.

(4) 급원식품

비타민 D는 식품에서 쉽게 얻어질 수 없으므로 우유 등에 비타민 D를 강화하여 성장기 어린이들에게 보급함이 필요하다.

다른 주요급원으로는 비타민 D가 강화된 마가린, 버터, 달걀노른자, 강화된 우유로 만들어진 제품, 버섯 등이 있다. 대구 간유는 유력한 급원식품이나 독성이 있으므로 섭취량 조절 및 가열조리가 필요하다. 비타민 D는 보통 조리법이나 가열처리, 저장에 안정하다.

(5) 결핍증

체내에 일정기간 이상 비타민 D가 부족하게 되면, 뼈의 석회화가 충분히 일어나지 않기 때문에 뼈가 연해지고 변형되기 쉽다. 이러한 현상이 어린이에게 일어나면 구루병[20]이라고 하는데, 이 질병의 특징은 골단비대가 생기고 골격의 비정상적인 발달로 다리가 휘어지는 안짱다리 또는 밭장다리 또는 흉곽의 모양이 변하는 새가슴, 비둘기 가슴이 된다.

성인에게 비타민 D 결핍증은 골연화증[21](osteomalacia), 골다공증[22](osteoporosis)이 있다. 골연화증은 성인의 구루병으로 이미 형성된 뼈의 탈무기화가 일어나서 뼈가 연해지면 골절되기 쉽다. 골다공증은 폐경이후의 부인에게 나타나는 뼈 질환으로 뼈가 비정상적으로 다공성이 되면 구멍이 확대되고 간격이 비정상적으로 되며 쉽게 골절이 된다.

(6) 과잉증

모든 비타민 중 가장 큰 독성이 있다. 유아에게는 하루에 2000IU만큼의 적은 양의 비타민 D라

20) 구루병 rickets : 비타민 D 결핍으로 골격이 정상적인 칼슘의 축적이 부족하여 뼈가 물러지고 칼슘과 인의 대사가 손상됨
21) 골연화증 osteomalacia : 구루병, 통통, 압통, 근무력, 식욕부진 및 체중감소로 수반. 비타민 D와 칼슘결핍이 원인
22) 골다공증 osteoporosis : 뼈의 병적 희박으로 뼈의 변형 및 병적골절을 수반하는 경우가 있다.

할지라도 일주일 안에 독성이 나타난다. 성인에게는 75,000IU 이상 복용하면 독성이 나타나는데, 증상은 식욕저하, 갈증과 피로가 오며 갈증, 오심, 구토, 설사가 따르며 혈청 Ca치를 높이고 연조직에 Ca을 침착시키고 간과 심장혈관에 회복될 수 없는 손상을 가져온다. 특히 신장조직은 쉽게 Ca화 되는 경향이 있어 사구체 여과의 배설기능에 영향이 미쳐 결국에는 치명적이 된다.

3 비타민 E tocopherol

비타민 E를 토코페롤이라고 한다. 그 어원은 'tocos'가 그리스어로 자녀출산, 'pheros'는 동사로 힘을 부여한다는 의미이다.

비타민 E는 담황색의 점도가 있는 유상물질로 물에는 불용이지만 기름에 용해된다. 산에 가장 안정하고 산소가 없을 때 열에 안정하다. 자외선, 알칼리 그리고 산소에 의해 즉시 분해된다. 안정성을 가진 천연 α-토코페롤을 동물사료, 식품, 비타민제와 여러 가지 의약품에 첨가하기도 한다.

Compound	Structure			Relative Activity
(a)Tocopherols				

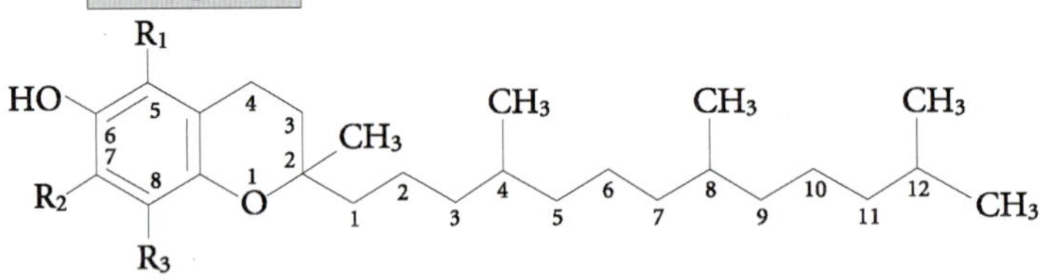

	R_1	R_2	R_3	
α-tocopherol	CH_3	CH_3	CH_3	1
β-tocopherol	CH_3	H	CH_3	0.4
γ-tocopherol	H	CH_3	CH_3	0.1 − 0.3
δ-tocopherol	H	H	CH_3	0.01

(b)Tocotrienols

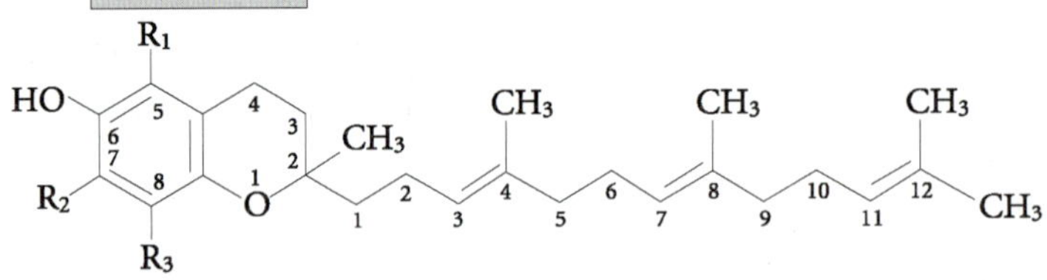

	R_1	R_2	R_3	
α-tocotrienol	CH_3	CH_3	CH_3	0.3
β-tocotrienol	CH_3	H	CH_3	? insignificant
γ-tocotrienol	H	CH_3	CH_3	? insignificant
δ-tocotrienol	H	H	CH_3	? insignificant

[그림 7-4] 비타민 E의 구조

(1) 흡수 및 대사

비타민 E는 다른 지용성비타민과 같이 지방과 담즙의 도움을 받아 소장에서 흡수된다. 일반적으로 섭취량의 20~30%가 흡수된다.

흡수된 비타민 E는 소량 저장되는데 주로 지방조직에 저장되며 배설은 퀴논으로 산화되어 주로 담즙을 통해 배설되고 적은 양이 소변으로 배설된다.

(2) 기능

비타민 E의 확실히 밝혀진 기능은 항산화제로써 작용하고, 체내 대사를 정상으로 유지하는데 큰 기능을 하는 것으로 알려졌다.

비타민 E는 다른 물질들이 산소와 결합되고 손상되는 것을 방지한다. 그 예로 비타민 E와 함께 존재하는 비타민 A는 산화로부터 보호된다. 그리고 비타민 E는 다불포화지방산(PUFA)을 산화로부터 보호한다. 이러한 항산화제로서의 작용은 식품에서 뿐만 아니라 체내의 세포막에 PUFA가 있는 부분에서도 일어난다. 한편 비타민 E는 전자운반계에서 coenzyme Q[23]를 안정화시키고 coenzyme Q로 전자를 운반함으로써 세포내 호흡에 관여하고 있다. 또한 비타민 E는 heme합성에 관여하는 효소인 δ-aminolevulinic acids synthetase(ALA synthetase)와 ALA dehydratase의 활성을 활성시켜 heme합성을 촉진시킨다. 따라서 비타민 E가결핍되면 빈혈이 생긴다.

(3) 비타민 E와 다른 영양소와의 관계

① 비타민 A

야맹증 치료와 어린이의 안구건조증 예방에서 비타민 A와 비타민 E의 혼합물을 사용하였을 때, 비타민 A로만 치료하는 것보다 치료기간이 단축되었다.

② 셀레늄

비타민 E는 세포막에서 지질로부터 과산화물 형성을 저지하며, 셀레늄은 글루타티온 과산화물 분해효소의 구성성분으로서 과산화물질을 다른 물질로 전환시키므로 세포의 파괴를 저지시켜 준다.

(4) 충분섭취량

비타민 E는 다양한 형태의 활성형이 있어, 비타민 E의 권장섭취량은 당량(equivalent)으로 정하고 있다. 1 당량은 비타민 E의 활성형으로 α-토코페롤[24] 1mg과 같다. 한국인영양섭취기준에서 청소년기부터 성인까지 남자는 12mg, 여자는 10mg로 권장하고 있으며, 수유부는 3mg을 추가로 권장한다.

비타민 E는 산화로부터 음식물에 있는 지방의 불포화결합을 보호하므로 비타민 E 필요량은 다불포화지방산(PUFA) 섭취와 관계가 있다. 즉, PUFA 섭취량이 많을수록 비타민 E의 요구량도 커지게 되어, 식이비타민 E와 PUFA의 비율을 0.6mg/g으로 권장한다.

23) coenzyme Q : 화학구조를 갖는 보조효소의 일종
24) α-토코페롤 : 비타민 E의 화학적 이름

(5) 급원식품

비타민 E는 주로 식물성 식품에서 얻어진다. 가장 풍부한 급원으로는 배아유나 면실유 같은 식물성 기름이다. 이러한 다불포화 지방을 많이 함유하고 있는 식물성 식품은 일반적으로 비타민 E 또한 많이 함유하고 있으므로 지방을 섭취하면 필요로 하는 것 보다 많은 비타민이 자동적으로 섭취된다. 이 외에도 푸른 잎의 야채와 전곡도 좋은 식품이다. 동물성 식품으로는 적은 양의 비타민 E를 함유하고 있으나 간, 심장, 신장, 우유, 계란 등은 좋은 급원이다.

(6) 결핍증

비타민 E의 결핍증상은 비타민 E가 결핍된 식이를 주었을 때 동물의 종류에 따라서 크게 다르다. 쥐실험에서는 불임증, guiner pig, 토끼 등에서 근위축증, 닭의 경우에는 중추신경장해, 원숭이는 거대적혈구성 빈혈 등이 나타난다. 사람에게 나타나는 결핍증 증상은 혈청비타민 E치 저하, 적혈구화 산화수소 용혈 항진, 빈혈, 적혈구 수명단축, 혈소판 증가, 부종, 습진 등이 있다.

(7) 과잉증

비타민 E의 과다한 섭취는 비타민 K결핍으로 인해 생긴 혈액응고 지연을 더욱 악화시킨다. 과거에 체중미달 신생아에게 비타민 E 조제액을 정맥주사한 결과 사망률이 증가되었음이 알려졌었다.

4 비타민 K menaquinone

비타민 K는 혈액응고에 필수적인 비타민이다. 비타민 K는 '응고'의 덴마크 철자인 koagulation의 'K'이며 이 비타민은 혈액응고에 필수적이다. 비타민 K가 결핍되면 혈액이 응고되는 시간이 길어지고 심하면 전혀 응고되지 않아 출혈이 멈추지 않게 된다. 비타민 K의 형태는 녹색식물계에서 합성된 필로퀴논[25](phylloquinone; 비타민 K_1)이라 하는 것과 박테리아에 의해 합성된 메나퀴논[26](menaquonone; 비타민 K_2)은 현재 상업적으로 이용되고 있다.

화학적으로 비타민 K는 퀴논(quinones)의 계열로 천연물로부터 분리된 비타민 K_1은 4개의 이소프렌 단위로 되어 있고 비타민 K_2는 이소프렌 단위로 된 곁가지를 갖고 있으나 합성비타민 K_3는 곁가지가 없다.

비타민 K는 황색의 비타민으로 지용성이고 열에 안정하며 알칼리, 강산, 산화와 빛에는 불안정하다. 메나디온[27]은 수용성으로 황색을 띄며 열에 안정하나 알칼리, 산화에 불안정하다.

25) 필로퀴논 : 식물에서 발견된 비타민 K의 형태
26) 메나퀴논 : 박테리아에 의해 합성된 비타민 K의 형태로 동물에서 발견되었다
27) 메나디온 : 비타민 K_3

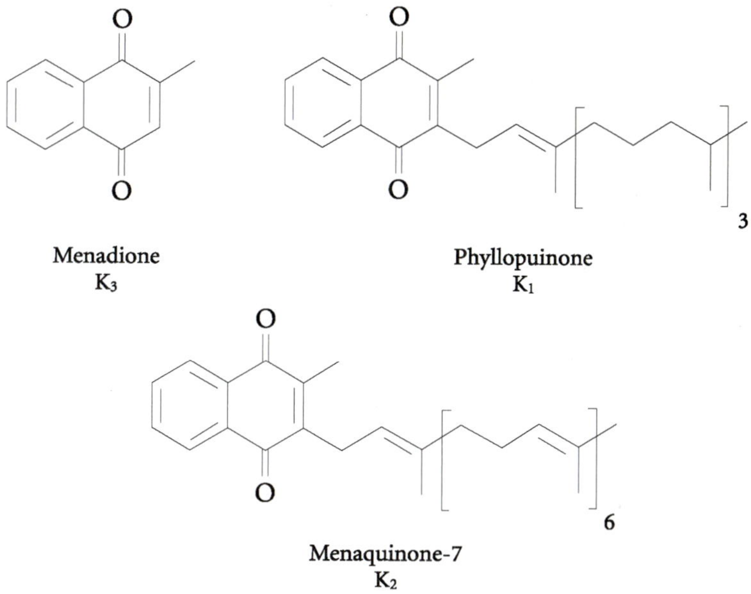

[그림 7-5] 비타민 K의 구조

(1) 흡수와 대사

비타민 K는 지용성이므로 최적흡수를 위해서 장에서 담즙 또는 담즙산이 필요하다. 반면 수용성 메나디온은 쉽게 흡수된다. 흡수는 임파관을 통해 소장 상부에서 이루어진다.

(2) 기능

비타민 K는 간에서 혈액응고인자의 합성에 필요하다. 신체가 상처를 입었을 때 비타민 K가 근본적으로 상처를 막고 심한 출혈을 방지해 준다. 사람들에게 비타민 K가 매우 결핍되었을 때 출혈이 일어나며 혈액이 응고되기까지 정상인보다 오래 걸리게 된다. 임상증상으로는 피부 아래 창상 또는 좌상으로부터 출혈이 된다.

혈액응고가 일어나기 위해서는 적어도 13개 인자가 필요한데 그 중 4가지의 인자에 비타민 K가 관여한다.

(3) 항비타민 K

혈액응고를 저해하는 항응고제[28]를 항비타민 K(비타민K 길항제)라고 한다. 이것들은 혈액응고 인자의 형성화에 있어서 비타민K의 작용을 방해하는데 작용한다. 쥐약인 와파린은 비타민 K의 대사 길항작용에 의해 혈액응고를 저해한다.

항비타민 K는 비타민 K와 화학구조는 비슷하나 프로트롬빈을 형성하는 생리적 기능이 없다. 따라서 비타민 K는 항응고제[29]의 해독제로서 사용된다.

28) **항응고제** : 혈액응고로 저해하는 물질의 총칭
29) prothrombin : 응고인자의 하나로 트롬빈의 전구물질

(4) 권장섭취량

비타민 K는 일반식사로부터 장내세균에 의해 합성되므로 성인에게는 결핍증이 거의 없다. 태어났을 때 유아는 체내에 매우 적은 양의 비타민 K를 가지고 있다. 그러한 유아가 상처를 입게 되면 빨리 응고되지 않아 출혈이 될 수 있다. 이의 보호책으로 유아가 태어난 후 바로 비타민 K를 주사하거나 짧은 기간 동안 매일 비타민 K 보충제를 먹게 할 것을 권장하고 있다.

미국에서는 성인의 경우 하루에 70~80ug의 비타민 K 섭취를 제안하고, 장내합성이 없는 영유아의 경우 5μg/kg을 권장한다.

(5) 급원식품

녹색채소(양배추, 시금치, 대두 등)와 차는 비타민 K의 주요한 공급원이다. 양은 적은 편이지만 과일, 곡류, 우유, 달걀, 고기 등도 비타민 K의 공급원으로 이용될 수 있다. 장내 세균으로부터 합성된 메나퀴논도 주요공급원이다.

(6) 결핍증

비타민 K의 결핍증 중 문제가 되는 것은 신생아(일차성) 출혈증, 유아 비타민 K 결핍성 출혈증, 완전경정맥 영양 하에 있는 환자의 비타민 K 결핍증, 항생물질을 투여 받고 있는 환자의 비타민 K 결핍증, 담즙분비 부전이 있는 환자의 비타민 K 결핍증이다.

특히 신생아는 출생시에 있어서 비타민 K 비축이 적을 경우 장내 세균층도 미숙하기 때문에 장내세균이 합성하는 K_2의 공급도 기대할 수 없다. 또 신생아는 성인에 비해 비타민 K 흡수가 잘 안되는 것과 모유 중에 함유된 비타민 K 함유량이 적을 수가 있고 출생 직후에는 수유량이 적으면 비타민 K 결핍이 될 수가 있다. 그 때문에 최근에는 출생 직후에 비타민 K를 투여해서 예방에 힘쓰고 있다.

[그림 7-6] 지용성비타민 식품

2 수용성 비타민

비타민은 동물에게 소량으로 필요한 여러 가지 형태의 유기물질로 모든 동물 세포의 정상적인 대사 작용에 필수적이다 대부분의 수용성 비타민은 효소의 보조인자 역할로서 극미량이 필요하나 비타민 자체가 에너지를 발생하거나 세포의 구성물질은 아니다.

수용성 비타민은 Funk 외의 여러 학자들이 비타민 B가 단일물질이 아니라 여러 가지 물질이 있다는 것을 밝히고 비타민 B 복합체로 부르기 시작했다.

수용성 비타민은 비타민 B 복합체와 비타민 C로 크게 나누며 비타민 B 복합체에는 티아민, 리보플라빈, 나이아신, 피리독신, 판토텐산, 비오틴, 엽산, 비타민 B_{12}, 콜린, 이노시톨, 리포산 등이 있으며 체내의 기능은 에너지 대사과정에 주효소의 보조효소로 작용한다.

수용성 비타민의 구조와 특성, 기능을 알아보고 어떤 보조효소(coenzyme)로 변해 일하는지 형태를 알아보며 어떤 반응에 관계하고, 어떤 효소를 돕는지 살핀다.

1 비타민 B_1 thiamin

비타민 B_1은 최초로 발견된 비타민으로서 혈액순환, 식욕, 소화력, 신경조직 등의 정상적인 작용을 돕는 비타민이다. 식사 중 비타민 B1이 결핍되어 나타나는 각기병[30]은 B.C. 2600년 중국인에 의해 발견되었다.

역사적으로 그 병은 주로 백미를 주식으로 하는 곳에서 발생했다. 백미는 겨와 배아가 도정과정에서 제거된 것이다.

1883년 일본의 다카키는 해병들이 도정한 쌀을 섭취하여 각기병이 유발되는 것을 알아내었으며, 1890년 동독의 의사 Eijkman은 각기병의 비밀을 푸는데 중요한 공헌을 했다. 그는 흰쌀을 새에게 사료로 주어서 관찰한 결과 인간에게서 나타나는 각기병과 비슷한 증상을 발견했다. 그는 이 새들에게 껍질을 제거하지 않은 쌀을 줌으로써 증상을 치료했다. Eijkman은 그 병이 백미를 섭취함으로써 일어나고 쌀의 도정된 부분의 어떤 알려지지 않은 물질에 의해 치료된다고 했다.

그 시대의 과학자들에게는 병이 식사 중 어떤 영양소의 결핍으로 나타난다는 생각이 결여되어 있었다. 그러나 1901년 독일의 의사인 Grijn이 각기병은 쌀의 배아에 존재하는 어떤 물질의 결핍 때문이라고 주장했다. 1911년 Funk는 쌀겨로부터 추출한 결정체를 비둘기에 먹여 다발성 신경염을 치료하여 각기병 비타민이라 하였다. 연구가들은 드디어 1927년, 쌀겨의 어떤 물질을 발견하게 되었다.

30) 각기병 beriberi : 티아민 결핍증으로 심부전증, 근육약화, 식욕부진, 부종을 수반

근래에 와서는 비타민 B_1 결핍증이 극히 드물다. 그러나 인스턴트식품만 먹는 사람들 사이에는 각기병이 발생해서 새삼스럽게 영양균형의 중요함을 환기시켜 주고 있다. 또한 심장에 결함이 있는 사람 중에도 비타민 B_1의 결핍이 인정되는 경우가 많다.

비타민 B_1은 티아민이라고 하며, 피리미딘과 티아졸 부분으로 고리가 메틸렌으로 연결된 구조이다. 수용성이며 열에 불안정하여 100℃ 이상 가열하면 파괴되고 중성이나 알칼리 용액에서 불안정하나 산성용액에서는 비교적 안정한 백색 결정체이다.

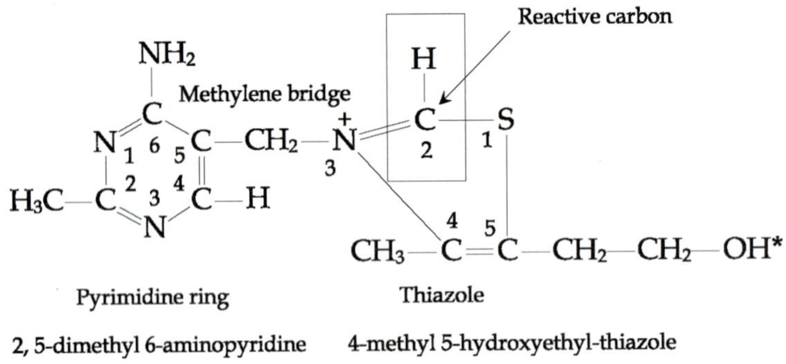

[그림 7-7] 티아민의 구조

(1) 흡수와 대사

소장 상부 공장에서 대부분 신속하게 흡수되어 간으로 이동하여 인산화되고 조효소 형태인 TPP를 형성한다. 간 외에도 심장, 신장, 뇌와 골격근에 다른 조직보다 많이 축적된다. 세포 안에서 티아민은 조효소로서 주로 당대사, 즉 α-케토산 등의 산화적 탈탄산반응이나 트랜스캐톨라제[31] 반응에 관여한다.

티아민 결핍이 1~2주일 계속되면 티아민 수준이 고갈되어 결핍증이 유발된다. 티아민 배설량은 섭취량과 상관관계가 있으나 섭취량이 적을 경우는 배설량과 상관관계가 없다.

(2) 기능

TPP형태로 α-keto acid와 α-keto 당질 대사의 보조 효소로서의 기능을 한다.
탈탄산 반응 즉 pyruvate(C_3)로부터 CO_2를 제거하여 아세틸 Co A(C_2)를 합성하는 케톨기 전이효소를 활성화하는데 적용된다. 이 외에도 신경전도에 참여하며 근육의 글리코겐을 통한 에너지 유도과정에도 필수적이다.

(3) 권장섭취량

티아민은 조효소로서 주로 당대사에 관여하여 식사 중의 당질량이 많을수록 티아민의 요구량은

31) transketolase : 2번 위치의 탄소에 케톤기를 갖고, 3번 위치의 히드록시기가 L형의 1단으로부터 탄성글라코인메히드기(CH_2O-Ca)를 떼어내고 다른 알토오스에 속하는 당의 1번 위치로 전이하는 반응을 촉매하는 효소

증가한다. 열량 1,000kcal 당 0.4mg이 적당하나 우리나라는 당질 위주의 식습관을 참조하여 1,000kcal 당 0.5mg으로 하되, 2000kcal 미만으로 섭취하는 경우도 1일 1.0mg 이하가 되지 않도록 한다.

한국인 티아민 권장섭취량은 20~29세의 성인 남자는 1일 1.2mg, 여자는 1.1mg이며, 임신부는 1.5mg, 수유부는 1.5mg이다.

또한 중노동자, 열성질환환자 등에서도 요구량이 높아진다. 이 외에도 식사습관(정제당), 질병, 알코올, 나이, 영양소(고당질식) 섭취 등과도 관련이 깊다.

(4) 급원식품

소량이지만 동·식물계에 널리 존재하고 특히, 돼지고기, 쇠간, 콩류, 땅콩, 전곡류, 종자류, 견과류, 강화곡류 등과 생선, 우유, 과일, 채소 등에도 적당량이 함유되어 있다.

(5) 결핍증

티아민의 결핍증은 식사 내의 섭취부족이거나 조직의 이용률이 증가(임신, 수유)되어 생기거나 소화흡수 장애, 알코올섭취로 발병된다.

티아민의 결핍이 장기화되면 임상적인 증상으로 소화기계, 신경계, 심장계에 나타나며 각기병, 다발성 신경염, 부종, 심장기능의 이상 등을 초래한다. 결핍증의 초기증세의 하나는 식욕상실이다. 이 외에도 가벼운 결핍증세로는 허약, 권태, 부종, 혈압저하, 체온저하이며, 심한 결핍증세로는 복부팽창, 복통, 구토 등이 있다. 이 결핍증은 심한 메스꺼움, 구토, 변비로 발전한다.

장벽에서 근육활동의 상실로 변비가 나타난다. 신경계에도 생리적으로나 신체적으로 명백한 혼란이 나타난다. 신체적 증상으로는 무릎이나 복사뼈 반사가 사라지고 근육통증과 보행 곤란이 나타나며 결국은 발뼈의 마비가 온다. 심리적 혼란에는 민감, 우울증, 건망증, 불안함, 절박한 운명의 두려움 등이 나타난다.

결핍증이 심할수록 심장계에도 이상이 나타난다. 만성결핍증은 알코올 중독, 흡수불량으로 일어난다.

▌각기병

① 쌀을 주식으로 하는 나라들에서 각기병이 주로 나타났다. 엄마가 티아민이 결핍된 모유로 키우는 아이들은 각기병의 증상인 부종이 나타난다. 각기병은 단지 도정한 곡식이나 압력 하에 증기를 가한 음식 또는 껍질이나 배아로부터 배유까지 영양물을 제거한 음식을 먹는 인디아 같은 나라에서 발생한다. 백미의 티아민을 풍부하게 만드는 것은 각기병에 있어서 중요한 문제이지만 이는 쌀을 도정하지 않거나 대중의 대부분이 티아민 강화미를 먹는 나라에서만 성공할 수 있다.
또 다른 각기병 예방법은 엄마의 식사를 티아민이 함유된 식품으로 만들어 공급하는 것이다. 각기병은 언제나 폭넓고 다양한 음식 소비의 결과로 나타나고 식사에서 백미를 줄일 때 감소된다.

알코올을 섭취하는 사람들은 알코올이 티아민 섭취를 감소시키기 때문에 각기병이 나타나고 간에서 티아민이 보조효소 형태로 되는 것을 막아 각기병이 나타난다.
또한 류머티즘 결핵환자로서 열이 나는 환자들은 보통보다 대사에 있어서 체온이 증가하기 때문에 보다 많은 티아민 섭취가 필요 된다. 대사의 증가로 인한 열량 필요량의 증가 뿐 아니라 모든 영양소가 많은 열량을 내기 위해서 필요량이 증가한다.
그 밖의 각기병이 걸리면 소변 중의 티아민 배설량이 적어지고, 적혈구 세포의 케톨기 전이 효소 활성이 감소되며, 혈액내의 피루브산량이 증가된다. 과량의 피루브산의 뇌 자극에 의해 급성 뇌 이상인 베르니케 뇌병증 등이 나타난다.

② 각기병에는 건성각기와 습성 각기가 있다. 습성각기는 다리에 부종이 나타나며 심장이 확대되고 심장 고동이 고르지 않게 되어 정맥 혈압이 높아져 부종이 생기며 주로 알코올 중독에 의하여 신경계에 이상이 생긴다. 대표적 증상인 부종(edema)이 얼굴, 발, 다리에 나타나는 경우 습성각기(wet- beriberi)라고 불렀다. 반면 건성각기는 다리의 근육이 위축, 근조직이 약해지고 통증이 수반되며 부종이 나타나지 않고 주로 노년기에 나타난다.

2 비타민 B_2 riboflavin

비타민 B_2는 좁은 뜻으로는 리보플라빈을 가리키며, 넓은 뜻으로는 FMN(플라빈모노뉴클레오티드)이나 FAD(플라빈아데닌디뉴클레오티드)[32)]를 포함한다. 즉 비타민 B_2(리보플라빈)는 생체 내에서는 거의 FMN과 FAD의 형태로 존재하며, 플라빈효소의 조효소로서 생체 내의 산화 · 환원반응에 관여하고 있는 유기화합물이다.

1913년 쥐의 성장을 촉진시키는 수용성 물질이 우유에 들어 있으며, 쥐의 성장에 필수라고 하였다. 리보플라빈은 1933년 우유로부터 순수한 형태로 추출되었다. 과학자들은 그 가루 합성물이 황녹색이라는 점을 이용해서 추출한다.

리보플라빈의 플라빈(flavin)은 라틴어로 노란색이라는 의미이며 리보플라빈은 전자를 쉽게 얻거나 잃을 수 있어 산화형이나 환원형으로 존재한다.

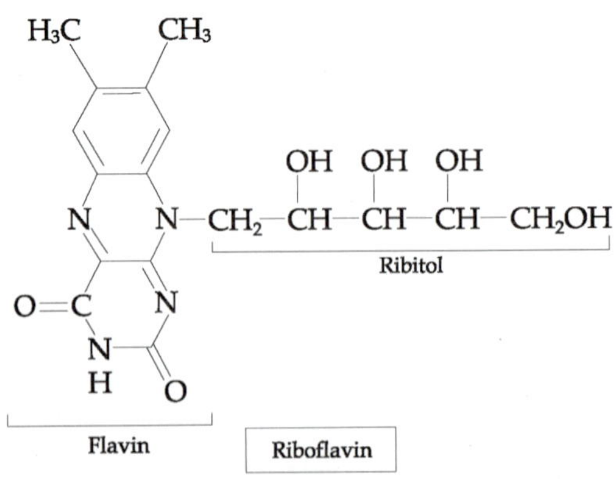

[그림 7-8] 리보플라빈의 구조

32) 플라빈아데닌디뉴클레오티드 flavin adenine, dinucleotide FAD : flavin mononucleotide의 활성 조효소

리보플라빈은 황색 결정체이며 수용액에서는 독특한 녹황색 형광을 띤다. 또한 수용액에서는 자외선 및 적외선에 극히 예민하여 곧 파괴된다. 식품을 조리하는 과정에서는 거의 파괴되지 않으나, 병에 들어있는 우유는 햇볕에 노출시키면 2시간 내에 리보플라빈 함량의 반 이상이 파괴된다. 따라서 시판되는 우유가 투명한 유리컵 보다는 불투명한 용기에 담겨져 있는 이유이다.

(1) 흡수와 대사

리보플라빈을 함유한 식품을 섭취하면 위에서 산성화되고 장에서 단백질이 분해되면서 리보플라빈이 유리되어 소장 상부에서 흡수된다. 흡수된 리보플라빈은 장 점막에서 FMN으로 인산화된 후 문맥을 거쳐 간이나 신장, 심장 등에서 FAD로 전환된다. 간과 신장에 소량의 리보플라빈이 저장되고 주로 소변을 통해 배설되며 소량은 대변으로 배설된다(200μg/일).

(2) 기능

리보플라빈은 체세포에서 당질과 지질의 에너지 대사(산화, 환원과정)에 관여하는 효소의 보조효소인 FMN(flavin mononucleotide)과 FAD(flavin adenine dinucleotide)를 형성한다. FMN과 FAD는 미토콘드리아 내의 탈수소효소[33]와 산화효소의 반응에 관여하며, 이 탈수소효소는 어떤 물질로부터 수소를 받아서 다른 물질로 운반하여 결국 열량소로부터의 수소가 산소와 결합하여 물이 되도록 하는 생체의 산화·환원 반응계에 작용하는 여러 효소들에 속한다. 그러므로 비타민 B_2는 탄수화물·지방·단백질 등 열량소의 대사에 없어서는 안되며, 만일 결핍되면 이들의 대사가 저해되어 여러 가지 신체장애를 일으킨다. 또한 단백질 대사와 건강한 피부 조직의 유지에 관련된 기능을 한다.

(3) 권장섭취량

리보플라빈은 에너지 생성과 관련이 있어 열량 1,000kcal 당 0.6mg을 권장하고 하루에 2000kcal를 섭취하지 못하는 사람들은 1일 1.2mg을 섭취할 것을 권장한다. 성인 남자는 1일 1.5mg, 성인여자는 1.2mg이며, 임신부는 전기 1.6mg, 수유부는 1.6mg 섭취하도록 권장한다.

(4) 급원식품

리보플라빈은 동식물성 식품에 널리 분포되어 있으며, 특히 간 및 효모에 많이 함유되어 있고 낙농제품, 고기, 달걀, 강화곡류, 채소에 비교적 많이 들어 있다. 우유는 리보플라빈 함량이 많은 대표적 식품이며 전곡류, 시리얼, 배아도 좋은 급원식품이다.

(5) 결핍증

리보플라빈이 결핍되면 흰쥐는 성장이 저지되고 탈모, 결막염, 피부염을 일으킨다. 사람에게서

33) 탈수소효소 dehydrogenase : 어떤 화합물로부터 수소원자를 떼어내어 팔수소반응을 촉매하는 효소의 총칭

리보플라빈이 부족하면 쉽게 눈물을 잘 흘리며 경우에 따라서 눈꺼풀이 발달하였다. 이와 더불어 입의 통증이 나타나는데, 입술에 염증이 나타나고 터지게 되며 빨갛게 된다. 이는 여러 달 동안 리보플라빈이 결핍되었을 때 나타나는데 임신, 수유기 또는 좀 더 빠른 성장기에 있는 어린이, 혹은 열병을 앓을 때, 즉 식사에서 리보플라빈이 더 필요할 때 쉽게 발생한다. 따라서 사람에게 나타나는 리보플라빈 결핍증세로는 구각염[34](cheilosis), 시력이 흐려지고, 눈이 타는 것 같이 쓰리고 아프며, 각막의 모세혈관이 팽창하여 충혈되고, 햇빛을 쬐이면 눈이 부시는 현상(광선공포증) 등이 있으며, 설염[35](glossitis)으로 혀가 자홍색으로 붉어지고 붓고 반들반들해진다.

모든 식물이나 대부분의 미생물에서는 리보플라빈이 합성되지만 고등동물에서는 합성되지 않는다. 또한 항생물질 등의 투여, 간질환이나 당뇨병일 때에도 때로는 2차성결핍증이 나타난다. 알코올, 중금속, 나이 그리고 스트레스도 리보플라빈과 관련이 있으며, 장기간 다량 투여해도 소변으로 배설되기 때문에 독성이 없다.

3 니아신 niacin

비타민의 기원에서 가장 흥미 있는 이야기 중의 하나는 펠라그라의 예방과 치료에서 니아신과 트립토판의 역할 발견이다. 펠라그라는 1730년 스페인에서 처음 Casal에 의해 알려진 이래 옥수수를 먹음으로서 나타난다고 생각되어 왔다. 우유의 섭취는 펠라그라의 예방과 치료에서 효과적이었다. 이는 niacytin이라고 불리는 니아신에 의한 것으로 보고되었다.

피리딘유도체로서 니아신 또는 비타민 B_3라고도 한다. 식물 및 대부분의 동물에서는 트립토판으로부터 합성되며 이 과정에서 비타민 B_6에서 만들어지는 조효소 피리독살인산을 필요로 한다. 니코틴산은 체내에서 니코틴산아미드가 되고 산화 · 환원반응의 조효소인 NAD(니코틴아미드아데닌디뉴클레오티드)와 NADP(니코틴아미드아데닌디뉴클레오티드인산)의 성분이 된다.

니코틴산은 무색의 침상 결정형 물질로 산, 열, 알칼리 및 산화제에 대하여 안정하다. 흰색 결정체로서 식물조직에 들어 있고, 동물조직에는 주로 니코틴아미드 상태로 들어 있다.

(1) 흡수와 대사

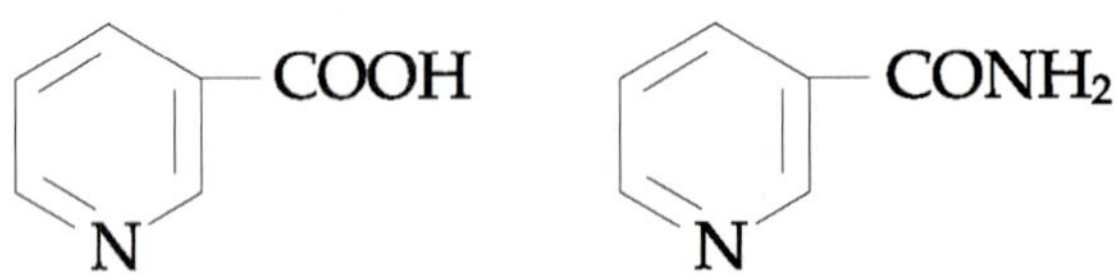

Nicotinic acid　　Nicotinamide

[그림 7-9] 니아신의 구조

---

34) 구각염 cheilosis
35) 설염 glossitis

식품에는 주로 보조효소 형태인 NAD와 NADP로 존재하며, 체내 가수분해 효소에 의하여 가수분해된 후 흡수된다.

니아신은 트립토판에서 전환된다. 트립토판이 니아신으로 전환되려면 티아민, 리보플라빈, 비타민 B_6 등이 필요하다.

니아신을 지나치게 섭취하면 소변으로 배설된다. 또한 니아신과 트립토판이 결핍되면 소변으로 배설되는 니아신도 급격히 감소한다. 세포는 트립토판을 니아신으로 전환한다. 트립토판 60mg을 섭취했을 때 니아신 1mg이 만들어진다.

(2) 기능

니아신은 니코틴산과 같은 생물활성을 가지는 비타민의 공식 명칭이다. 생체 내에서 대부분 니코틴아미드 형태로 존재하며 인산과 결합하여 탈수소 효소의 보조 효소인 NAD와 NADP는 당질, 지질, 단백질 대사과정에 중요한 역할을 한다.

세포내에서 에너지 대사과정에 관련된 두 조효소의 구성성분으로 한 가지 조효소는 근육 글리코겐이 호기적과 혐기적으로 생성하는 에너지에 의한 해당과정에서 중요한 역할을 한다. 다른 한 가지 조효소는 체내에서 지방 합성을 촉진하기 위한 지방 대사에 관련된다. 즉, 니코틴산은 모든 조직세포의 정상적인 생명현상을 유지하는 데 없어서는 안 되는 물질이다.

(3) 권장섭취량

1NE는 1mg의 니아신을 의미하며, 트립토판 60mg은 나이아신 1mg과 동등하다. 성인남자는 16mgNE, 성인여자 14mgNE이다. 약물, 질병, 알코올, 흡연, 스트레스, 외상 등이 필요량에 영향을 준다. 임신부는 18mgNE, 수유부는 19mgNE를 추가로 섭취하기 권장한다.

(4) 급원식품

땅콩류, 육류, 간(대부분의 단백질 식품), 지방이 적은 육류, 내장부위, 어류, 가금류, 전곡류, 시리얼류, 콩과류 등에 풍부하다.

(5) 결핍증

니아신의 결핍은 오직 니아신과 트립토판 모두를 적게 섭취했을 때 나타난다. 결핍증인 펠라그라[36](pellagra)의 초기증상은 식욕감소, 피로, 무기력함, 가슴앓이, 성급함, 우울증이다. 전형적인 결핍증상은 햇빛을 받는 부위에 버짐, 탈피 현상이 생기는 피부염, 설사, 우울증으로 심하면 사망에 이르게 된다. 또한 소화기관 점막의 점액이 저하되어 설사를 유발하게 되며 빈혈증이 유발된다.

36) pellagra : 나이아신의 결핍증으로 신체에 피부염증이 일어남

펠라그라의 4대 증상은 D자로 시작되는 피부염(dermatitis) · 설사(diarrhea) · 지능저하(dementia), 사망(death) 등이다. 그래서 니아신을 항펠라그라성 요인(pellagra-preventive factor: P-P factor)이라고 한다. 니코틴산아미드는 동물체 내에서 아미노산인 트립토판으로부터 합성된다. 따라서 단백질을 많이 섭취하면 결핍증이 생기지 않는다. 효모, 육류, 간, 두류에 많고 우유나 달걀에는 적으나 트립토판이 많으므로 결핍증의 예방에 유효하다.

니코틴산의 결핍증으로는 개의 흑설병[37](黑舌病)과 사람의 펠라그라 등이 있다.

4 비타민 B_6 pyridoxine

비타민 B_6의 3가지 형태가 인체 내에서 이용되는데, 피리독신(pyridoxine) · 피리독살(pyridoxal) · 피리독사민(pyridoxamine)은 1936년에 합성되고 식품으로부터 분리되었다. 식사에서 비타민 B_6의 중요성은 1950년 6주에서 6개월 사이의 유아가 제조과정에서 강한 열에 의해 비타민 B_6가 파괴된 분유를 섭취했을 때, 특이한 증상을 나타내어 증명되었다.

유아에서 보행시 장애를 나타내는 것은 비타민 B_6가 결핍된 동물과 그 증세가 비슷하다는 것이 알려졌다. 뇌의 혼란을 제지하기 위해 피리독신을 주사하면 4~5분 내에 경련을 멈춘다. 이 이야기는 식사에서 영양소의 부족이 유아에게 얼마나 큰 영향을 주는지를 보여주는 단적인 예이다.

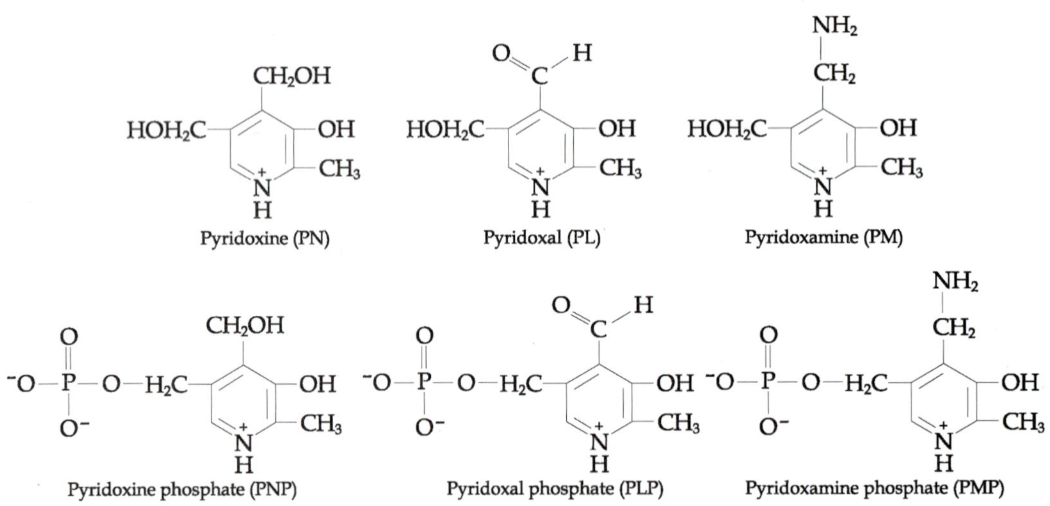

[그림 7-10] 비타민 B_6의 구조

(1) 흡수 및 대사

소장의 상부에서 잘 흡수되며 간에 높은 농도로 존재한다.

피리독살인산은 아미노기전이와 탈탄산반응의 조효소가 되고, 단백질의 대사에 중요한 역할을 하고 있다. 비타민 B_6는 장에서 쉽게 흡수되어 4-피리독신산으로서 소변으로 배설된다.

37) 흑설병 : 혀가 갈색 내지 흑색을 띠며, 혀의 실상유무가 길어진 상태

(2) 기능

체내에서 비타민 B_6는 피리독살이 한 분자의 인산과 결합한 형태인 피리독살인산으로 되어 영양소대사에 조효소로 작용한다. 특히 아미노산으로부터 다른 케토산으로의 아미노기의 전이, 황을 함유하는 아미노산으로부터 SH군의 제거, 아미노산으로부터 이산화탄소의 제거 및 아미노기의 제거 등 생체 내 반응의 효소에 대한 조효소로 아미노산과 단백질대사에 광범위하게 작용한다.

PLP로 당질, 지질, 특히 단백질 대사에 중요한 생리기능을 갖는다. 간에서의 당신생합성은 물론 근육 글리코겐의 분해에도 관여한다.

(3) 권장섭취량

성인 남자 5mg, 여자 1.4mg을 권장하고 있다. 임신부와 수유부는 2.2mg을 섭취하는 것을 권장한다.

(4) 급원식품

효모, 밀, 옥수수, 전곡류, 배아, 현미, 콩류, 감자, 바나나 등의 식물성 식품과 육류, 간, 가금류, 어류, 계란 등 동물성 단백질 식품에 풍부하게 들어 있다.

통곡식에 함유된 비타민 B_6의 많은 양이 대부분 정제과정 중 제거된다. 흰쌀은 정제과정 중에 손실된 것에 더해서 열처리과정 중 비타민 B_6가 심각할 정도로 손실된다.

(5) 결핍증

결핍증세는 니코틴산이나 비타민 B_2 결핍증세와 비슷하다. 즉, 초기에는 눈 주위, 눈썹, 입가장자리, 혀의 염증으로 시작하여 현기증, 구토, 체중감소, 정신불안, 빈혈, 신석, 경련 등의 증세로 진행된다.

사람의 경우 자연발생적으로 비타민 B_6 결핍증은 일어나지 않지만 피리독신으로부터 피리독살인산으로 활성화되는 과정에서 장애가 있으면 결핍증을 일으킨다. 예를 들면 이소니아지드(INH)나 페니실아민[38] 등의 항결핵약은 피리독신과 결합하기 때문에 장기간의 사용에 의해 결핍증을 일으키는 경우가 있으며, 신기능부전에서는 활성화에 필요한 피리독살키나아제의 반응을 저해하여 결핍증을 일으킨다. 또한 트립토판에서 니코틴산이 생기는 반응에는 피리독살인산을 필요로 하기 때문에 비타민 B_6 결핍증으로는 펠라그라가 생긴다.

비타민 B_6 결핍증에서는 특유한 증상이 없고 구역질, 구토, 식욕부진, 구각염[39], 결막염, 지루성피부염, 설염, 다발성 신경염 등을 볼 수 있는데 모두가 비타민 B_6의 투여로 완화된다. 이

38) 페니실아민 : 페니실린의 분해산물의 하나로서 페니실린의 구조결정에 중요한 역할을 함
39) 구각염 : 구각부가 창백, 습윤 또는 빨갛게 진물러 균열을 일으킨 상태

밖에 비타민 B_6 의존증이 있는데, 이것에는 신생아에게서 볼 수 있는 전신경련으로 비타민 B_6의 다량 투여에 의해서만 극적으로 없어지는 비타민 B_6 의존성 경련, 적혈구조혈계의 비타민 B_6 의존증적상태인 비타민 B_6성 빈혈, 가족성으로 보이는 트립토판대사이상인 비타민 B_6 의존성 크산투렌산뇨증[40] 등이 포함된다.

알코올 중독, 경구피임약이나 결핵치료제인 INH의 복용으로 인한 체내 비타민 B_6 효과의 감소로 결핍증이 생기는 경우도 있다.

5 비타민 B_{12} cobalamin

동물간에서 결정체의 붉은 색소를 추출하여 이를 비타민 B_{12}라고 명명하였다.

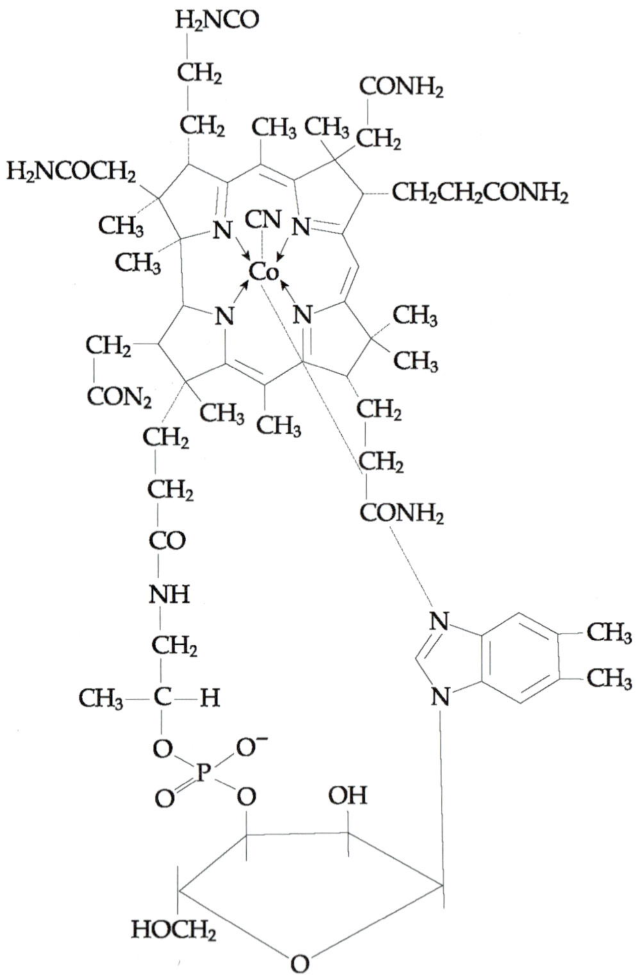

[그림 7-11] 비타민 B_{12}의 구조

40) 크산투렌산뇨증 xanthurenic acid uria : 키누레아제 결핍으로 발증하는 상염색체열성 유전병으로 추정되는 질병

(1) 흡수 및 대사

식품의 비타민 B_{12}는 다른 물질과 결합한 형태이며, 소화과정에 위산에 의해 유리된다. 유리된 비타민 B_{12}는 위에서 R-단백질[41]과 결합한다.

회장의 융모에 수용체가 있어 이 부분에 내적 인자[42] B_{12} 복합체가 부가되어 흡수되는데 이때 칼슘과 결합하여 복합체를 형성하며 비타민 B_{12}가 소장 세포 내로 흡수된다.

음식물로 섭취 또는 경구 투여된 코발아민은 위액 속의 코발아민결합뮤코단백질(내적 인자)과 결합해서 소장으로 내려가며, 주로 회장 아래 끝 부분의 점막 겉면에 있는 수용체 부위에 결합함으로써 흡수된다. 흡수된 코발아민은 내인자에서 유리되어 트랜스코발아민 Ⅱ와 결합한다. 혈액 속에서는 그 대부분이 메틸코발아민형으로 존재한다. 사람에게 코발아민은 호모시스테인을 메틸화해 메티오닌으로 하는 반응과 L-메틸말로닐조효소[43] A를 숙시닐조효소 A로 하는 반응의 조효소로서 작용한다는 것이 알려져 있다.

(2) 기능

비타민 B_{12}는 핵산이나 단백질의 합성을 비롯해서 지질이나 당질의 대사에도 관계하고 있다.

적혈구의 생성 및 악성빈혈증 조절, 신경조직의 수초합성, methylmalonate가 succinate로 전환, 메티오닌이나 단백질 합성에 관여, DNA합성에도 관여한다.

모든 체세포에 존재하는 조효소의 구성성분이며 DNA합성에 필수적인 물질로서 적혈구의 발달에 중요한 역할을 한다. 또한 신경 섬유를 보호하는 수초의 형성에 필수적이다.

(3) 권장섭취량

우리나라에서는 아직 까지는 결핍증세가 보고된바가 없어서 권장량을 설정하지 않았다.

(4) 급원식품

식물에는 거의 들어 있지 않고, 동물의 조직, 특히 간 · 신장 등 동물성 단백질 식품에 많으며 굴에도 많이 들어 있다.

(5) 결핍증

이것은 생체 내의 핵산 합성에 필요하므로 부족하면 합성이 잘 되지 않아 적혈구의 세포분열이 안 되므로 적혈구는 커지고 수는 현저하게 감소되는 거대적아구성 빈혈에 걸린다.

41) **R-단백질** : 타액선에서 분비되는 단백질로 비타민 B_{12}가 위를 통과할 때 보호해줌으로써 비타민 B_{12}의 장내 흡수를 증진시키는 기능이 있는 단백질이다.

42) **내적인자** : 위의 벽세포에서 분비되는 물질로서 비타민 B_{12}의 흡수를 증진시키는 물질이다.

43) **메탈말로닐조효소 methylcobalamin** : 항악성빈혈작용을 갖는 비타민 B12의 활성혈중 하나

식사에서 오는 결핍증은 일반적으로 드물고, 대개는 흡수장애, 수송 및 대사이상에 수반해서 생긴다. 내적 인자 결핍이 생기는 위질환, 위절제 수술 환자, 또는 유전적으로 생긴다.

6 엽산 folic acid, folacin

엽산은 4톤의 시금치에서 최초로 정제하여 식물의 잎에 들어있다는 뜻에서 엽산이라고 불렀다. 연구자들은 잎 또는 무리란 의미의 folium의 라틴말로 이름을 만들었다.

시금치 등 녹색잎으로부터 추출되었기 때문에 엽산이라고 하지만, 이 밖에 간 등에도 많고, 엽산은 사람의 빈혈 치료에 쓰인다. 예를 들면, 임신 중의 빈혈이나 소아의 대혈구성 빈혈 등의 치료제로서 유효하다.

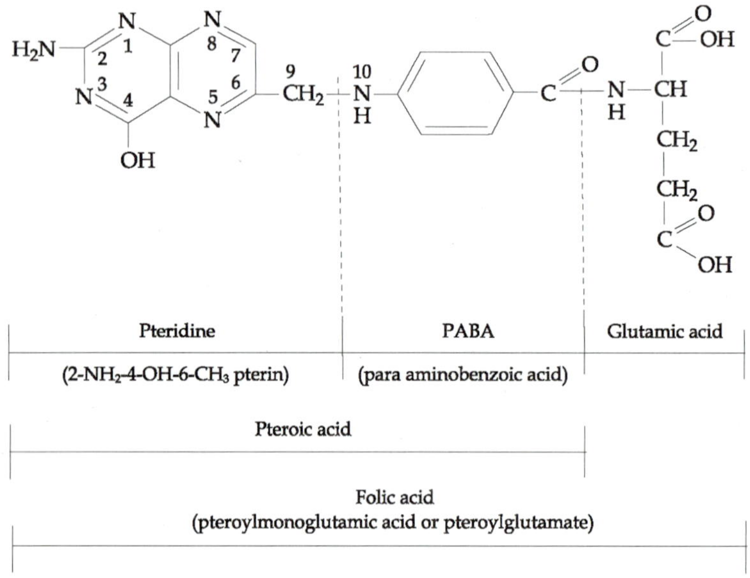

[그림 7-12] 엽산의 구조

(1) 흡수와 대사

능동적 운반에 의하여 이루어진다. 소장의 엽산접합효소에 의하여 분해된 후 공장과 회장에서 흡수된다. 담즙과 소변을 통해서 체외로 배설된다.

(2) 기능

동물의 거대적아구성 빈혈증을 치료하였고, 동물에서는 합성되지 않으며 식물에서는 7개의 글루탐산이 붙은 프테로헵타글루타메트로서 존재한다. 이것이 장내에서 6개의 글루탐산이 떨어져나가 흡수되어 환원형니코틴아미드아데닌디뉴클레오티드인산[44](NADPH)으로부터 수소를

44) 환원형니코틴아미드아데닌디뉴클레오티드인산 : 수소와 전자를 얻거나 잃게 할 수 있는 나이아신의 활성 조효소 형태

받아들여서 디히드로엽산이 된다. 생화학적으로 활성인 형은 테트라히드로엽산으로 이것은 C 대사의 조효소로서 작용한다.

단일탄소의 운반체 역할을 한다. 퓨린과 피리미딘의 형성-핵산인 DNA와 RNA의 합성에 필요, 헤모글로빈 합성, 세린과 글리신의 상호전환, 히스티딘에서 글루탐산을 생성, 메티오닌을 생성한다. DNA형성에 중요한 역할을 하는 조효소의 구성성분으로 세포분열과 성장에 특히 중요하다.

(3) 충분섭취량

성인 남녀 상한섭취량은 1000μg/일이다.
임부나 수유부의 경우는 소모량이 많으므로 다량의 엽산이 필요하다.

(4) 급원식품

간, 시금치와 같은 녹황색 채소, 콩류, 전곡류, 오렌지 주스, 바나나 등에 많다.

(5) 결핍증

활성화된 포름산이나 포름알데히드를 운반한 엽산이 결핍되면 성장저하, 혀가 붓고, 붉어지며, 거대적아구성빈혈[45](巨大赤芽球性貧血)이 생기고, 설염과 이질 등도 나타난다. 조산, 사산, 저체중아 출산, 신경관 결함, 식욕부진, 악성빈혈, 혈관질환과 암 발생과도 관련된다.

7 판토텐산 pantothenic acid, 비타민 B_5

판토텐산은 음식의 여러 곳에 골고루 분배되어 있기 때문에 그리스 말로 'everywhere (어느 곳에건)'에서 유래된 말이다. 1940년 판토텐산의 화학구조가 나타나고 1950년의 연구는 식사에서 이 영양소가 필요함을 나타냈다.

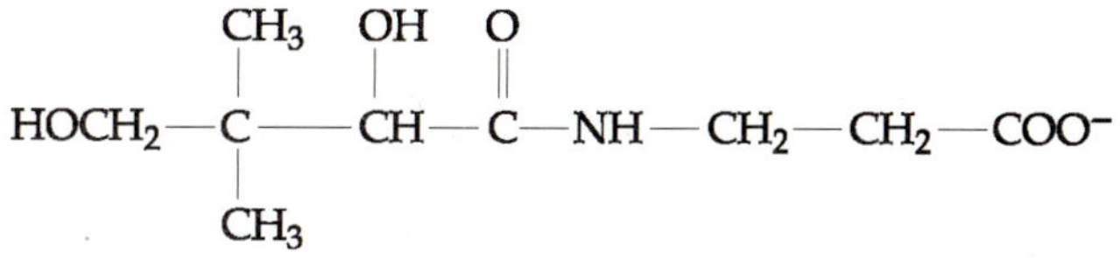

Pantothenate

[그림 7-13] 판토텐산의 구조

(1) 흡수 및 대사

소장에서 쉽게 흡수되어 ATP에 의하여 가인산화되어 여러 단계를 거쳐 코엔자임 A를 합성한

45) 거대적아구성빈혈 megaloblastic aremia : 엽산결핍에 의한 빈혈증으로 악성빈혈의 일종

다. 판토테산은 모든 조직이 있으며 주로 간과 신장에 많다.

(2) 기능

당질 대사의 코엔자임 A와 지방 대사의 Acyl carrier protein[46]의 구성성분으로 열량대사에 중요한 역할을 한다.

지방산의 합성, 지방산의 분해, TCA회로를 순환하며 에너지 대사작용에 관여한다. 또한 근육 수축을 자극하기 위하여 운동신경이 분비하는 화학물질 acetylcholine의 합성 등에도 관여한다.

(3) 충분섭취량

성인 남녀 1일 5mg이다.

(4) 급원식품

동물성식품, 곡류 등 모든 동식물성 식품에 골고루 함유되어 있으며 특히 내장기관, 계란, 콩류, 효모, 전곡류에 함유되어 있다.

(5) 결핍증

사람의 경우에는 자연발생적으로 결핍증을 일으키는 일은 없지만, 항판토텐산의 투여에 의한 실험적 결핍증에서는 동물의 결핍증과 마찬가지로 부신피질장애나 사지의 작렬감(灼熱感) 및 동통을 수반하는 말초신경장애 등이 다른 비타민 B군의 결핍과 함께 나타난다.

닭에서 이 비타민이 결핍되면 피부염을 일으키고 척수신경의 변성, 흉선위축, 산란저하가 일어나고 지방간이 생기며, 실험용 쥐에서도 피부염 외에 위장의 운동성 저하 및 부신의 손상을 일으킨다. 또한, 털의 색소변성으로 흰털이 된다. 사람의 경우는 이 비타민 결핍증은 알려져 있지 않다. 장내의 박테리아에 의해 합성되어 이것이 일부 장으로부터 체내에 흡수되어 이용되고 있다.

8 비오틴 biotin

비오틴은 대부분 사람들이 들어보지 못한 비타민인데 어느 나라에서도 결핍증이 나타나지 않았기 때문이다. 이 비타민은 많은 식품에 함유되어 있으며, 사람의 경우 비오틴의 대부분은 장내 세균에 의해 공급되고 회장(回腸)에서 흡수된다. 이 때문에 결핍증은 거의 찾아볼 수 없다. 비타민 H · 조효소 R 등으로 불리던 것과 같은 것이다.

쥐에게 생난백(生卵白)을 다량으로 함유한 먹이를 주면 피부염이나 탈모 등을 일으키는데, 이

46) Acyl carrier protein : 체내에서 아실기(acyl group)를 활성화시키고 운반체로서 지방산의 활성과 콜레스테롤, 스테로이드 호르몬합성에 관여

는 생란 흰자(난백) 속의 아비딘(일종의 단백질)과 결합하여 그것이 비오틴의 흡수를 방해하기 때문이다. 따라서 처음에는 쥐의 항난백장애인자로 알려져 있었으나 일반적으로 성장인자로서 작용한다. 동물이나 효모 및 세균의 성장과 정상적인 기능에 필요한 비타민이다. 또한 미생물에서는 증식인자가 된다. 간이나 효모에서 추출된다. 세포 내에서는 단백질과의 결합형이 많다.

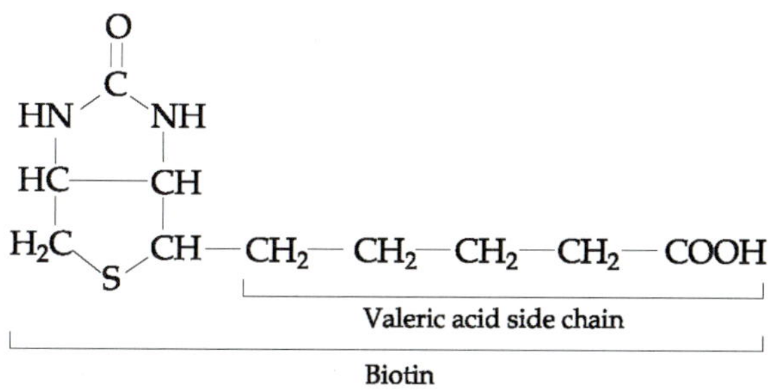

[그림 7-14] 비오틴의 구조

(1) 흡수 및 대사

장내 미생물에 의하여 비오틴을 장내에서 합성한다. 식품으로 섭취한 비오틴과 장내에서 합성된 비오틴은 문맥을 통해 흡수되며 과다한 비오틴은 소변으로 배설된다.

(2) 기능

체세포 내에서 이산화탄소(CO_2) 고정작용에 관여하며, 카르복실기 첨가반응과도 관련이 있다. 핵산과 단백질 형성에 필수적인 퓨린을 형성하는데, 췌장 아밀라아제 합성과정, 요소 형성의 주요반응인 오르니틴에서 시트룰린으로 전환하는데 비오틴이 작용한다. 이산화탄소를 피루브산에 가역적으로 결합하여 옥살아세트산으로 만드는 반응에서 촉매역할을 하는 효소 피루브산카르복실라아제에는 비오틴이 붙어 있어서 이 반응에 관여하고 있다. 단백질 대사와 당질 및 지질의 합성에 관련된 다양한 효소들의 조효소로서 작용한다.

비오틴은 체내에서 아포효소와 아미드 결합하여 탄산화반응에 관여한다. 또한 비오틴의존성의 효소로서는 피루브산카르복실라아제, 아세틸조효소 A 카르복실라아제, 프로피오닐조효소 A 카르복실라아제, 메틸크로닐조효소 A 카르복실라아제가 있다.

(3) 충분섭취량

성인 남녀 30μg을 권장하고 있다. 수유부는 5μg을 추가로 섭취하기를 권장한다.

(4) 급원식품

간 등의 내장기관, 난황, 완두 및 콩류, 신선한 진녹색 엽채소

(5) 결핍증

동물에 난황을 먹이면 탈모현상이 일어나며, 눈 가장자리의 털이 빠져 안경을 쓴 눈 같은 형태가 발생한다.

9 비타민 C

모든 생물조직 내에 함유되어 있고 대부분의 동물의 체내에서 포도당으로부터 합성된다. 사람이나 기니아피그는 굴로노락톤 산화효소[47]가 없어 비타민 C를 생성하지 못해 식품으로부터 공급받아야 한다.

수용성인 흰색 결정체로서 항괴혈병성 인자(抗壞血病性因子), 아스코르브산[48](ascorbic acid)이라 부른다. 비타민 C는 산화형과 환원형이 있는데 이 두 형태는 상호전환하며 괴혈병을 치료한다. 탄화수소의 유도체로서 생체조직 내에서 산화 · 환원되면서 영양소대사를 돕는다. 또한, 생체의 세포를 접합시키는 시멘트와 같은 물질인 콜라겐(collagen)의 형성과 유지에 필요하다. 따라서 결핍되면 세포 사이의 콜라겐이 감소함으로써 혈관벽이 약화되어 신체의 아무 부분에서나 출혈이 생기며, 치아와 잇몸의 구조가 변화하고, 관절의 확대 및 출혈로 인한 빈혈 등 괴혈병 증세가 나타난다. 조직 내에 비타민 C 함량이 높으면 열병이나 감염 등에 저항하는 힘이 커진다는 연구가 있다. 신선한 채소와 과일에 풍부하나 식품가공 및 조리 시에 쉽게 산화 · 파괴되므로 주의를 요한다.

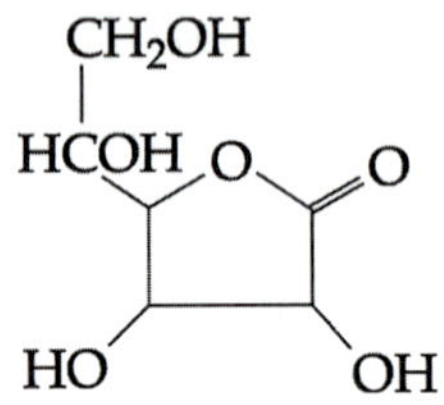

[그림 7-15] 비타민 C의 구조

(1) 흡수와 대사

배설을 주로 소변을 통하여 이루어지지만 소량은 대변, 땀 호흡 등을 통하여 배설된다.

(2) 기능

비타민 C는 체내에서 산화 환원의 기능을 하며 많은 생리적 기능에 관여한다.

① 콜라겐 생합성

콜라겐(collagen)은 피부, 건, 골격, 지지세포를 형성과 유지에 중요한 단백질이며 세포와 세포

47) 굴로노락톤 산화효소 gulnalactone oxidase
48) 아스코르브산 ascorbric acid : 비타민 C의 화학적 용어

사이를 결합시키는 시멘트와 같은 역할을 한다. 콜라겐 합성시에 프롤린이 하이드록시 프롤린으로 전환되는 수산화 반응에 비타민 C가 작용한다.

② 방향족 아미노산[49] 대사

티로신, 페닐알라닌의 정상적인 대사과정에 비타민 C가 절대적으로 필요하다. 티로신 대사에서 비타민 C는 도파민을 거쳐 노르에피네프린과 에피네프린으로 전환하는 과정과 트립토판의 수산화반응에 의해 세로토닌[50] 합성과정에 관여한다.

③ 항산화제

비타민 C는 비타민 E, 비타민 A, 필수지방산 등의 산화를 방지해 주는 항산화제 역할을 한다.

④ 기타 작용

비타민 C가 히스타민을 비효소적으로 분해하여 아스파르트산으로 전환시켜 히스타민의 해독작용을 한다. 장내에서 철분을 환원상태로 유지하여 흡수에도 관여하여 흡수율을 2~4배로 증가시킨다. 또한 칼슘의 불용성염을 형성하는 것을 방지하여 칼슘의 흡수를 증진시킨다.

불활성형으로 존재하는 엽산을 활성형으로 환원시키는 과정에 비타민 C가 필요하다. 또한 백혈구의 면역 활동에 영향을 주어 비타민 C가 부족할 경우에는 항체생성량이 감소되어 면역력이 감소한다.

이외에도 콜레스테롤과 단백질의 대사를 조절하며 상처난 조직의 회복을 돕는다. 아드레날린과 같은 호르몬과 신경전달물질의 형성에도 관여한다.

(3) 권장섭취량

성인 남녀 100mg이 권장섭취량으로 정해져 있다. 임신부는 10mg, 수유부는 35mg을 추가로 권장하고, 흡연자는 30mg을 추가 섭취하는 것을 권장한다.

(4) 급원식품

오렌지, 자몽, 딸기, 키위 등의 과일과 샐러드용 채소, 피망, 감자, 토마토, 브로콜리, 배추 등의 채소류에 주로 많이 함유되어 있다.

(5) 결핍증

동·식물계에 널리 존재하지만 사람, 영장류와 기니피그에서는 생합성되지 않기 때문에 결핍증을 일으킨다. 동물은 비타민 C가 부족하면 괴혈병[51]에 걸리게 되며 상처 회복의 지연, 면역체계, 치아 손상, 근육경련 및 허약증상, 빈혈 등이 나타난다.

49) 방향족 아미노산 aromatic amino acid : 아미노산의 곁가지에 방향고리(qswps고리와 그 유도체)를 갖는 아미노산
50) 세로토닌 serotonin : 트립토판의 대사과정에서 생성되며 혈관수축작용, 평활근을 수축시킨다
51) 괴혈병 scurvy : 비타민 C 결핍식이로 장기간 섭취하면 나타나는 증상으로 피부점상출혈, 잇몸의 부종과 출혈, 관절통증을 동반

[그림 7-16] 비타민이 많은 식품

[표 7-3] 수용성 비타민의 한국인 영양섭취기준

성별	연령	비타민 C(mg/일)				티아민 (mg/일)				리보플라빈 (mg/일)				니아신 (mg NE/일)				
		평균 필요량	권장 섭취량	충분 섭취량	상한 섭취량	평균 필요량	권장 섭취량	충분 섭취량	상한 섭취량	평균 필요량	권장 섭취량	충분 섭취량	상한 섭취량	평균 필요량	권장 섭취량	충분 섭취량	상한 섭취량[1]	상한 섭취량[2]
영아	0~5(개월)			35				0.2				0.3				2		
	6~11			45				0.3				0.4				3		
유아	1~2세	30	40		350	0.4	0.5			0.5	0.6			5	6		10	180
	3~5세	30	40		500	0.4	0.5			0.6	0.7			5	7		10	250
남자	6~8(세)	40	60		700	0.6	0.7			0.7	0.9			7	9		15	350
	9~11	55	70		1,000	0.7	0.9			0.9	1.1			9	11		20	500
	12~14	75	100		1,400	0.9	1.1			1.2	1.5			11	15		25	700
	15~18	85	110		1,600	1.1	1.3			1.4	1.7			13	17		30	800
	19~29	75	100		2,000	1.0	1.2			1.3	1.5			12	16		35	1,000
	30~49	75	100		2,000	1.0	1.2			1.3	1.5			12	16		35	1,000
	50~64	75	100		2,000	1.0	1.2			1.3	1.5			12	16		35	1,000
	65~74	75	100		2,000	1.0	1.2			1.3	1.5			12	16		35	1,000
	75 이상	75	100		2,000	1.0	1.2			1.3	1.5			12	16		35	1,000
여자	6~8(세)	50	60		700	0.6	0.7			0.6	0.7			7	9		15	350
	9~11	60	80		1,000	0.7	0.9			0.8	0.9			9	11		20	500
	12~14	75	100		1,400	0.9	1.1			1.0	1.2			11	14		25	700
	15~19	75	100		1,600	0.9	1.0			1.0	1.2			11	14		30	800
	20~29	75	100		2,000	0.9	1.1			1.0	1.2			11	14		35	1,000
	30~49	75	100		2,000	0.9	1.1			1.0	1.2			11	14		35	1,000
	50~64	75	100		2,000	0.9	1.1			1.0	1.2			11	14		35	1,000
	65~74	75	100		2,000	0.9	1.1			1.0	1.2			11	14		35	1,000
	75 이상	75	100		2,000	0.9	1.1			1.0	1.2			11	14		35	1,000
임신부		+10	+10		2,000	+0.4	+0.4			+0.3	+0.4			+3	+4		35	1,000
수유부		+35	+35		2,000	+0.3	+0.4			+0.4	+0.4			+3	+5		35	1,000

[1] 니코틴산(mg/일), [2] 니코틴아미드(mg/일), [3] Dietary Folate Equivalents, 가임기 여성의 경우 400μg/일의 엽산보충제 섭취를 권장함. 엽산의 상한섭취량은 보충제 또는 강화식품의 형태로 섭취한 μg/ 일에 해당됨.

성별	연령	비타민 B6 (mg/일)				엽산 (μgDFE/일)[3]				비타민 B12 (mg/일)				판토텐산 (mg/일)				비오틴 (μg/일)			
		평균필요량	권장섭취량	충분섭취량	상한섭취량	평균필요량	권장섭취량	충분섭취량	상한섭취량	평균필요량	권장섭취량	충분섭취량	상한섭취량	평균필요량	권장섭취량	충분섭취량	상한섭취량	평균필요량	권장섭취량	충분섭취량	상한섭취량
영아	0~5(개월)			0.1				65				0.3				1.7				5	
	6~11			0.3				80				0.5				1.8				6	
유아	1~2세	0.5	0.6		25	120	150		300	0.75	0.9					2				8	
	3~5세	0.6	0.7		35	150	180		300	0.9	1.1					2				10	
남자	6~8(세)	0.7	0.9		45	180	220		400	1.1	1.3					3				15	
	9~11	0.9	1.1		60	250	300		600	1.5	1.8					4				20	
	12~14	1.3	1.5		80	320	360		800	1.8	2.2					5				25	
	15~18	1.5	1.8		100	320	400		1,000	2.0	2.4					6				30	
	19~29	1.3	1.5		100	320	400		1,000	2.0	2.4					5				30	
	30~49	1.3	1.5		100	320	400		1,000	2.0	2.4					5				30	
	50~64	1.3	1.5		100	320	400		1,000	2.0	2.4					5				30	
	65~74	1.3	1.5		100	320	400		1,000	2.0	2.4					5				30	
	75 이상	1.3	1.5		100	320	400		1,000	2.0	2.4					5				30	
여자	6~8(세)	0.7	0.8		45	180	220		400	1.1	1.3					3				15	
	9~11	0.9	1.0		60	250	300		600	1.5	1.8					4				20	
	12~14	1.2	1.4		80	300	360		800	1.8	2.2					5				25	
	15~19	1.2	1.4		90	320	400		1,000	2.0	2.4					6				25	
	20~29	1.2	1.4		100	320	400		1,000	2.0	2.4					5				30	
	30~49	1.2	1.4		100	320	400		1,000	2.0	2.4					5				30	
	50~64	1.2	1.4		100	320	400		1,000	2.0	2.4					5				30	
	65~74	1.2	1.4		100	320	400		1,000	2.0	2.4					5				30	
	75 이상	1.2	1.4		100	320	400		1,000	2.0	2.4					5				30	
임신부		+0.7	+0.8		100	+200	+200		1,000	+0.2	+0.2					+1				+0	
수유부		+0.6	+0.7		100	+130	+150		1,000	+0.2	+0.4					+2				+5	

자료 : 한국영양학회 · 보건복지부, 한국인 영양섭취기준, 개정판, 2010

제 8 장

무기질

1. 필수 성분인 다량원소와 미량원소들의 체내역할에 대해 알아본다.
2. 인체에서 칼슘의 기능을 알아본다.
3. 골다공증에 관련되는 영양소를 알아본다.

01 무기질

1 무기질의 특징

무기질은 신체의 구성요소로 체내의 유기물질이 완전히 산화된 후에도 남아있는 회분의 구성성분이다. 탄수화물, 지방, 단백질, 비타민의 일부는 체내에서 합성이 가능하지만 무기질은 합성하지 못한다.

구리와 아연을 포함한 미량원소 또는 칼슘을 포함한 다량원소는 체내에서 주로 효소의 cofactor[1]로 작용하거나 체내 필수적인 성분들로써 작용하고 있으며 소장에서 흡수되는 무기질은 여러 요인에 영향을 받는다. 무기질은 대사과정에 관여하며 일반적인 기능은 다음과 같다.

[표 8-1] 무기질의 기능

무기질 종류	기 능
칼슘, 인	뼈와 치아의 구조적 기능
황	단백질 구성성분, 티아민, 비오틴에 함유
철	헤모글로빈 성분
염소	위산의 성분
요오드	갑상선 호르몬의 성분
인, 소디움, 염소	산, 염기 평형 – 체액의 PH는 7.35~7.45 유지
소디움, 포타슘	수분 평형
코발트	비타민 B_{12} 성분
구리, 망간, 몰리브덴, 셀레늄, 칼슘, 마그네슘	효소 작용에 참여
아연, 구리, 망간	얼굴, 피부, 뼈, 주위 조직의 구성성분인 연결조직

[표 8-2] 체내에서 산 또는 알카리를 형성하는 무기질 및 식품

음이온 형성	체내에서 생성되는 산	산성식품
염소(Cl^-) 황(SO_4^{2-}) 인(PO_4^{2-})	염산(HCl) 황산(S_2SO^4) 인산(H_3PO^4)	곡류, 육류, 달걀류, 가금류
음이온 형성	**체내에서 생성되는 산**	**산성식품**
나트륨(Na^-) 칼륨(K^+) 마그네슘(Mg^{2+}) 칼슘(Ca^{2+})	수산화나트륨(NaOH) 수산화칼륨(KOH) 수산화마그네슘($Mg(OH)_2$) 수산화칼슘($Ca(OH)_2$)	과일류, 채소류

1) cofactor 보조인자

탄소, 수소, 산소, 그리고 질소 등은 체중의 약 90%를 차지하고 있고, 나머지 4%가 위에 열거한 무기물들인데, 무기물들은 위에서 설명된 체내의 기능 이외에도 위의 원소들 중 몇 가지는 혈액응고 작용, 완충작용, 삼투압조절작용, 근육신경 조절작용 그리고 면역작용 등 체내의 매우 중요한 역할을 담당하고 있다.

다량무기질[2]과 미량무기질[3]은 1일 요구량에 의해서 결정되는데, 1일 100mg 이상 요구되는 칼슘, 인, 소디움, 포타슘, 염소, 마그네슘 그리고 황 등은 다량 무기질로 분류되고 그 이하로 요구되는 불소, 철, 요오드, 구리, 아연, 셀레늄, 몰리브덴, 망간, 크롬, 코발트 등은 미량 무기원소로 분류된다.

[그림 8-1] 무기질이 많은 식품

무기질은 비교적 소량 또는 미량으로 체내에서 작용하지만 식이로 공급되지 않으면 결핍증상을 나타내고, 너무 많이 공급하면 독성을 나타낸다. 무기질은 소화관에서 흡수되는데, 소화관내 흡수위치는 대략 다음과 같다.

[표 8-3] 소화관내 무기질의 흡수위치

흡수 위치	흡수 되는 원소		
위 Stomach	구리 (copper, Cu) 불소 음이온 (fluoride, F^-)	요오드 음이온 (iodide, I^-) 몰리브덴 (molybdenum, Mo)	
십이지장 Duodenum	칼슘 (calcium, Ca) 인 (phosphorus, P) 마그네슘 (magnesium, Mg)	철 (iron, Fe) 구리(copper, Cu) 셀레늄 (selenium, Se)	소디움 (sodium, Na)
공장 Jejunum	칼슘 (calcium, Ca) 인 (phosphorus, P) 마그네슘 (magnesium, Mg)	크롬 (chromiun, Cr) 몰리브덴 (molybdenum, Mo) 망간 (manganese, Mn)	철 (iron, Fe) 아연 (zinc, Zn) 소디움 (sodium, Na)
회장 leum	마그네슘 (magnesium, Mg)	소디움 (sodium, Na)	
대장 Large Intestine	소디움 (sodium, Na) 포타슘 (potassium, K)	염소 음이온 (chloride, Cl^-)	

참고: 요오드와 불소는 소화기관 전반에서 주로 음이온 형태로 그리고 소디움은 대장과 소장 전반에 걸쳐 흡수된다.

2) **다량무기질** macrominerals : 식사를 통해 하루 100mg이상 공급이 필요하거나 인체 내에 체중의 0.01% 이상 존재하는 무기질
3) **미량무기질** trace minerals : 식사를 통해 하루 100mg이하로 필요하거나 인체 내에 체중의 0.01% 이하로 존재하는 무기질

02 다량원소 macrominerals

다량 무기원소는 체내 대사 작용을 위해서 1일 100mg 이상 요구되는 필수 무기원소로 칼슘, 인, 소디움, 포타슘, 염소, 마그네슘 그리고 황 등이 이에 속한다.

1 칼슘 Calcium, Ca

1 체내분포

칼슘은 체내 무기질 중 가장 많이 분포되어 있으며, 성인이 1.3kg(남), 0.9kg(여)을 함유하고 있다. 체내 총 칼슘 중 99%는 뼈와 치아를 구성하며, 1%는 세포액과 혈액에서 여러 생리 작용에 관여 하고 있다.

2 소화 및 대사

일반적으로 식이로 섭취된 칼슘의 10~30%가 장을 통하여 흡수된다.
칼슘은 식이와 식이 첨가제 중에서 염(salts)형태로 되어 있다. 칼슘은 Ca^{2+} 형태로만 흡수되므로 칼슘이 흡수되려면 위산에 의해 이온화 되어야 한다.

십이지장에서 능동수송에 의해 흡수되고, 공장과 회장에서는 수동적확산에 의해 흡수된다.
식이 칼슘은 주로 소장에서 단백질로써 칼슘과 결합하여 특정효소의 활성을 높이는 칼모듈린과 결합되어 능동적 수송에 의하여 20~40%가 흡수되는데, 그 흡수 정도는 나이와 요구량에 따라 달라질 수 있다.

PTH[4]는 비타민 D를 활성화시켜 칼슘의 흡수를 증가 시키는데, 비타민 D는 칼슘과 결합하는 단백질인 칼모듈린[5]을 합성하는데 필요하다. 한편 글루코코티코이드[6]는 소장내 칼슘의 흡수를 감소시킨다.

4) PTH 부갑상선호르몬 : vit D 를 활성화하여 Ca 흡수 증가
5) 칼모듈린 calmodulin
6) 글루코코티코이드 : 부신피질에서 합성분비되는 스테로이드 호르몬

[표 8-4] 칼슘 흡수와 배설에 미치는 요인

칼슘 흡수 증진 인자	칼슘 흡수 방해 인자	소변의 칼슘 배설 증진 인자
장내의 산도가 증가	Oxalic acid	소디움
PTH	Phytic acid	단백질
비타민 D -골격에 칼슘 과잉증가		Caffeine
비타민 C	Vitamin A 과잉 섭취	
유당		
단백질	과량의 Zn^{2+}, Mg^{2+}	
Ca:P의 섭취비율 = 1:1	과량의 지방산	
	비타민 D 결핍	

3 뼈의 대사와 칼슘

칼슘의 영양을 언급할 때는 뼈의 대사와 연결하지 않을 수 없다. 뼈의 대사를 이해하기 위해서는 먼저 뼈의 성분과 뼈의 대사에 관여하는 뼈 세포들의 형태를 알아야한다.
칼슘이 흡수되어 대사되는 과정을 그림 8-2에 요약하였다.

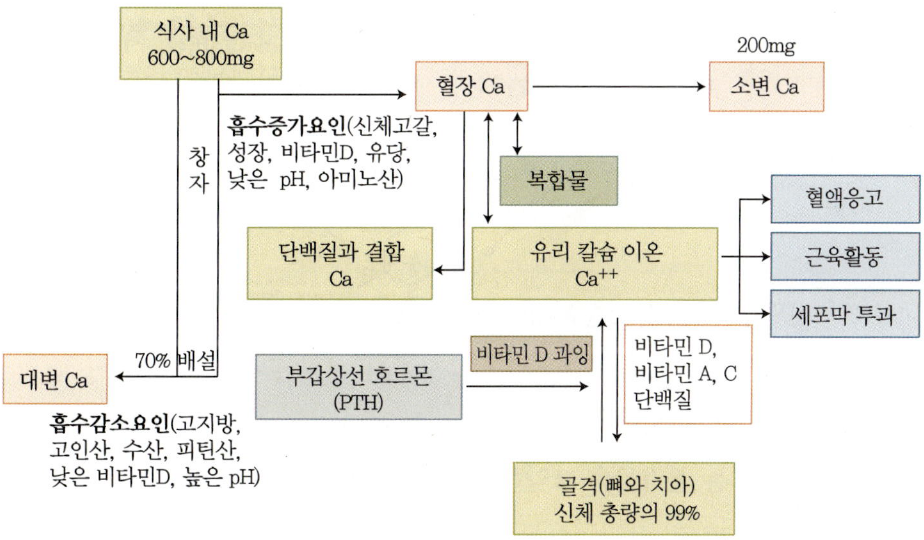

[그림 8-2] 칼슘의 흡수 및 대사과정

(1) 칼슘의 항상성을 조절하는 인자

칼슘은 우리 체내에서 살아가기 위해 중요한 영양소이기에 세포내액과 세포외액의 농도가 일정하게 유지된다. 이러한 항상성은 부갑상선호르몬(PTH)에 의해 조절되는데, 부갑상선호르몬은 혈중칼슘량을 증가시키며 칼시토닌은 혈중칼슘량을 감소시킨다(그림 8-3). 그리하여 혈액중 칼슘은 언제나 정상적인 대사가 일어나도록 항상 일정한 농도 (9~11mg/100mℓ)를 유지하도록 잘 조절한다.

이것을 칼슘의 항상성이라 한다. 칼슘의 항상성유지에는 작용되는 몇 가지 호르몬 등이 있다.

칼슘의 균형은 부갑상선호르몬(parothyroid hormone, PTH), 비타민 D(calcitriol), 칼시토닌[7](calcitonin)에 의해 조절된다.

혈액의 칼슘농도가 낮아지면 부갑상선호르몬이 분비되어 뼈에서 칼슘이 나오도록 자극하여 신장에서 칼슘의 배설을 감소시키며 비타민 D를 활성화시킨다.

비타민 D는 칼슘이 흡수되도록 흡수량을 증가시킨다. 또한 칼슘의 농도가 증가하면 부갑상선호르몬의 분비는 정지된다. 칼슘농도가 높아지면 칼시토닌이 분비되어 뼈에 작용해 칼슘의 용출을 막는다.

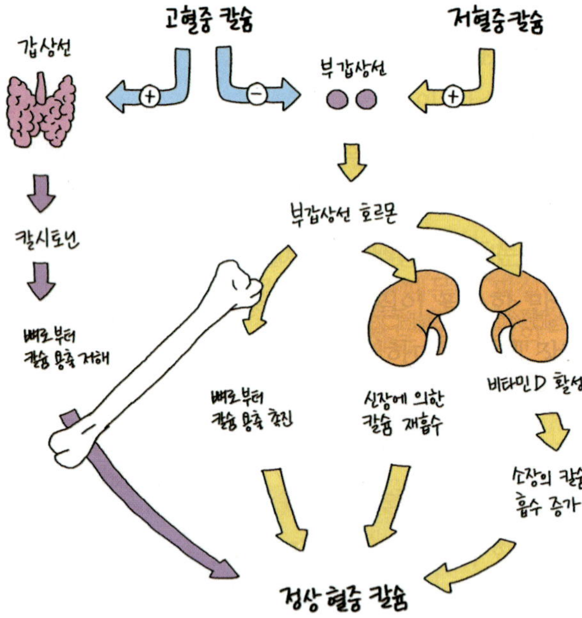

[그림 8-3] 혈액의 칼슘농도 조절

(2) 칼슘과 호르몬

칼슘의 대사에 관여하는 분자들을 요약하면 다음과 같다.

- **부갑상선호르몬(PTH)** ; Parathyroid hormone
  - · 부갑상선에서 분비, vitamin D를 활성화
  - · 칼슘 흡수 증가, 신장 Ca^{2+} 재흡수 도움
  - · 신장, 소장, 뼈에 작용 신장의 Ca^{2+} 재흡수 증가, 소장의 Ca^{2+} 흡수 증가
  - · 뼈 형성 세포 수용체와 작용, 뼈의 무정형 Ca^{2+} 재흡수를 증진
  - · 칼슘 pump가 뼈로부터 혈액으로 칼슘 배출
- **칼시트리올(Calcitriol)**[8] : (1, 25-$(OH)_2D_3$)
  - · 칼모듈린 합성하는데 필요

7) 칼시토닌 calcitonin : 갑상선 C세포에서 합성되는 호르몬
8) 칼시트리올 Calcitriol

· 소화기관에서 칼슘 흡수 자극
· 신장에서 칼슘 재흡수 도움
· 소장에서 칼슘 흡수 증진

- **칼시토닌(Calcitonin)**
  · 갑상선에서 합성
  · 혈액 칼슘 농도가 높을 때 칼슘 농도 낮춤
  · 부갑상선호르몬과 반대작용
  · 뼈 생성 세포 자극, 뼈 분해 세포 방해
  · Ca^{2+}가 뼈로부터 이동하는 것 방해
  · Calcitriol 생성 방해
  · 신장 Ca^{2+} 재흡수 방해
  · 체내 칼슘배설 증진

4 배설

칼슘은 오줌과 대변을 통해서 배설되고 피부와 땀으로도 매일 배설된다.
식이 칼슘의 70~80%는 대변으로 배설되고, 소변으로 배설되는 칼슘의 양은 약 100~200mg/day 정도이다. 칼슘은 신장에서 재흡수가 일어나며 소변으로 배설은 PTH에 의해 감소되고 calcitonin 에 의해서 증가한다. 대변으로 배설되는 칼슘은 섭취한 칼슘 중 흡수되지 않은 것과 내인성 칼슘(endogenous calcium)[9]을 포함한다. 내 인성 칼슘이란 일단 흡수되었던 칼슘이 소화액에 섞여 소화관으로 분비되었다가 다시 재흡수 되지 못하고 배설되는 칼슘을 말하며 이 양은 약 130mg/day 정도이다. 땀을 통해 배설되는 칼슘의 양은 정상적인 경우에는 매우 소량으로서 15~20mg/day 정도이나 땀을 많이 흘리는 경우는 이보다 많다. 소변에 의한 칼슘 배설은 소디윰, 단백질 그리고 카페인에 의하여 증가 될 수 있다(표 8-4 참조).

5 생리적 기능

(1) 칼슘농도 조절

체내 칼슘의 99%는 뼈와 치아에 있고, 1%는 세포 내 외액과 소기관에 있다.
세포 안에서의 칼슘의 농도는 세포 밖에서 펌프를 통해 세포 안에서 들어오는 Ca^{2+}, 세포 안에서 펌프를 통해 밖으로 나가는, 세포막을 통해 확산으로 세포 안으로 들어오는 Ca^{2+}를 통해서 조절되고 있다. 이때 부갑상선호르몬과 칼시토닌이 체액의 칼슘 농도를 조절한다(그림 8-4).

9) 내인성 칼슘 endogenous calcium

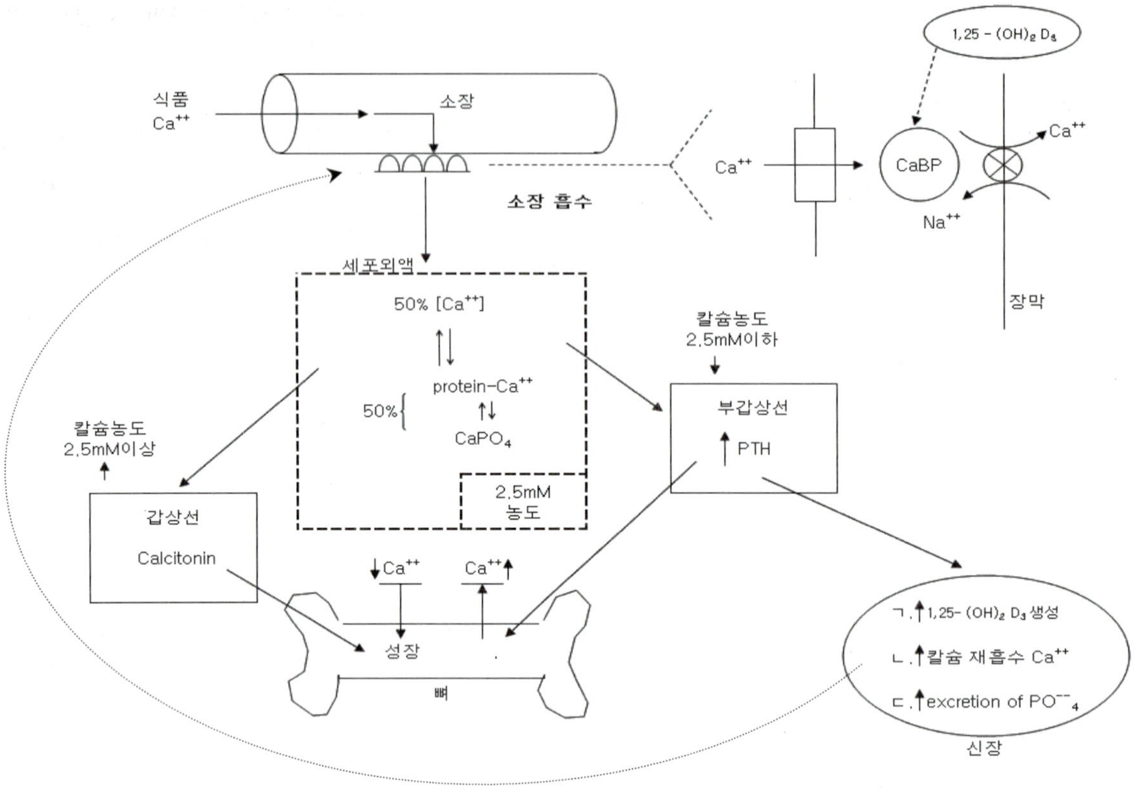

[그림 8-4] 체액의 칼슘의 농도조절

(2) 뼈와 치아 형성

골격의 성장과 균형은 조골세포(osteoblasts)[10]와 파골세포(osteoclast)[11]에 의해 이루어진다. 칼슘의 대부분은 뼈의 성분으로 작용하고 치아의 성분으로도 작용한다.

뼈는 65%의 무기질과 35% 의 유기질로 구성된다. 조골세포는 새로운 뼈의 기질(bone matrix)을 형성하고, 그곳에 무기염이 축적되는 뼈의 결정(bone crystal)이 생성된다. 뼈와 치아는 무기물질인 히드록시아파타이드(hydroxyapatite($Ca_{10}(PO_4)_6(OH)_2$))[12]로써 단단한 조직을 이루며, 유기물질인 콜라겐과 뮤코다당류(mucopolysaccharide(점성 다당류))[13]도 뼈 조직에서 연결작용을 하는 것으로 알려졌다.

뼈 무기질의 주된 성분은 인산칼슘염[14]과 수산화칼슘염의 복합체이며 생리적으로 안정성을 가진 수산화인회석이다.

뼈는 치밀골[15] 80%와 해면골[16] 20%로 이루어졌다. 대부분 뼈의 경우 해면골은 치밀골의 외곽

10) 조골세포 osteoblasts
11) 파골세포 osteoclast
12) 히드록시아파타이드 hydroxyapatite : $Ca_{10}(PO_4)_6(OH)_2$
13) 뮤코다당류 mucopolysaccharide
14) 인산칼슘복염 : hydrexyapatite : 칼슘과 인산으로 만들어진 염. 뼈의 강도와 경도를 주는 뼈를 구성하는 요소
15) cartical bone : 주로 뼈의 단단한 겉부분을 구성하는 치밀하고 단단한 뼈
16) trabocular bone : 안쪽의 스펀지 형태의 조직을 형성하고 골수강을 둘러싸고 있으며 치밀골 세포를 지지하고 있는 뼈

층으로 둘러 쌓여있다. 치밀골은 단단하고 뼈의 75~80%가 치밀골이다. 해면골은 스펀지 같고 20~25%의 뼈 구조를 차지하며 안쪽에 있으며 칼슘 대사 작용이 치밀골보다 빨리 일어난다.

치밀골[17]과 해면골[18] 모두 미네랄화에 의해 형성되는데, 미네랄화가 되려면 다량의 칼슘, 인, Mg^{2+}, Na^{2+}, CO_3^{2-} 그리고 citrate가 필요하다.

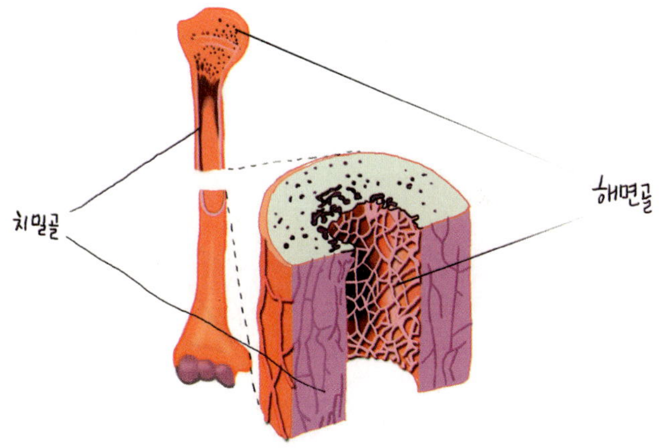

[그림 8-5] 뼈의 구조

(3) 혈액 응고

칼슘은 체내 혈액응고 기전에서 여러 단계에 관여하는데 Factor Ⅲ 인 프로트롬빈을 트롬빈으로 변환시켜 트롬빈으로 하여금 Factor Ⅰ 인 피브리노겐을 피브린으로 변환시키게 하고 결국에는 Factor X III 으로 하여금 혈액이 응고되게 한다.

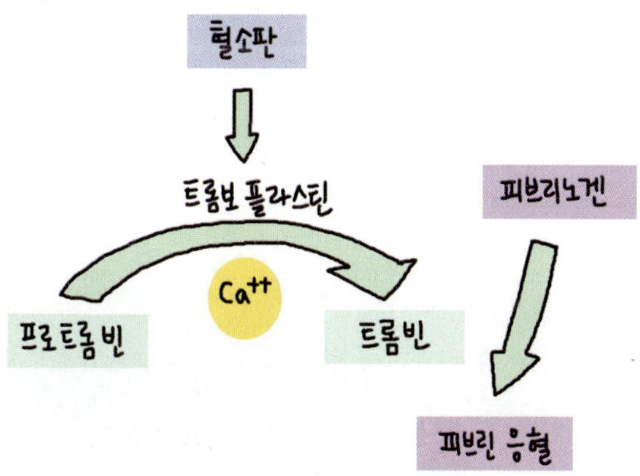

[그림 8-6] 혈액의 응고과정

(4) 근육의 수축 · 이완 조절

칼슘은 불수의근인 심장근육을 포함하여 수의 근육의 수축과 이완에도 관여한다. 근육 수축 시

17) 치밀골 : 골질만으로 구성되어 골수강을 갖지 않는 뼈조직
18) 해면골 : 해면상의 불규칙한 형의 골수강이 있는 골조직

세포내의 근육수축 신호가 있으면 칼슘이 방출되어 Ca^{+2}(이온화)로 되고 ATP를 방출케 되므로 근육을 수축시킨다.

골격근육뿐 아니라 심장근육수축시도 근육세포 내액의 칼슘농도가 많아지면 근육강직상태가 된다. 이 외에도 칼슘은 신경전달 물질인 acetylcholine[19)]을 분비시켜 신경전달에 작용하고 세포막의 투과성에도 관여하는 것으로 알려져 있다.

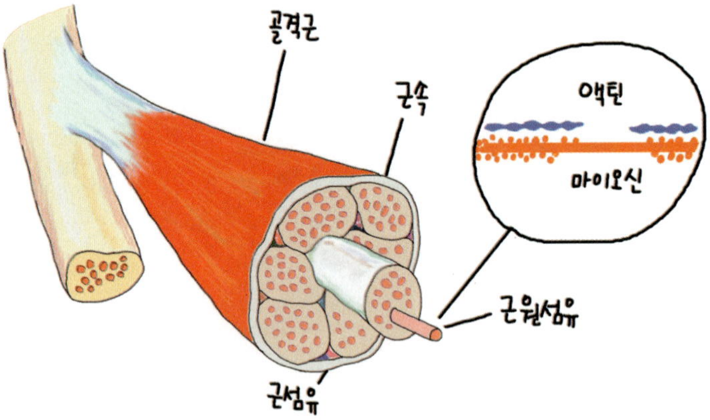

[그림 8-7] 골격근의 구조

6 결핍증

칼슘의 결핍증으로는 주로 여성 호르몬 감소로 일어나는 골다공증, 비타민 D 부족으로 일어나는 골연화증과 구루병 그리고 Ca^{2+} 농도 저하로 일어나는 tetany 등이 있다.

1) Osteoporosis(골다공증)	여성호르몬인 에스트로겐 감소	뼈의 곳곳에 구멍이 뚫리는 현상
2) Osteomalacia(골연화증)	임신, 수유, 인 부족 비타민 D 부족	성인 형 구루병, 골연화, 여성에게 많다
3) Rickets(구루병)	칼슘 섭취부족, 비타민 D 부족	어린이 성장저해, 뼈의 기형
4) Tetany	혈중 Ca^{2+} 농도저하	Hypocalcemia 근육운동 이상, 근육통, 무감각 등

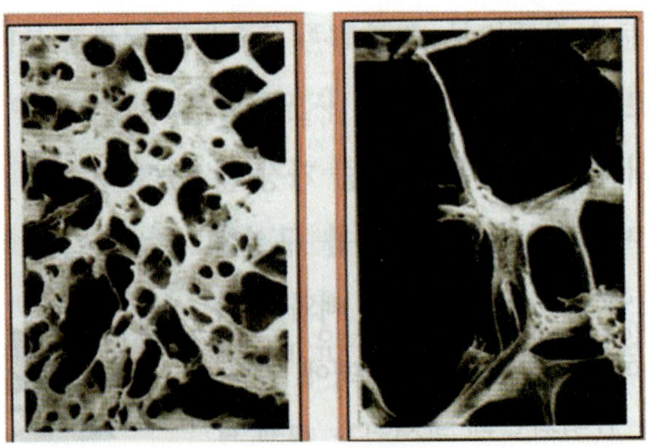

[그림 8-8] 골다공증 뼈

19) acetylcholine 아세틸콜린

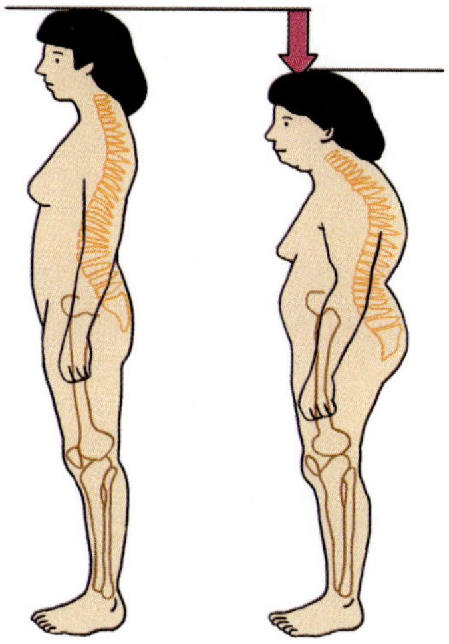

[그림 8-9] 골다공증으로 신장감소

(1) 골다공증

골다공증의 뼈의 무기질손실에 의해 나타나며, 뼈 무게를 감소시킨다. 이러한 결과로 골격에서 골절이 더 쉽게 일어난다.

골다공증은 초기에 아무런 증상이 없어 "침묵의 병"이라 한다. 여성들은 폐경기가 지나면서 뼈가 약해지며 요통이 생기거나 척추와 골반, 손목에 골절이 나타나며, 키가 줄어들고 자세가 구부러지는 모습이 나타난다.

골다공증은 나이, 유전, 성, 호르몬, 생활습관 등이 골다공증에 영향을 준다.

- **유전**
  유전적 요인이 골밀도와 골다공증에 약 70%의 영향을 미치는 것으로 나타났으며 그 외 생활습관 등이 상호작용한다.

- **흡연과 음주**
  흡연과 음주는 모두 골질량을 감소시키며, 알코올 섭취는 청소년기의 뼈의 성장을 방해한다.

- **운동**
  뼈가 단단해지고 골질량을 증가시키기 위해서는 걷기나 조깅처럼 골격에 체중을 가하는 운동이 좋다.

- **식습관**
  칼슘섭취 부족이 골다공증에 가장 큰 영향을 준다. 골밀도를 최대로 하기위해 성장기에 충분한 양의 칼슘섭취가 필요하다. 그러나 칼슘만이 영향을 미치는 것이 아니기에, 비타민D 섭취도 충분히 해야 한다. 피틴산, 옥살산, 탄닌 등의 섭취는 칼슘의 흡수를 방해하거나 감소시킨다. 단백질섭취는 뼈와 건강을 위해 충분히 섭취해야 하나 지나친 단백질섭취는 소변을 통해 칼슘손실을 가져오기에 지나친 섭취는 금물이다.

또한 과일과 채소를 충분히 섭취해 아연, 마그네슘, 칼륨, 섬유소, 비타민C를 섭취하면 골질량을 증가시킨다. 최근에는 충분양의 칼슘섭취를 위해 성장기아동, 임산부, 수유부, 노년기의 칼슘보충제를 섭취할 수 있다.

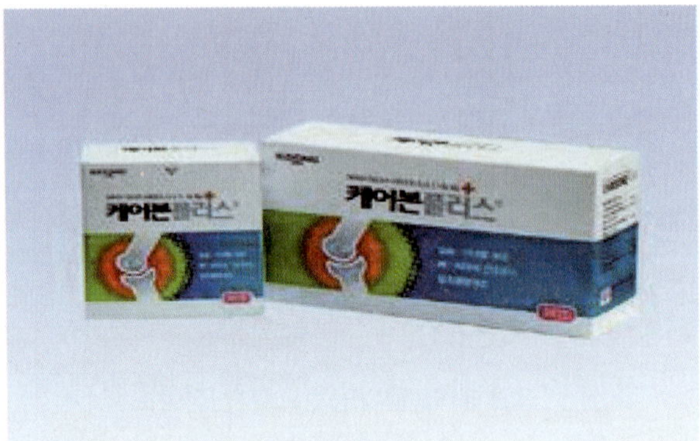

[그림 8-10] 칼슘 보충제

7 과잉증 Toxicty

칼슘의 공급 상한선을 대략 2500mg/day로 정하고 있다. 칼슘의 혈액수준이 정상수준 보다 높으면 고 칼슘 혈증[20](hypercalcium)이 나타 날 수도 있다. 칼슘이 옥신산과 불용성인 화합물을 만들어 신장결석을 형성할 수도 있다.

칼슘이 많이 든 우유나 시금치를 많이 먹으면 생기는 현상이라고도 한다.

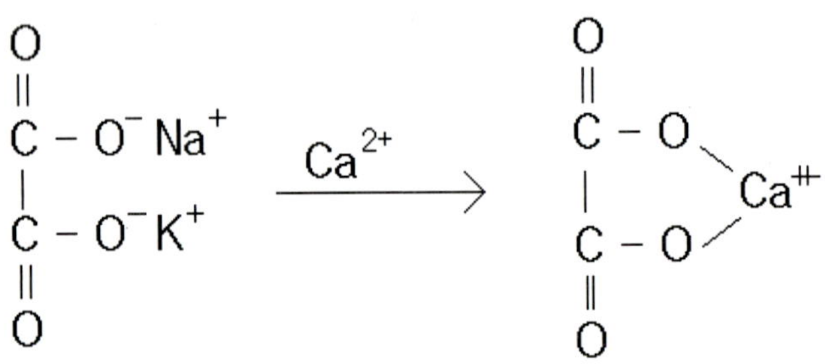

[그림 8-11] Calcium oxalate insoluble

8 칼슘 영양섭취기준

한국인 영양섭취기준에 의하면 19~49세의 성인 남녀의 1일 권장섭취량은 남자 750mg, 여자 650mg이고 상한섭취량은 2,500mg이다. 칼륨 요구량은 성별, 연령별의 칼슘섭취량은 표 8-5에 나타나 있다. 성별과 나이에 따라 달라질 수 있다.

20) 고 칼슘 혈증 : 혈중 칼슘농도가 매우 증가한 상태. 부갑상선기능항진증, 비타민 D 과잉증 등을 유발

[표 8-5] 한국인의 칼슘 영양섭취 기준

성별	연령	칼슘(mg/일)			
		평균필요량	권장섭취량	충분섭취량	상한섭취량
영아	0~5(개월) 6~11			200 300	
유아	1~2세 3~5세	390 470	500 600		2,500 2,500
남자	6~8(세) 9~11 12~14 15~18 19~29 30~49 50~64 65~74 75 이상	580 670 800 750 620 600 570 560 560	700 800 1,000 900 750 750 700 700 700		2,500 2,500 2,500 2,500 2,500 2,500 2,500 2,500 2,500
여자	6~8(세) 9~11 12~14 15~19 20~29 30~49 50~64 65~74 75 이상	580 670 740 660 530 510 590 570 570	700 800 900 500 650 650 700 700 700		2,500 2,500 2,500 2,500 2,500 2,500 2,500 2,500 2,500
임신부		+230	+280		2,500
수유부		+310	+370		2,500

9 공급원

칼슘의 공급원은 우유 및 유제품, 멸치 같은 생선 녹색채소, 칼슘 강화식품등이다.

[그림 8-12] 칼슘이 풍부한 식품

*2 인 Phosphorus, P

1 체내 분포

체내 인의 85% 정도가 칼슘과 함께 뼈를 형성하고, 성인 남자의 경우 체중 1% 정도인 700g 이 넘지 않을 정도로 함유되어 있다.

인은 비교적 인체에 골고루 분포되어 있고 효소의 작용에 관여하며, 핵산의 구성 성분으로, 단백질과 인지질의 성분으로 작용한다.

2 흡수 및 대사

식이 중에 인의 형태에 관계없이 인은 무기형태로 흡수된다. 유기형태의 인도 소장의 lumen 에서 효소에 의해 가수분해 되어 무기형으로 흡수된다. 인을 무기형태로 만드는 효소는 아연을 필요로 하는 phospholipase C와 alkaline phosphatase이다.

칼시트리올은 alkaline phosphatase를 자극하는데, calcitriol 은 비타민 D의 활성형인 1,25-dihydroxy vitamin D(1, 25-$(OH)_2D_3$)이다.

인의 흡수는 소장(십이지장과 공장)에서 일어난다. 장에서 유기산 염의 형태인 인은 무기형태로 유리되어 장내 세포에 흡수된다. 인의 흡수는 칼슘보다 쉽게 일어난다. 채소에 함유된 인은 장내에서 소화가 잘 되지 않는 피틴산 형태로 되어있다.

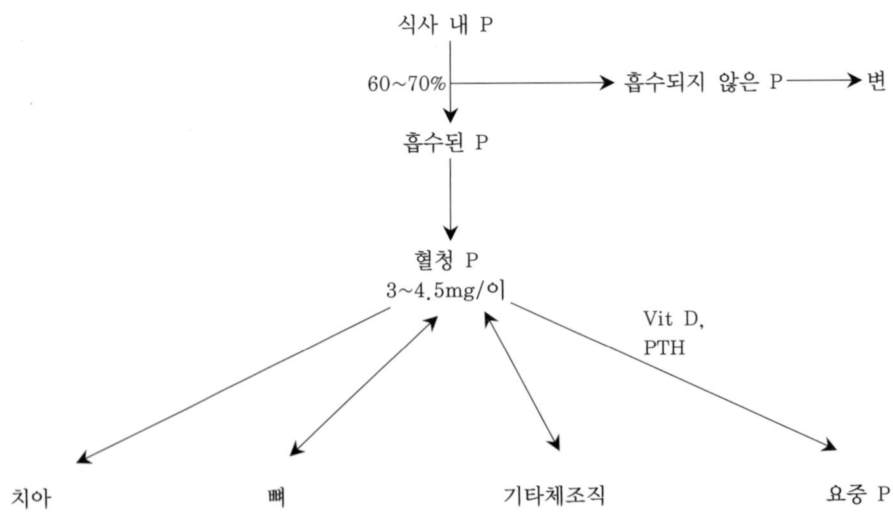

[그림 8-13] 인의 대사

식이의 인은 일반적으로 50~70%가 흡수되나 흡수량이 적을 때는 식이중의 인의 90% 이상이 흡수된다. 인과 칼슘은 서로 길항작용이 있으므로 인을 많이 섭취하면 칼슘의 흡수가 저해 되므로 Ca/P ratio가 1인 경우가 좋다. 신장이 혈액내의 인의 재 흡수율을 조절한다.

[표 8-6] 인의 흡수를 조절하는 요인들

인의 흡수를 증가하는 요인	인의 흡수를 방해하는 요인
비타민 D, 락토오스 장내의 pH	피틴산 과량의 마그네슘, 칼슘, 알루미늄 식사내 칼슘과 인의 비율 비타민 D의 부족 무기질의 다량섭취

3 항상성 21)

신장을 통해 인의 항상성이 주로 조절되며 혈액중의 인의 양은 소장과 골격 그리고 연조직 사이의 인의 이동에 따라 조절된다. 인의 식이섭취가 낮을 경우에는 인의 소장내 흡수와 신장내 재흡수가 증가되고 배설이 감소된다. 이와 같이 항상성이 유지되기 위해서는 신장에서 인의 재 흡수 수준을 낮추는 부갑상선호르몬과 소장에서 인의 흡수를 증진하는 칼시트리올이 작용한다.

4 생리적 기능

(1) 골격 및 치아 형성

체내 인의 약 85%는 인산칼슘의 형태로 뼈와 치아를 구성하며, 저장되고 재 흡수된다. 뼈의 인은 무정형의 칼슘 인산 형태와 정형인 히드록시아파타이드의 형태로 되어 있다.

[표 8-7] 체내 인의 형태

형태	무정형	고체형
화합물	칼슘 인산	히드록시아파타이드
예	$Ca(PO_4)^2$ $CaHPO_2 \cdot 2H_2O$ $Ca(PO_4)_2 \cdot 2H_2O$	$Ca_{10}(PO_4)_6(OH)_2$

* 고체형인 히드록시아파타이드는 콜라겐에 흡착되어 뼈 형성을 하고 석회화 된다.

(2) 에너지 저장 및 운반

인은 인체 내에서 에너지 대사에 관여한다. 예를 들면 ATP는 체내에서 에너지 전달 물질로서

21) 항상성 homoeostasis : 생물의 신체상태를 정상적인 범위내에서 안정하게 유지하려는 경향

탄수화물에 저장된 화학 에너지를 신체가 이용할 수 있는 에너지 전달 물질로 저장된 상태인데, 인이 ATP의 구성 성분이다.

(3) 체액의 pH 조절

인은 완충작용으로 혈액 pH를 정상적으로 유지하는데 역할을 한다.

(4) 핵산의 구성 성분

인은 핵산인 DNA와 RNA의 구조에서 neucleotide를 연결하는 다리 역할을 담당한다.

(5) 세포막[22] 구성성분

인은 세포막의 성분인 인지질을 구성하고 있다. 인지질의 예를 들면 phosphatidylcholine, posphatidylserine 그리고 phosphatidylethaneol amine 등이다.

(6) 세포내의 second messenger의 성분

인은 세포내의 second messenger[23]인 cAMP의 성분으로 효소들의 인산화 시키므로 효소 활성을 조절한다.

(7) 지질의 운반체

혈액은 수용액이므로 소수성인 지질을 용해시킬 수 없다. 인지질, LDL, HDL 같은 분자들이 혈액에서 지질을 운반하는 데, 인은 LDL, HDL과 같은 인지질의 구성성분이다.

(8) 단백질의 활성의 조절

단백질의 인산화(phosphorylation)[24]와 탈 인산화(dephosphorylation)[25]를 통해서 단백질의 활성을 조절하는데, 이때 단백질 안에 인산화가 일어나는 아미노산 잔기는 serine과 tyrosine이다. 인산화(phosphorylation)와 탈 인산화(dephosphorylation)를 통해서 통해 효소의 활성이 조절될 수 있다.

22) 세포막 cell membrane : 모든 세포의 원형질과 외계의 경계가 되는 막

23) second messenger : 호르몬이나 신경전달물질 등의 세포의 정보물질이 세포막에 존재하는 수용체와 결합함으로써 세포내에 새롭게 생성되는 별종의 세포내 정보물질

24) 인산화 phosphorylation

25) 탈 인산화 dephosphorylation

[표 8-8] 인의 대사에 영향을 미치는 호르몬

호르몬	기능
부갑상선호르몬	뼈의 인과 칼슘 흡수 자극, 인의 소변으로 배설 증진
칼시트리올	PTH와 함께 뼈의 인 흡수 증진
칼시토닌	뼈의 미네랄화 증진

5 결핍증 및 과잉증

대부분의 식품에 함유되어 있는 인의 결핍증은 흔하지 않다. 그러나 영양이 부족할 경우나 신장에 이상이 있을 경우, 또 제산제 복용으로 칼슘과 마그네슘이 소장에서 인과 결합하여 흡수를 방해할 경우에는 저인산증이 나타날 수도 있다.

인의 과잉증도 흔하지 않다. 인의 과잉 공급은 가끔 칼슘의 부족현상을 초래한다. 인의 공급량은 4000mg 이하가 안전한 것으로 간주된다.

6 인 영양섭취기준

인의 1일 권장섭취량은 한국인 성인 남녀 모두 700mg이고, 상한섭취량은 3,500mg이다. 2008년도 국민건강영양조사에 의하면 평균섭취량은 1094.5mg으로 권장섭취량보다는 매우 높은 수준으로 나타났다.

인은 식품에 널리 분포되어 있으므로 공급원을 특정하게 지정할 수 없으나 인이 많이 함유되어 있는 식품으로는 육류, 가금류, 어류, 달걀, 우유 및 유제품, 견과류, 두류, 곡류 등이다.

[표 8-9] 한국인의 인 영양섭취기준

성별	연령	인(mg/일)			
		평균필요량	권장섭취량	충분섭취량	상한섭취량
영아	0~5(개월)			100	
	6~11			300	
유아	1~2세	350	500		3,000
	3~5세	390	500		3,000
남자	6~8(세)	550	700		3,000
	9~11	810	1,000		3,500
	12~14	860	1,000		3,500
	15~19	790	1,000		3,500
	20~29	580	700		3,500
	30~49	580	700		3,500
	50~64	580	700		3,500
	65~74	580	700		3,500
	75 이상	580	700		3,000

성별	연령	인(mg/일)			
		평균필요량	권장섭취량	충분섭취량	상한섭취량
여자	6~8(세)	450	600		3,000
	9~11	700	900		3,500
	12~14	680	900		3,500
	15~19	580	800		3,500
	20~29	580	700		3,500
	30~49	580	700		3,500
	50~64	580	700		3,500
	65~74	580	700		3,500
	75 이상	580	700		3,000
임신부		+0	+0		3,000
수유부		+0	+0		3,500

[그림 8-14] 인의 급원식품

3 마그네슘 Magnesium, Mg

1 체내분포

마그네슘은 인체에서 네 번째로 많은 양이온이고, 세포내에서는 소디움 다음으로 많다. 마그네슘은 뼈에 60% 정도가 포함되어 있고 그 외에는 연조직과 체액 그리고 혈액에도 분포되어 있다.

인체 내에 들어 있는 마그네슘의 총량은 35g 정도이며, 혈중 마그네슘 농도는 2~4mg/dℓ 이고 근육에도 들어 있다. 칼슘과 인에 비해 소량이지만 마그네슘도 골격과 치아를 구성하는데 필수적이다.

마그네슘 대사중에 여러 효소들의 조효소로 작용한다.

2 흡수 및 대사

마그네슘의 흡수 부위는 소장이고, 체내 흡수는 식이섭취에 따라 달라진다. 정상 섭취 시 마그네슘의 흡수는 40~60% 정도이지만 섭취량이 많으면 흡수가 감소되고 섭취량이 많으면 증가된다.

마그네슘의 흡수는 두 가지 경로에 의해서 일어난다.

- **능동수송**[26] – 운반물질이 필요한 마그네슘 섭취가 낮을 때 일어난다.
- **단순 확산**[27] – 마그네슘 섭취가 많을 경우

세포 밖으로의 마그네슘 이온 유출은 Sodium-dependent carrier 등 여러 운반체에 의해 이루어진다.

[표 8-10] 마그네슘 흡수에 영향을 미치는 요인들

마그네슘 흡수 증진	마그네슘 흡수 방해
유당 비타민 D 과당	피틴산 칼슘, 인, 포타슘, 단백질 흡수 관련 지방산, 섬유질

혈청 내의 대부분의 마그네슘은 Mg^{2+} 형태이고, 33%정도로 단백질과 결합하고 나머지는 citrate, sulfate, phosphate 그리고 다른 이온과 결합하고 있다.

마그네슘과 결합하는 단백질은 주로 알부민과 글로블린이다. 체내에 남지 못하는 대부분의 마그네슘은 신장으로 배설된다.

신장에서 마그네슘의 95%는 재 흡수되고 5%의 마그네슘이 오줌으로 배설된다. 식이의 마그네슘 섭취량에 따라서 마그네슘 흡수와 배설량이 달라진다. 설사를 유도하는 약제, 단백질, 알코올, 카페인은 마그네슘의 배설을 증가시킨다. 마그네슘 은 매일 1/3은 신장으로 배설되고 나머지는 대변으로 배설된다.

3 항상성

마그네슘의 혈중 농도는 신장을 통해 유지된다.
부갑상선호르몬은 마그네슘의 소장흡수를 돕고, 신장 배설을 줄이며, 뼈의 마그네슘 재흡수를 돕고 알도스테론[28]이 마그네슘의 신장을 통한 배설을 조절하나, 마그네슘의 항상성 메카니즘은 확실히 밝혀지지 않았다.

26) **능동수송** : 원형질 막을 통해서 이루어지는 물질수송 중 물질의 농도경사에 거슬려서 이루어지는 수송
27) **단순확산** : 생체막을 통과한 수동수송법의 일종. 수송체로 존재하지 않는 확산현상
28) **알도스테론** aldosterone

4 생리적 기능

(1) 뼈와 치아의 성분

체내 마그네슘의 60% 정도가 뼈에 분포되어 있다. 탄산이나 인과 복합체를 이루어 골격과 치아의 표면을 구성한다.

뼈에 마그네슘은 $Mg(OH)_2$ 와 $Mg_3(PO_4)_2$의 형태로 존재한다. 그리고 마그네슘은 세포 내 액에, 경 조직에, 근육에, 간과 신장 같은 기관에도 분포되어 있다.

(2) 에너지 대사

세포 안에서 있는 마그네슘 의 대부분은 에너지 운반체인 ATP 와 ADP 와 작용하고 있다.

(3) 효소 활성의 참여

마그네슘은 포도당과 지방산 대사, 아미노산 대사, ATP합성 등에 결정적인 역할을 하며, 단백질합성에 관여한다.

[표 8-11] 마그네슘과 여러 영양소들과의 상호작용

상호 작용하는 원소 및 성분	작용의 예
칼슘	마그네슘이 부갑상선호르몬 분비에 필수적 부갑상선호르몬은 칼슘 항상성에 작용한다. 과량의 마그네슘은 PTH 분비 방해 비타민 D 활성화에 마그네슘이 필요 Ca^{2+}-ATPase pump 활성화 마그네슘은 근육 수축에 칼슘의 작용 방해
인	마그네슘은 인 흡수 방해
포타슘	세포내외의 칼륨 균형을 마그네슘이 관여
단백질	단백질 섭취 증가 할 경우의 마그네슘의 체내 잔유 감소

5 결핍증 및 과잉증 toxicity

마그네슘 결핍증은 심혈관 질환[29](CDV: Cardiovascular disease), 심장질환, 당뇨, 임신중독, 고혈압 등과 연관되어 있다.

설사, 구토 등도 마그네슘 결핍증을 유발할 수 있다. 아직까지 식이에 의한 마그네슘 결핍증은 보고되지 않았다. 그러나 마그네슘 결핍증상으로는, 구토, 식욕부진, 근육약화, 떨림 등으로 나타난다.

29) 심혈관 질환 Cardiovascular disease

저 마그네슘 혈증[30](hypomagnesemia)은 혈장 마그네슘 농도가 1.5mg/dℓ 이하일 때이다. 마그네슘 결핍증상은 잘 일어나지 않으나 아래와 같은 경우에 일어날 수도 있으며(table 참조) 마그네슘의 결핍증 및 독성증상은 신장에 이상이 있거나 지나치게 많이 체내에 유입되어도 일어날 수 있다.

[표 8-12] 마그네슘의 결핍증와 과잉증 toxicity

	원인	증상
마그네슘 결핍증	만성 설사 궈시오카 알콜중독	테타니 식욕부진 탈모 피부병
마그네슘 과잉증	신장이상	허약 불쾌감 혼수상태

식이내 마그네슘의 급여수준이 350mg을 초과하면 독성 현상이 나타날 수 있는데, $MgSO_4$ 형태로 3~5g을 식이에 급여하면 설사와 탈수를 일으킬 수 있다. 마그네슘의 혈청 농도가 9~12 mg/dℓ이 되면 구토, 얼굴 붉어짐 등이 나타나고, 혈청 농도가 15mg/dℓ에 이르면 근육마비와 호흡곤란이 일어 날 수 있다.

6 마그네슘 영양섭취기준

한국 성인의 마그네슘의 영양섭취기준을 살펴보면 19~29세의 평균필요량은 남자가 285mg, 여자는 235mg이며, 권장섭취량은 남자 340mg, 여자 280mg이다. 한편 마그네슘의 상한섭취향은 식품외 급원에만 해당하며 남녀 성인 모두 350mg이다.

마그네슘의 공급원은 견과류, 두류, 전공, 녹엽, 초코렛, 옥수수, 당근 등 이다. 녹색식물 잎에 있는 클로로필[31]의 구조에 마그네슘이 포함되어 있다. 육류, 유제품 그리고 정제된 식품에도 마그네슘 함량이 적다. 경수에도 마그네슘이 포함되어 있고, $MgSO_4$, MgO, $MgCl_2$ 등의 마그네슘 소금도 마그네슘의 공급원이다.

특기할 사항은 가공식품은 배아나 외피를 벗겨내기 때문에 마그네슘의 손실이 많으므로 이런 사항도 고려해야 한다.

30) 저 마그네슘 혈증 : 혈장중의 마그네슘 함량의 이상한 저하를 나타냄
31) 클로로필 : 식물의 녹색색소

[표 8-13] 한국인의 마그네슘 영양섭취기준

성별	연령	마그네슘(mg/일)			
		평균필요량	권장섭취량	충분섭취량	상한섭취량
영아	0~5(개월)			30	
	6~11			55	
유아	1~2세	60	75		(65)
	3~5세	80	100		(90)
남자	6~8(세)	120	150		(130)
	9~11	170	210		(180)
	12~14	250	300		(250)
	15~19	340	400		(350)
	20~29	285	340		(350)
	30~49	295	350		(350)
	50~64	295	350		(350)
	65~74	295	350		(350)
	75 이상	295	350		(350)
여자	6~8(세)	125	150		(130)
	9~11	175	210		(180)
	12~14	240	290		(250)
	15~19	285	340		(350)
	20~29	235	280		(350)
	30~49	235	280		(350)
	50~64	235	280		(350)
	65~74	235	280		(350)
	75 이상	235	280		(350)
임신부		+33	+40		(350)
수유부		+0	+0		(350)

4 소디움 Na

1 체내분포

체내 소디움의 총량은 체중이 70kg인 성인의 경우 체중의 약 0.15%에 해당하는 105g 정도이다. 이는 체중의 0.15%에 해당한다. 소디움은 세포 외 액에 전체량의 50%가 함유되어 있고, 10%는 세포 내 액에 함유되어 있으며, 40%는 뼈에 분포되어 있다. 소디움의 혈청 중 농도는 310~340mg/dℓ이며, 신경과 근육 조직에도 있다. Na^+(소디움 양이온)는 세포 외액 양이온 중의 대부분을 차지하는 주된 양이온이다.

2 흡수와 대사

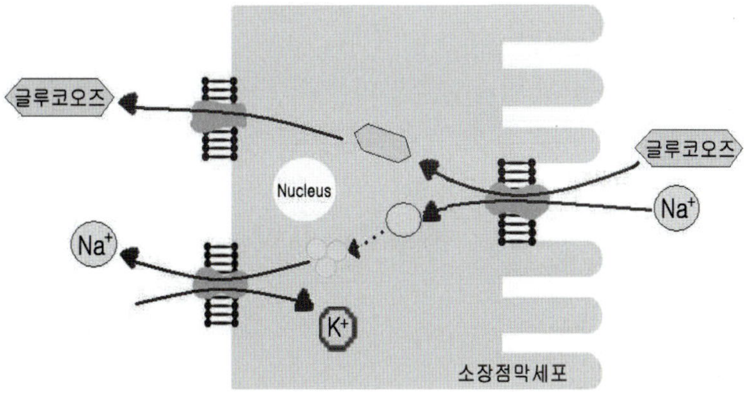

[그림 8-15] 나트륨의 세포내 유입

식이 소디움의 95~100%는 주로 소장 전반에서 능동수송(active transport)에 의하여 흡수되고 5% 이하는 대변으로 배설된다. 소디움의 흡수는 주로 소장에서 Na^+/glucose 이동에 의한 능동수송(active transport)에 의해서 흡수되고, 소장과 대장에서 염소 음이온과 함께 흡수되기도 한다. 이 외에도 주로 대장에서 이루어지는 소디움에 의해서 흡수되기도 한다.

식이 중의 소디움은 대부분 흡수 되므로 요구량 이상이 체내 유입될 수 있다. 소디움의 배설은 주로 신장에서 이루어지며, 신장의 소디움 배설은 알도스테론이 조절하는데 이 호르몬은 신장의 소디움 재흡수를 증진하고 포타슘의 배설은 증진한다. 소디움의 배설은 주로 소변으로 95%가 이루어지며 소량은 대변, 피부와 땀을 통해서 배설된다.

3 항상성

소디움은 부신호르몬인 알도스테론[32]에 의해서 배설이 조절된다.
Aldosterone 은 체내 소디움 요구량이 증가되면 그 농도가 증가되어 신장의 소디움 재흡수를 촉진하고, 소화기관에 소디움 흡수를 자극한다. 한편 소디움의 섭취가 높아지면 알도스테론의 농도가 감소되어 소디움 배설이 증가한다.

4 생리적 기능

(1) 세포 내 · 외액의 pH유지

소디움은 체내에서 H^+(수소 양이온)과 상호 교환이 가능하므로 체액의 pH를 일정하게 유지시키는 역할을 한다. 이와 같이 산, 염기의 평형을 조절하는데 소디움과 포타슘의 비율은 2:1이

32) 알도스테론 : 부신피질에서 생성분비되는 스테로이드호르몬의 하나. 나트륨이온의 재흡수촉진

가장 적합하다.

(2) 세포 내 · 외액의 삼투압 조절

세포내 소디움 이온의 농도에 따라 삼투압의 차이가 생길 수 있으므로 수분 이동이 소디움 농도의 변화에 따라 이루어 질 수 있다. 포타슘 이온은 소디움 이온과 함께 세포 내외의 수분량을 조절하여 삼투압을 정상으로 유지시킨다. 이 경우 소디움과 포타슘의 비율 (세포내 Na:K=1:10, 세포외 Na:K=28:1)이 정상적으로 유지된다.

(3) 탄수화물 · 단백질 대사조절

나트륨과 포타슘은 함께 단백질과 탄수화물 대사에 관여한다. 포타슘은 해당과정[33]을 촉진시키나 소디움은 해당과정을 억제한다. 한편 소디움 펌프[34]를 사용하여 포도당과 아미노산은 세포내에 흡수된다.

(4) 근육과 신경세포의 흥분조절

나트륨은 또한 근육의 정상적인 흥분성과 과민성을 조절하고 신경자극 전달에 관여한다. 신경이 전달되고 근육이 수축되는 동안 소디움은 세포안으로 유입되고 칼륨은 세포밖으로 유출됨으로써 신경흥분이나 근육수축이 일어난다.

5 결핍증 및 과잉증

나트륨 결핍증의 사례는 잘 일어나지 않는다.

혈청의 Na^+ 농도는 310-340mg/dℓ 이다. 그러나 지나치게 땀을 흘리면 소디움 결핍증이 일어나 구토, 현기증, 쇼크, 근육 연축, 메시꺼움, 혼수상태 등을 일으킬 수 있다. 소디움은 결핍 증상보다 과잉 증상이 더 흔할 수 있다. 왜냐하면 식품의 대부분에 함유되어 있기 때문이다. 그러나 심한 땀흘림으로 소디움이 과다하게 배출되면 세포외액의 삼투압이 낮아져서 세포외액이 세포내로 이동되어 혈액량의 감소로 이어질 수 있다. 더운 날씨에 햇볕을 쪼며 지나치게 오래 서 있을 경우 많은 양의 땀이 배설될 경우 열사병이 일어날 수 있기 때문에 주의해야 한다.

소디움이 많이 공급되면, 고혈압과 심장병 등의 요인이 될 수 있으며 위암의 발병율이 증가될 수 있다. 우리나라의 경우 위암 발생률이 높은 것은 짜게 먹는 습관 때문이라고 할 수 있는 것은 이 때문이다.

33) glycolysis : 포도당의 혐기적 분해과정

34) sodium pump : 세포내 나트륨 이온을 세포막 밖으로 능동수송하는 기작

6 나트륨의 영양섭취기준

성인의 1일 나트륨 최소 필요량은 500mg인데 실제로는 1일 100mg으로도 생명에는 지장이 없다. 지역에 따라 나트륨의 섭취는 다양하다. 미국의 식사지침에는 1일 섭취량을 2,400mg으로 제한하고 있고, 우리나라의 식사지침은 짠 음식을 피하고 싱겁게 먹을 것을 권장하고 있다.

한국인의 나트륨의 평균필요량, 권장섭취량, 상한섭취량은 설정되어 있지 않지만 한국인의 충분섭취량은 1.5g, 목표량을 2.0g으로 설정하였다. 그러나 2008년도 국민건강영양조사에 의하면 평균섭취량은 4.553mg으로 매우 높았다.

나트륨의 주요 공급원은 NaCl이다.
우유, 고기, 달걀, 채소 등에도 소디움은 함유되어있다. 육류도 소디움의 공급원이며, 아울러 우리나라의 전통식품인 고추장, 김치, 된장 등과 어패류, 그리고 가공식품인 소시지도 소디움의 공급원이 될 수 있다. 그러나 소디움은 고혈압과 위암을 일으킬 위험이 있으므로 소디움과 소금 함량이 낮은 식이를 권장하고 있다.

[표 8-14] 한국인의 나트륨 영양섭취기준

성별	연령	나트륨(mg/일)			
		평균필요량	권장섭취량	충분섭취량	목표섭취량
영아	0~5(개월)			0.12	
	6~11			0.37	
유아	1~2세			0.7	
	3~5세			0.9	
남자	6~8(세)			1.2	
	9~11			1.3	2.0
	12~14			1.5	2.0
	15~19			1.5	2.0
	20~29			1.5	2.0
	30~49			1.5	2.0
	50~64			1.4	2.0
	65~74			1.2	2.0
	75 이상			1.1	2.0
여자	6~8(세)			1.2	
	9~11			1.3	2.0
	12~14			1.5	2.0
	15~19			1.5	2.0
	20~29			1.5	2.0
	30~49			1.5	2.0
	50~64			1.4	2.0
	65~74			1.2	2.0
	75 이상			1.1	2.0
임신부				+0	2.0
수유부				+0	2.0

[표 8-15] 식품내 나트륨함량

식품명	1인 1회 분량	중량(g)	함 량	
			(mg/1회 분량)	(mg/100g)
식빵	3쪽	100	346	346
라면	1봉지	90	904	1005
쇠고기	1접시	60	32	54
돼지고기	1접시	60	35	58
달걀	1개	60	76	126
멸치	1/4컵	20	470	2350
귤	80g	80	166	207
자반고등어	1토막	70	1460	2090
햄	2조각(얇게)	30	197	659
베이컨	2조각(얇게)	30	260	866
무청김치	1/2컵	50	425	851
배추김치	1/2컵	60	688	1146
깍두기	1/2컵	50	298	596
우유	1컵	200	110	55
버터	1.5작은술	6	44	725

5 칼륨 K

1 체내분포

K^+는 칼슘, 인 다음으로 많은 세포내의 주요 양이온이다. 체내의 95~98%는 세포내에 있다. 칼륨의 체내 함량은 성인을 기준으로 (70kg) 245g이므로 체중의 0.35%에 달하며, 혈청내 칼륨 농도는 14-20mg/dℓ정도이다.

칼륨의 대부분은 무 지방 체 조직 안에 있으므로 체내 칼륨 양을 측정하면 체지방 함량과 무 지방 체중을 측정할 수 있다.

2 흡수와 대사

식이로 섭취된 칼륨의 90% 이상이 흡수된다. 그러나 칼륨의 흡수는 그리 명확하게 밝혀지지 않고, 흡수위치도 아직 명확하지 않으나, 소장이나 대장으로 주로 흡수되는 것으로 간주되고 있다.

대부분 칼륨은 신장에 의해 배설되고, 대변으로도 소량 배설된다.
알도스테론이 신장의 칼륨 배설을 조절한다. 알도스테론은 포타슘 재흡수를 자극하지만 칼륨배설을 촉진한다. 칼륨은 소변의 칼슘 배설을 증가시키지만, 칼륨은 칼슘의 배설을 감소시킨다. 아울러 알코올과 많은 양의 설탕 섭취는 신장을 통한 칼륨 배설을 촉진하는 것으로 알려졌다.

3 생리적 기능

(1) 산과 염기의 균형유지

칼륨은 소디움과 함께 체내의 수소이온농도(H^+)교환이 가능하기에 세포 내 · 외액의 산 · 염기 평형을 유지하여 체액의 pH를 조절한다.

(2) 세포내의 삼투압과 수분의 정상유지

세포막은 물을 자유로이 통과시키는 성질이 있으며, 칼륨은 세포내액(intracellular)의 양이온으로 세포외액(extracellular)의 양이온인 소디움과 함께 체내의 삼투압과 수분을 정상 유지시켜준다.

(3) 근육과 신경활동에 관여

칼륨은 근육수축과 신경세포가 정상적으로 작용하도록 하는데 필수적인 양이온이다. 특히 심장근육, 횡문근, 평활근과 뇌신경세포의 활동을 정상적으로 유지시켜준다.

(4) 탄수화물과 단백질 대사 조절

칼륨은 탄수화물과 단백질 합성에 관여하는데, 탄수화물 대사에 필요한 효소의 활성에 관여하고 글리코겐과 단백질 합성에 필수적이며 글리코겐과 단백질의 이화작용[35)]시에는 분해된다.

4 결핍증 및 과잉증

혈청의 칼륨 농도가 매우 낮은 경우를 저 칼륨 혈증[36)](hypokalemia)이라고 한다. 이 경우에도 근육 약화, 신경불안, 정신적 장애가 올 수 있다.

식이에 의해 저 칼륨 혈증(hypokalemia)이 생기기는 힘드나 심한 설사나 구토의 경우 영양 부족으로 생길 수는 있다. 나트륨의 경우보다는 칼륨의 결핍증상이 발생하기 쉬우나 칼륨의 결핍증상도 흔하지 않은 경우이다.

칼륨이 혈청의 농도가 비정상적으로 높은 경우를 고 칼륨 혈증(hyperkalemia) 라고 하는데, 이 경우에 심장 박동이상과 심장이 멎는 경우가 생길 수 있다.

고 칼륨 혈증[37)](hyperkalemia)의 원인은 식이에 의해 생기는 경우는 거의 없다. 그러나 식이에 칼륨이 너무 많으면 저혈압을 일으킬 수 있다.

35) catabolism : 물질대사에서 화학적으로 복잡한 물질은 좀 더 간단한 물질로 분해하는 반응
36) **저 칼륨 혈증** : 칼륨이 혈액내 정상수준 이하로 낮은상태. 근육약화, 기력약화의 증상이 나타남
37) **고 칼륨 혈증** : 혈청 K가 5.5mEg/L 이상으로 상승하는 것. 신부전, K의 과잉투여가 원인

5 칼륨의 영양섭취기준

칼륨의 평균필요량, 권장섭취량, 상한섭취량에 대해서는 아직 결정되어 있지 않으나 성인의 경우 1일 충분섭취량은 3.5g으로 설정되었다. 대부분 일상식사를 통해 2~4g의 칼륨을 섭취하고 있는데, 한국인의 경우 2008년 국민건강영양조사에 의하면 평균 2.8g을 섭취하는 것으로 나타났다.

혈청의 K^+ 농도는 14-20mg/L이므로 이 농도를 유지하기 위해 적당량의 포타슘이 요구된다. 칼륨은 과일, 오렌지쥬스, 바나나, 채소, 신선한 고기에 많이 들어있다.

6 황 Sulfur, S

유황은 산소와 셀레늄과 화학적 특성이 비슷하며 티아민(B1), 메치오닌, 시스테인과 같은 아미노산의 구성원소이다.

1 체내분포

체 단백질의 구성성분이며 비타민이나 아미노산의 구성성분으로 존재한다.
신체의 세포에서 발견되며 체중의 약 0.25%를 차지한다. 황은 설프하이드릴기(-SH)이나 이황화결합[38](-S-S-)의 형태이며, 여러 물질을 구성한다.

황은 메티오닌, 시스테인, 시스틴, 비타민 티아민, 리포인산, 비오틴외 헤파린, 인슐린, 코엔자임A 등의 구성분이고 머리카락이나 손톱의 케라틴 성분이다.

2 흡수와 대사

식품중 황은 소장벽을 통해 흡수되며 무기형태로는 흡수되지 않는다.
함황아미노산[39]은 체내에서 신속히 중화되어 무기염(SO_4^{2-})의 형태로 체외로 배출된다. 소변으로 배설되는 황의 80~90%가 무기염의 형태이다.

3 생리적 기능

(1) 주요물질의 구성성분

함황아미노산인 메티오닌, 스시테인, 시스틴의 구성분이며 결체조직, 피부, 손톱, 발톱, 머리

38) 이황화결합 -S-S-
39) 함황아미노산

카락에 들어있다. 그 외 연골, 건, 골격, 피부 등에서 발견된다.

황은 인슐린, 항응혈성 물질인 헤파린, 보조효소로 작용하는 티아민, 리프산, 코엔자임A의 구성성분이다.

(2) 산화, 환원 반응

황은 글루타티온의 구성성분으로 체내에서 산화, 환원반응에 관여한다.

(3) 산, 알카리 균형

세포외액에 존재하는 황의 이온화형태인 황산염은 테내 산과 알카리 평형에 관여한다.

4 급원식품

육류, 생선, 가금류 및 콩 등의 단백질 식품 등에 많다.

*7 염소

Chlorine, 염소 음이온(chloride)는 가장 풍부한 세포안의 음이온이다. 체내 총량은 105g으로 소디움의 경우와 비슷하다.

1 체내분포

염소음이온은 세포액에서 가장 풍부한 음이온이며, 88%는 세포내액(intracellular fluid)[40]에 있고 12%는 세포간액(intercellular fluid)[41]에 있다. 염소음이온은 소디움 양이온(Na^+)을 중화시킨다. 70kg 성인의 체중의 경우에는 체중의 0.15%에 해당하는 105g 정도의 염소 음이온이 있다.

2 흡수

염소음이온은 완전히 소장에서 흡수된다. 세포막을 통과하는 경로는 여러 가지가 있으나 Na^+ 이온이 (소디움 양이온) 이동하면 전하의 균형을 맞추기 위해 염소 음이온이 이동한다.

40) 세포내액 intracellular fluid
41) 세포간액 intercellular fluid

3 생리적 기능

(1) 수분 평형과 삼투압

소디움과 마찬가지로 염소 음이온도 세포액에 포함되어 있고 수분평형과 삼투압을 조절한다.

(2) 체액의 pH조절

염소 음이온도 혈액 내에서 산알칼리의 평형을 유지시키는 역할을 하여 체액의 pH를 일정하게 유지시킨다.

(3) 위산의 성분

염소음이온(Cl^-)의 역할은 주된 전해질[42]의 작용과 함께 위의 HCl을 만드는 것이다.

(4) 적혈구 호흡 작용에 관여

또한 염소음이온은 HCO^{3-} 이온과 교환 작용이 적혈구 세포내에서 이루어지므로 체내배설물 탄산가스가 HCO^{3-} 로 변할 경우 이 염소 음이온은 HCO^{3-}를 plasma에서 제거해 줄 수 있다. 그러므로 적혈구 호흡 작용에 관여하는 셈이다.

4 결핍증

정상 상태에서 염소음이온 부족 현상이 일어날 수 없다.
소화기관의 이상으로 심한 설사 구토의 경우 결핍증이 일어날 수 있는데, 이 경우 발작이 수반될 수 있다.

5 염소의 영양섭취기준

염소에 대한 평균필요량, 권장섭취량, 상한섭취량은 설정되어 있지 않으나 한국인 성인 20~49세 남녀의 충분섭취량은 2.3g이다.

염소음이온의 요구량도 아직 설정되지 않았으나 1일 염소 음이온(Cl^-) 요구량은 750mg 정도이다. 염소음이온의 혈중 농도는 101~111mEq/L 이 유지되어야 한다.

염소 음이온은 대부분 NaCl의 형태로 식이중에 포함되어 있다. 가공식품에서 소금의 형태로 풍부히 있다. 염소 음이온은 달걀과 신선한 고기 그리고 해산물에도 있다. 염소의 1일 성인 소비량은 50~200 mEq 정도이다.

42) 전해질 electrolyte : 화학적으로 물 또는 극성용매 속에서, 양이온과 음이온으로 전리하여, 그 용액이 전도성을 나타내는 물질

03 미량원소 microminerals

필수 미량 원소는 체내에 미량으로 존재하는 원소로 하루 100mg 이하로 요구되며 체중의 0.01%이하로 함유되어 있으나 체내 대사 작용에 필수적이다. 철, 요오드, 구리, 코발트, 망간, 셀레늄, 아연, 몰리브덴, 불소, 크롬 등이 필수 미량 원소로 분류되며, 납, 알루미늄, 카드뮴, 수은 등은 체내에 미량 존재하나 필수 원소로 간주되지는 않는다.

1 철 Iron, Fe

Iron, 철은 전이 금속으로 헤모글로빈[43]에서 산소를 운반하는 작용을 한다. 철의 산화 상태가 여러 가지이지만 주로 Fe^{2+}(ferrous)와 Fe^{3+} (ferric) 상태로 인체에 작용한다. 그러므로 철은 산화 또는 환원 시킬 수 있는 화합물과 pH가 같은 조건들은 철의 흡수와 체내 작용에 영향을 미칠 수 있다. 아울러 철은 화학적 특성이 비슷한 전이 금속들과 서로 상호작용을 할 수 있다.

1 체내분포

인체는 3~5g의 철을 함유하고 있다.
여성은 체중 1kg당 38mg을 남성은 체중 1kg당 50mg의 철분을 가지고 있는 셈이다. 혈액의 철분 농도는 0.5mg/100mℓ 이다. 우리 몸의 철 중 65%는 헤모글로빈에 있고 10%는 미오글로빈에서, 5%정도는 시토크롬[44]과 같은 효소와 작용을 하고 나머지 소량은 혈액에 있거나 저장되어 있다. 철은 우리 몸과 식이에서는 Ferrin(Fe^{3+})와 Ferrous(Fe^{2+}) 형태로 되어 있으나 철은 Fe^{6+}의 형태를 취할 수도 있다.

인체 내의 총 철분은 세 가지 부류로 나눌 수 있는데 다음과 같다.

- **기능형태 철** – Hb, Mb, enzymes(헴 형태와 비헴형태)
- **이동형태의 철** – Transferrin
- **저장형태의 철** – Ferrition 그리고 Hemosiderin

철은 주로 O_2를 나르는 hemoglobin 과 myoglobin의 성분으로 체내 총량은 3~5g 정도이고, 이중 90%가 헤모글로빈(85%)과 미오글로빈(5%)에 존재하며 나머지는 전자전달계의 시토크롬

43) 헤모글로빈 hemoglobin
44) 시토크롬 cytochrome

등에 포함 되어 있다.

저장형 철은 패리틴이나 헤모시데린의 형태로 간 등에 저장되어 있고 철이 체내에서 이동 될 경우에는 트랜스패린이란 당단백질에 결합되어 운반된다.

태아의 경우는 혈중 30~40% 트랜스패린이 철과 결합상태로 존재한다.

2 흡수 및 대사

식이 중의 철분은 헴과 결합된 헴형 철[45]과 헴과 결합되지 않은 비 헴형 철분 형태로 분류할 수 있는데 그 형태에 따라 소화와 흡수 경로가 다르므로 흡수율도 다르다. 철분의 흡수는 소장 전반에 걸쳐서 일어나는데 헴형 철과 비 헴형 철의 경우를 설명하면 다음과 같다.

(1) 헴형 철의 소화 및 흡수

헴형 철은 흡수되기 전에 Hb나 Mb에서 다음과 같이 가수분해 되어져야 한다.

$$\text{Hb, Mb} \xrightarrow[\text{위, 소장}]{\text{Proteases}} \text{Heme의 유리}$$

$$\text{유리된 헴} \xrightarrow[\text{소장 점막세포}]{\text{Heme oxygenase}} \text{protoporphyrin} + Fe^{2+}$$

유리된 Fe^{2+}은 소장에서 흡수되어 체내에서 이용된다. 소장에서의 철분 흡수율은 Fe^{2+}(ferrous, 환원철, 제 1철)상태가 Fe^{3+}(ferric, 산화철, 제 2철)상태 보다 흡수되기 쉽다.

(2) 비 헴형 철의 소화와 흡수

비 헴형 철[46]은 위에서 염산이나 효소의 작용을 받아 다음과 같이 유리된다.

$$\text{결합된 비 헴형 철} \xrightarrow[\text{위}]{\text{HCl과 protease}} Fe^{3+} \text{ 유리 (stomach).}$$

위에서 비 헴형 철로부터 유리된 철은 대부분 Fe^{3+}형태이지만 Fe^{2+}형태로 변할 수도 있고 그대로 소장으로 이동하기도 한다.

철은 헴과 결합되어 있는 경우와 heme과 결합되지 않은 경우가 있는데, 동물성 식품에 함유된 철(헴 철)이 곡류, 채소 등과 같은 식물성 식품에 함유된 철(비 헴 철) 보다 흡수되기 쉽다. 동

45) 헴 iron : 쉽게 흡수되는 철분의 형태로 동물성 식품이 많다.
46) 비헴철 nonhemeiron : 흡수가 잘 되지 않는 철분의 형태로 동물성과 식물성 식품 모두에 있으며 헤모글로빈과 미오글로빈에 결합되지 못한다.

물성 식품 중에 포함된 철분은 40% 정도가 헴형 철분이므로 거의 모든 철분이 비 헴형으로 되어 있는 식물성 식품보다 흡수율이 2배 정도 높은 20%에 달한다.

위와 소장의 철은 위산, pH 그리고 다른 조건에 따라서 산화 상태가 달라질 수 있다. 소장에서의 3가 철이온(Fe^{3+}) 형태의 철은 췌장액과 섞여서 $Fe(OH)_3$ 형태로 되어 불용성이 될 수 있으므로 흡수율이 낮지만, 소량은 chelate에 의해 흡수될 수 있고, 십이지장의 cytochromeb[47]에 의해서 Fe^{2+}로 변할 수도 있다.

식이 중의 철분 흡수율은 약 15%로 매우 낮은 편이지만 철의 흡수율은 공급원에 따라 다음과 같이 달라질 수 있다.

[표 8-16] 철의 흡수율

식이	흡수율
곡류, 채소류, 두류 등	1~10%
육류, 대두, 생선 등	10~30%
혼합식이	10%

식품속의 철은 3가 철이온[48]과 2가 철이온[49] 상태로 되어 있고 2가 철이온 형태가 흡수되기 쉽다.

식품중의 철은 3가 철이온의 형태가 2가 철이온의 형태보다 많지만 위산(HCl)에 의해 3가 철이온의 형태는 흡수되기 쉬운 2가 철이온의 형태로 전환되어 쉽게 흡수된다. 그러므로 위의 이상으로 위산 분비가 감소된 상태는 철의 흡수율이 낮아진다.

비타민 C는 Fe^{3+}를 Fe^{2+}로 환원시켜 철의 흡수를 높이고, 구연산등 유기산들은 철과 가용성 염을 만들어 철 흡수를 높이는 것으로 알려 졌는데, 철의 흡수에 영향을 미치는 인자는 다음과 같다.

[표 8-17] 철의 흡수를 증진시키는 요인과 저해시키는 요인

증진요인	저해요인
HCl(위 산) 동물성식품 젖산, 구연산 succinate, pyruvate 임신 · 수유기, 성장기, 아동기 저 영양상태, 빈혈 ascorbate등 유기산 환원제등 histidine등 아미노산 chelator등 육류, 가금류, 어류 및 그 산물 mucin	식물성식품 탄닌산 인산염, 수산, 과잉의 섬유소 식이 다량의 무기질 섭취 polyphenol 위산 분비 부족 시금치에 있는 oxalate 두류, 곡류에 있는 phytate등 EDTA 달걀노른자 칼슘, 아연, 망간, 니켈

47) cytochromeb : 프로토헴을 함유하는 시토크롬의 총칭
48) 3가 철이온 ferrous iron : Fe^{3+}
49) 2가 철이온 ferrous iron : Fe^{2+}

철은 체내에서 이동될 때 트랜스페린[50)]이란 단백질에 의해 운반되며 저장되는 철은 ferritin 형태로 저장된다.

Fe^{3+}이온은 트랜스페린에 의해서 혈액에서 이동된다. 철이 트랜스페린에 결합되려면 Fe^{3+}로 되어야 한다. 트랜스페린은 간에서 만들어진 당 단백질이며, 반감기는 7-10일이다. 트랜스페린에 있는 철은 식이로부터 온 새로운 것이거나 재생된 철도 있다.

철분의 저장형태인 페리틴은 간, 지라, 골수 그리고 소장 등에서 합성된다.
페리틴은 안전한 화합물이 아니고 계속 분해되고 재합성되므로 세포간의 철분 pool의 역할을 할 수 있다. 페리틴[51)]은 조직과 혈청에도 있는데 이 둘 사이에는 평형이 유지되고 있어 혈청 페리틴이 신체의 철분 저장의 척도가 되기도 한다.

철은 소장을 통해 흡수되어 간 문맥을 통해 간에 이동되며 저장되어 있다가 각 조직으로 운반되어 사용되어 진다. 빈혈인 경우는 철의 흡수가 증가되며, 체내 철분이 많으면 철은 페리틴에 결합되어 배설되고 철분이 부족하면 철은 트랜스페린에 의해 운반된다.

여분의 철은 페리틴의 형태로 주로 비장과 간에 저장되고 남은 여분의 철은 간에서 헤모시데린 형태로 저장된다.

헤모시데린[52)]은 또 다른 철저장 단백질인데. 페리틴의 분해된 산물로 여겨지며, 헤모시데린의 철 함량은 50%정도 된다.

식이내 철분 흡수는 매우 낮은 편이지만(약 15%), 일단 체내로 흡수된 철분은 90% 이상이 다시 사용되므로 잘 배설되지 않으나 남자는 하루 1 mg, 생리기간이 지난 여성은 0.8 mg 정도의 철을 대변, 피부 그리고 신장을 통해서 배설하고 있다. 철의 배설양은 성(gender), 표면적의 크기와 특히 여성은 연령에 의해서 달라질 수 있으므로, 생리를 수반하는 가임 여성의 철분 배설은 매일 1.4mg정도까지 증가될 수 있다.

3 생리적 기능

철은 체내에서 여러 단백질과 결합하여 작용한다.
체단백질 중에서 철은 헴형과 비 헴형으로 작용하고 있다. 헴형의 철이 작용하는 것은 Hb, Mb, 시토크롬 등이고 황단백질과 작용하는 철은 헴형이 아니며, 철 단일 원자를 함유한 효소(monooxidenase와 dioxygenase) 등이 있다.

50) 트랜스페린(transferrin) : 혈중 철을 운반하는 단백질
51) 페리틴(Ferritin) : 주된 철 저장 단백질
52) 헤모시데린(Hemosiderin) : 철을 다량 함유하는 단백질의 하나

(1) 헤모글로빈(Hemoglobin)[53] (Hb)과 미오글로빈(yoglobin) (Mb)

Hb는 적혈구에서 합성되고 산소 운반을 하는 단백질이며 철이 함유된 헴부분과 apoprotein[54] 부분으로 된 4개의 단위[55]를 가진 산소운반체인데, 철은 Hb중에서 산소를 운반하는 역할을 한다.

Mb는 Hb와는 달리 근육에 있고 1개의 단위로 된 산소운반체이다. Hb가 합성되기 위해 필요한 철은 트랜스페린이 운반한다. Hb와 Mb외에 전자전달 단계에서 전자를 전달하는 단백질인 시토크롬도 헴형 철을 함유하고 있다.

철은 적혈구에서 헤모글로빈의 헴 성분과 근육의 미오글로빈의 헴 성분으로 O_2 의 운반체 역할을 하여. CO_2를 폐로 운반하는 역할도 한다.

(2) 철은 골수에서 피를 만드는데 사용된다.

페리틴(Ferrin)으로 저장된 철은 헤모글로빈 합성에 이용된다.
신진 대사되는 적혈구가 파괴되면 철의 90%는 다시 이용될 수 있다. 철이 저장된 양은 성인의 경우 0.5~1g 인데 저장된 철이 필요에 따라서 ceruloplasmin[56] 이란 효소에 의해 혈중으로 유리된다.

(3) 효소에서의 역할

전자전달 단계에서 작용하는 황 함유 비헴형 효소들과 전자전달단계 이외에 여러 가지 철 함유 효소들이 생체반응에 참여하고 있다. 철의 작용하는 효소는 catalase, cytochroms, oxidase 그리고 peroxidase 등이며, 철은 체내 면역 작용에도 관여하므로, 철분이 부족하면 감염에 대한 저항성이 약해질 수 있다.

한편 철과의 서로 상호 작용하는 원소 및 영양소들은 비타민 C, 구리, 아연, 비타민 A, 납 그리고 셀레늄 등이 있다.

4 결핍증 및 과잉증

유아나 어린이, 청소년, 아이를 기르는 여성 그리고 임신여성에게는 철의 공급이 부족할 수 있다. 철 결핍성 빈혈은 체내 철이 완전히 고갈될 때까지 일어나지 않는다.

혈액의 헤모글로빈 정상치는 남자가 14~18g/dℓ이고 여자가 12~16g/dℓ이므로 혈액 중 Hb함량

53) Hemoglobin : 적혈구에서 합성되고 산소를 운반한다.
54) apoprotein : 단백질성분과 비단백질 성분이 결합하여 활성물질을 만드는 경우. 단백질 성분을 이르는 말
55) subunit : 효소등의 생체 고분자화합물 또는 생체입자가 복수의 구성성분의 회합에 의해 성립되어 있는 경우. 그 구성성분을 이르는 말
56) ceruloplasmin : 혈장중에 있는 구리와 결합하는 단백질

이 여성은 12g/dℓ이하 남성은 14g/dℓ이하는 철 결핍성 빈혈이라고 할 수 있고, 헤마토크리티[57]의 정상범위는 남자의 경우 40~54%, 여자의 경우 37~47% 이므로 헤마토크리티 농도가 여성의 경우 37% 이하, 남성의 경우 40% 이하면 철 결핍성 빈혈이라 할 수 있다. 혈청 페리틴 농도의 정상 수준은 남녀 모두 100±60ug/dℓ이고, 혈청내 철 함량은 115±50ug/dℓ인데, 페리틴의 혈청 농도가 10ug/dℓ이하이고, 혈청내 철 함량이 40ug/dℓ이면 철 결핍성 빈혈이라고 할 수 있다.

철 결핍이 일어나기 쉬운 시기는 영아, 성장기 아동 및 청소년, 가임기간의 여성, 임신부 등이다. 철 결핍성 빈혈은 Hb의 감소, 색깔이 정상보다 연하고 크기가 작은 저 색소성, 소 적아구성 빈혈이 생기며 헤마토크리티나 혈청철의 농도도 낮아진다. 철 결핍성 빈혈의 증상은 창백함, 피로 현기증, 작업능력의 저하 등이다. 어린아이의 경우 철분이 부족하면 처음에는 학업 능력이 저하되고, 면역기능이 약화되어 감염에 대한 저항력이 약해지기도 하며, 심해지면 지적능력이 약화되므로 학업능력이 저하 될 수 있고 성장 저해도 일어날 수 있으므로 성장하는 어린이의 경우 철분이 부족하지 않도록 식이에 대한 관심을 가질 필요성이 있다.

철분의 과잉증상은 흔하지는 않지만 어린이의 경우 비타민이나 미네랄 첨가제를 많이 섭취할 때 유발되는 경우와 유전적으로 생기는 혈 색소증[58](hemochromatosis)을 들 수 있다.

유전적인 질환인 혈색소증(hemochromatosis)으로 간, 심장, 췌장, 피부 등의 조직에 철이 과잉으로 저장되어 이 기관들의 기능을 방해하여, 피부가 갈색으로 변하고 간과 기타 기관에 손상을 가져올 수 있다. 간 조직에 철 성분이 쌓이는 경우에는 나이 50정도 되면 간 경변[59](cirrhosis)이 생길 수도 있다. 한편 철 함량이 많은 포도주를 매일 먹는 경우에도 철의 과잉 증상이 나타날 수도 있는데. 이런 경우에는 포도주 자체에 철분 함량이 높을 뿐 아니라 포도주의 알코올 성분도 철 흡수를 증진시키기 때문이다.

5 섭취량 및 급원식품

남성의 철 평균필요량은 매일 7.7mg 정도이며, 생리중인 여성의 평균필요량은 매일 10mg 섭취를 권장하고 있다. 특히 여성의 경우는 생리나 수유 등의 조건에 따라 철 요구량이 달라질 수 있다.

철의 공급원은 간, 육류, 해산물, 두류, 녹엽식물, 채소, 곡류 등이 있고 철분 첨가제도 좋은 공급원이다. 철분 첨가제의 경우는 비헴성 철이므로 ascorbate[60]를 첨가하면 흡수를 증진 시킬 수 있다. 철의 급원식품으로는 식물성 식품보다는 헴 철의 동물성 식품의 흡수가 유리하다. 쇠고기, 간, 콩류, 계란, 돼지고기 등이 그 대표이다. 그 다음으로는 두류나 가공식품(빵, 면류), 녹색 채소류가 있다.

57) hematocrit : 전체 혈액에 대한 혈구성분
58) 혈 색소증 : 선천성 철 대사이상에 의한 체내에 철이 이상적으로 침착하는 상염색체 열성질환
59) 간 경변 : 간세포의 변성과 재생, 결합조직의 생성 증가로 인해 간소엽구조의 새로운 형태로 보이는 병태
60) ascorbate : 비타민 C의 강화제

철은 식이에 널리 분포되어 있으며, 식이에 heme형과 비 heme형의 두 상태로 되어 있다.

- **헴형 철** – Hb와 Mb, 육류에 들어 있는데 육류, 어류, 가금류가 그 예이고 육류의 철중 약 40%가 heme형이다.
- **비 헴형 철** – 육류중 heme형을 제외한 비 heme형 철은 식물성 식품에 있는데 두부, 채소, 곡류, 과일 등이 있고 유제품인 우유, cheese, 그리고 달걀등도 있다.

2 아연 Zinc, Zn

Zinc, 아연은 전이금속으로 메탈로타이오닌[61](metallothionein) 과 세포내에서 결합될 수 있다. 아연은 유전자 표현에 관여하고 있고 면역작용에 중요한 역할을 하는 것으로 알려졌다.

1 체내 분포

아연은 인체에 1.5~2.5g 정도로 적은 양이 포함되어 있다.
아연은 주로 Zn^{2+} 형태로 체내에 있으며, 뼈, 간, 콩팥, 근육, 피부, 그리고 체액에도 분포되어 있다.

2 흡수 및 대사

아연은 소장에서 흡수되는데 소장 중에서도 공장이 아연의 주된 흡수 위치이다. 위와 대장에서도 소량 흡수된다. 아연의 흡수율은 20~40% 이다.

아연은 운반체에 의해서 또는 확산에 의해서 세포내로 흡수된다. 그때 ATP가 필요한지는 확실치 않다. 식이 중의 아연은 단백질이나 핵산 부분에 연결되어 있기 때문에 흡수되기 위해서는 가수분해 되어져야 한다.

소화 과정에서 아연은 식품으로부터 유리 되어지는데, 이때 위와 소장의 단백질 분해 효소와 핵산 분해효소가 작용한다.

HCl도 아연소화와 흡수에 중요한 역할을 하는 것으로 알려졌다.
HCl은 아연을 식품에서 유리시키고 Zn^{2+}로 만들어 흡수하기 쉽게 한다. 소화기관에 pH가 증가하면 아연의 흡수는 낮아진다.

61) metallothionein : 아연, 구리와 결합하는 단백질로서 점막세포에서 혈액으로 흡수를 제한한다.

[표 8-18] 아연흡수에 영향을 미치는 요인들

흡수 촉진 인자	췌장 분비물 Citric acid Picolinic acid Cysteine, histidine
흡수 저해 인자	Phytate, caffeine, 식이섬유, oxalate, polyphenols, folic acid Ca^{2+}, Cu^{2+}, Fe^{2+}(non-heme), P 장염 등 소화계 질환

아연은 알부민[62]과 약하게 결합되어 소장에서 간 문맥으로 이동한다. 간으로 이동된 아연은 간에 축적된다. 간에서는 주로 알부민에 의해서 혈액으로 이동된다. 알부민은 아연의 60%를 수송한다. 알부민외에도 transferrin, IgE, 히스티딘 그리고 시스테인도 아연을 운반하는데, 알부민에 결합한 아연이 가장 빠르게 조직에 의해서 흡수된다.

아연은 모든 장기에서 발견되며, 간, 신장, 근육, 피부 그리고 뼈에 많이 저장되어있다. 대부분 조직과 세포, 특히 뼈에 저장된 아연은 안전하므로 식이 아연이 낮을 지라도 유리되지 않는다. 아연은 구리와 마찬 가지로 metallothionien에 의해서 운반될 수 있다. 그러므로 식이 아연이 낮을 경우는 혈장 중의 아연 함유 효소와 metallothionein이 아연을 공급한다.

Metallothionein은 간과 췌장, 신장, 소장 그리고 적혈구 세포에서 발견되며 카드뮴, 구리 같은 금속을 운반하는 단백질로, metallothionein에서 아연의 유출은 protease에 의해서 가능하다.

3 다른 영양소와의 상호작용

아연은 구리와 길항작용을 한다. 즉 아연 과량 섭취는 구리흡수를 방해 할 수 있다. 아연을 첨가하고 칼슘 섭취가 낮으면 칼슘 흡수가 감소될 수 있으나, 칼슘 섭취가 적절하면 아연 함량이 높을 지라도 칼슘 흡수는 정상이다.

카드뮴은 아연 기능을 방해 할 수 있다.
아연의 흡수를 높인다고 알려진 Zn-binding protein 은 모유 속에 많이 들어 있어 모유 중의 아연은 흡수가 잘 되는 것으로 알려졌다.

철, 킬레이트[63]들은 아연과 결합하므로 이들은 아연 흡수를 증진시키거나 방해할 수 있다.

4 배설

아연의 배설은 주로 대변으로 배설되며, 소변으로는 매일 0.1mg 이하로 배설되고 피부와 땀으

62) 알부민 albumin : 수용성인 단백질의 총칭
63) 킬레이트 chelator : 킬레이팅 시키는 화합물

로는 매일 0.6mg 이하로 배설된다. 대변에 비하여 소변으로 아연 배설이 낮은 것은 신장에서 아연이 재흡수 되기 때문이다.

5 생리적 기능

(1) 효소 활성에서의 역할

아연은 300여 가지 효소의 구성요소로 작용을 한다.
아연은 여러 metalloenzymes의 조효소이다. 유리 라디칼로부터 세포를 보호하며 슈퍼옥사이드 디스뮤타제[64]의 생성에 관여한다.

(2) 핵산 대사를 비롯한 체내 대사에 작용

아연은 탄수화물 대사에 영향을 주며 인슐린의 기능을 증진시키기도 한다. 아연은 특히 핵산 대사에 관여하는 단백질 합성을 조절하여 조직의 성장을 조절한다. 아울러 transcription factors 라고 알려진 아연 구조(zinc fingers)를 가지고 있어 DNA-결합 단백질의 구조적 성분으로 역할을 한다. 아연은 이외에도 세포막의 구조를 안정시키는 역할을 하는 것으로 알려졌다.

(3) 체내 면역 기능과 기타작용

아연이 부족하면 상처의 회복이 늦어지는 것으로 알려졌다. 아연은 체내 면역작용에 관여하여 면역기능이 원활하도록 역할을 한다. 아연은 아울러 조직과 세포의 성장, 세포의 분화, 뼈 형성, 피부대사, 호르몬의 구조 그리고 gene expression[65]에 관여 하는 것으로 밝혀졌다.

6 결핍증 및 과잉증

아연이 부족하면 비타민 A 이동이 감소되고 알부민, 트랜스패린 등 운반 단백질의 농도 저하를 가져 올 수 있다. 아연의 결핍현상은 식이내 함유된 피틴산이나 섬유질에 의해서 야기 될 수 있다. 아연에 결핍되면 성장불량, 근육이상, hypogonadism(성격발달장애)가 올 수 있고 피부의 각질화, 맛의 감각소실, 성장이상, 부상 치료지연, 탈모 등 여러 증상이 야기 될 수 있고, 특히 체내 면역 작용이 약화된다.

아연 결핍이 흔히 있지는 않으나, 아연의 결핍은 여러 요인에 의해서 비롯될 수 있다. 즉 알콜 중독증, 간과 신장질환, 만성질환, 스트레스, 수술, 섭취부족 등으로 비롯될 수 있다. 그리고 노년층에서 채식주의 자에게도 아연의 공급이 적정 수준보다 낮은 것으로 나타났다.

64) 슈퍼옥사이드 디스뮤타제 superoxide dismutase : 유퍼옥사이드 유리라디칼을 중성화시켜 산화를 막음으로써 세포를 보호한다.
65) gene expression : 유전자빈혈

과량의 아연 섭취는 독성을 유발한다.

매일 225~450mg의 아연 섭취시 구토 및 혈변을 보는 단기간의 독성현상이 나타날 수 있고, 오랫동안 40mg 씩 매일 장기간 급여하면 아연 독성 현상이 나타날 수 있다. 그러므로 아연 독성수준은 매일 40mg을 섭취하는 수준이 될 수 있으므로 그 이하의 수준에서 섭취해야 한다.

7 섭취량 및 급원식품

아연의 흡수율을 20%로 간주할 때 성인의 경우 하루 아연의 평균필요량은 성인 남자 8.1mg, 성인 여자는 7.0mg이다. 혈장 아연농도와 소변으로 배설되는 양을 기준으로 아연의 적절한 상태를 유지하기 위해서 평균 2.5mg의 아연이 흡수되어야 한다.

그러나 우리나라 식이가 곡류 중심임을 감안하여 성인남자는 1일 10mg, 여자는 8mg을 권장하고 있다. 아연의 요구량은 나이, 임신 수유 등의 경우에 따라 다소 달라 질 수 있으며, 아연의 적정 수준은 섭취, 흡수 배설을 고려하여 결정되어 진다.

[표 8-19] 아연의 영양섭취기준

성별	연령	평균필요량	권장섭취량	충분섭취량	상한섭취량
영아	0~5(개월)			1.7	
	6~11	2.3	2.8		
유아	1~2세	2.4	3		6
	3~5세	3.2	4		8
남자	6~8(세)	4.5	5		13
	9~11	6.4	8		18
	12~14	6.6	8		25
	15~18	8.2	10		30
	19~29	8.1	10		35
	30~49	7.9	9		35
	50~64	7.5	9		35
	65~74	7.2	9		35
	75세 이상	7.1	9		35
여자	6~8(세)	4.4	5		13
	9~11	6.2	7		18
	12~14	6.2	7		25
	15~18	7.2	9		30
	19~29	7.0	8		35
	30~49	6.8	8		35
	50~64	6.3	8		35
	65~74	6.0	7		35
	75세 이상	6.0	7		35
임신부		+2.0	+2.5		35
수유부		+4.0	+5.0		35

아연의 식이내 함량은 식이마다 큰 차이가 있는데, 아연의 제일 좋은 급원으로는 육류와 해산물, 간, 달걀 등 이다. 곡류 중에는 배아나 외피에 많이 함유되어 있어 도정하지 않은 곡류에도 상당량 들어있다. 이처럼 전곡, 곡류 등의 식물성 식품에는 절대적인 섭취량이 많아서 비교적 아연의 좋은 급원이지만 일반적으로 식물성 식품 중의 아연은 섬유소, phytate[66] 등에 의해 흡수율이 낮은 편이며 더욱이 식품을 가열하면 이용률이 낮아진다. 완전 채식주의자(vegetarian)은 아연의 섭취가 부족할 수 있으나 첨가제를 이용하여 공급 될 수 있다.

3 요오드 Iodine, I

요오드는 식품중에 요오드 이온 형태로 존재하며, 필수적인 미량 영양소이다. 요오드는 iodide(I^-) 형태로 갑상샘 호르몬에 결합하여 작용한다.
인체에는 15~20mg의 요오드를 함유하고 있다.

1 체내 분포

성인 체내에 함유된 총 요오드량은 대략 15~20mg에 달하는데, 이중의 70~80%는 갑상선에 존재하고, 나머지는 근육, 피부, 골격, 타액 등에 존재한다. 혈액 중의 요오드는 대부분 혈중 단백질과 결합되어 protein bound iodine[67](PBI)를 형성하며, 갑상선 활성을 재는 척도가 된다.

2 흡수 및 대사

식이요오드는 IO^{3-}나 I^-로서 아미노산에 연합 되었든지 또는 유리 형태로 발견된다.
소화되면서 Iodate(IO^{3-})는 환원되어 요오드 음이온(I^-)으로 된다.
요오드 음이온은 위를 포함하여 소화기관 전반에 걸쳐서 빠르게 그리고 완전히 흡수된다. 소량의 아미노산 형태나 유기형태의 요오드도 흡수되는데, 요오드 음이온이 쉽게 흡수된다.

흡수 후에 요오드 음이온이 혈액으로 이동된다. 요오드 음이온은 세포 내액에 널리 퍼져있고 세포 내액에서 모든 조직으로 이동된다. 요오드 음이온은 선택적으로 갑상선에 농축되고, 보다 적은양이 난소, 태반, 피부, 침 그리고 유선 등에서 발견된다.

갑상선의 요오드 농도는 혈액의 50배에 이른다. 갑상선은 체내 요오드의 80% 까지 함유한다. 소변중의 요오드의 배설은 혈중의 요오드 농도와 식이내의 요오드 함량에 따라서 달라질 수 있

66) phytate : 피틴 가수분해효소
67) protein bound iodine : 혈액에서 단백질에 결합되어 있는 요오드

으나 신장은 요오드를 보존하는 기능이 없으므로 배설되는 요오드 중에서 80~90%를 신장이 배설시킨다. 대변으로는 총 배설 요오드의 20% 이하가 배설 되는데 그 양은 매일 6.7~42.1 ug 정도가 되며, 땀이 많이 나는 경우에는 요오드가 땀으로도 배설된다.

3 생리적 기능

• 갑상선 호르몬의 성분

요오드의 주된 기능은 체내 대사율을 조절하고 성장 발달을 촉진하는 갑상선 호르몬인 테트라요오드티로닌[68]과 트리요오드티로닌[69]을 갑상선에서 합성하는 것이다. 테트라요오드티로닌은 요오드 4분자가 결합되어 있는 호르몬이고, 트리요오드티로닌은 요오드 3분자가 결합되어 있는 호르몬이며, 흡수 될 때의 활성은 75% 수준이다. 이 호르몬은 아미노산인 티로신 유도체라고 할 수 있는데 뇌하수체 전엽에서 분비하는 갑상선자극호르몬(TSH)에 의해 조절된다. 갑상선 자극 호르몬(TSH)은 혈장 갑상선 호르몬 농도가 저하될 때 뇌하수체에서 분비되어 갑상선세포에서 요오드를 받아들이도록 자극함으로써 호르몬의 공급과 수요간 균형을 유지시킨다.

이 호르몬은 신체 모든 조직의 대사를 원활하게 하여 정상적인 성장을 유지시키고, 지능을 발달하도록 한다. 이들 갑상선 호르몬은 갑상선 내에서는 티로글로블린이라는 당단백질과 결합하고 있으며, 뇌하수체에서 분비되는 갑상선 자극 호르몬[70](thyroid stimulating hormone, TSH)의 자극으로 티로글로블린에서 유리되어 혈액으로 분비된다. 혈액 내에서 갑상선 호르몬은 다시 혈장단백질인 thyroxine-binding globulin(TBG)과 결합되어 각 조직으로 운반된다.

갑상선의 작용을 저해하는 물질도 있는데, arsenic, goitrogenic, 그리고 triocyanate는 갑상선이 요오드 흡수를 저해하는데 방해를 한다. 이 외에도 페놀 화합물, 캐비지, 캐일등도 갑상선의 요오드 흡수를 저해한다.

갑상샘 기능장애는 세계적으로 흔한 내분비계 이상이다. 과거에는 요오드 부족으로 인한 단순 갑상샘종이었으나 최근에는 요오드 첨가된 소금이나 보존제 섭취로 1일 필요한 150μg/d을 증가하는 수준으로 과다섭취하는 독성 증세가 나타난다. 갑상샘 질환은 요오드가 부족해도 과잉이어도 나타난다. 또한 원인으로는 다양하여 유전, 환경으로 방사선에 노출경험, 과도한 스트레스, 뇌하수체 질환, 흡연, 음식이나 약물을 통하여 나타난다. 요오드 섭취량과 갑상샘 질환의 발병률 사이의 관계는 u자형을 나타낸다.

4 결핍증 및 과잉증

68) 테트라요오드티로닌 : T_4
69) 트리요오드티로닌 : T_3
70) 갑상선 자극 호르몬 : 뇌하수체전엽의 호염기세포로부터 분비되는 단백성의 호르몬

요오드 결핍은 갑상선 호르몬 생성과 연결된다. 식이내 불충분한 요오드 공급은 먼저 갑상선 기능이 저하되고, 갑상선의 요오드 저장이 고갈되어 T4, T3의 생산이 감소된다. 혈액내 T4가 감소되면 TSH(Thyroid-stimulation hormone)의 분비가 촉진되어 갑상선이 비대해진다. 식이내 요오드를 적절히 공급해주면 갑상선의 크기가 정상으로 될 수 있다.

요오드의 결핍이 오래되어 심해지면 필요한 요오드를 더 얻어 호르몬을 더 생산하기 위해 갑상선이 커지는 갑상선종[71)](goiter)이 생길 수 있고, 그 증상으로는 호흡곤란 증세등이 나타난다. 산모의 요오드결핍은 태반의 요오드결핍을 유발하여 유아의 경우 정신박약, 성장지연, 청력감퇴, 근육 각화증 등을 초래하며 이로 인해 왜소증 등의 증상이 나타나는 크레틴 증상이 나타날 수 있다. 크레아틴 병은 주로 기초대사율이 감소되어 일어나는 증상인데 남성보다 여성에게 발생하는 경우가 많다.

요오드가 체내에 매일 1,700ug 이상 공급되면 독성을 유발할 수 있다.
요오드가 체내에 과다하게 투입되면 갑상선 기능 항진증과 바세도우씨 병같은 중독증이 생길 수 있다.

갑상선 기능이 과다해지면 기초대사율이 증가하여 여러 과잉 증상이 생길 수 있으므로 요오드의 섭취량은 매일 1,100ug을 넘지 않는 것이 바람직하다.

5 요오드 섭취량 및 급원식품

성인 1일 요오드의 요구량은 50~75μg 이며, 미국에서는 150μg/day 요오드를 권장하고 있고 임신과 수유의 경우는 요구량은 증가한다.

식이의 요오드 함량은 다양하다. 왜냐하면 식이중의 요오드 함량은 식물이 자란 토양의 요오드 함량과 비료중의 요오드 함량에 따라 달라지기 때문이다. 지역에 따라 토양속의 요오드 함량도 차이가 있는 것으로 나타났다.

해수와 해산물에서 요오드가 많이 발견된다.
바닷물고기는 kg당 3000ug까지의 요오드를 함유하고 있으나 민물고기는 kg당 40ug정도의 요오드를 함유하고 있다. 그 외의 식품 첨가제에도 요오드가 함유되어 있다.

영 · 유아의 식생활 패턴 변화와 최근 방사성 요오드에 대한 영 · 유아의 민감도를 감안해 영 · 유아용 식품에 대한 요오드 기준을 우유, 유제품과 별도로 마련해 관리하기로 하였다. 영 · 유아(0~6세) 100Bg/kg을 우유, 유제품 50Bg/kg과 별도로 신설해 관리를 강화한다.

71) 갑상선종 goiter

4 구리 Copper, Cu

Copper, 구리도 전이 금속으로서 Cu^{1+}(fuprous) Cu^{2+}(cupric)상태로 우리 몸에 작용한다. 구리는 아연과 같이 화학적 성질이 비슷한 전이 금속들과 상호작용을 할 수 있다.

1 체내 분포

성인의 체내 구리 수준은 50~150mg 정도이다. 인체에서 구리는 Cuprous(Cu^{+}) 와 cupric(Cu^{2+}) 상태를 유지하고 있다.

혈장내 구리의 90% 이상은 ceruloplasmin이라는 단백질과 결합하고 있다. 구리는 체내 모든 조직 및 기관 내에 함유되어 있으나 특히 간, 뇌, 심장, 신장들에 많은 편이다.

2 흡수 및 대사

구리는 소장 상부인 십이지장에서 흡수되고, 위에서도 조금의 흡수가 일어날 수 있다. 성인의 구리 흡수율은 약 10~55% 정도이다. 구리는 아연과 마찬가지로 메탈로타이오닌과 결합하여 소장의 흡수세포를 통과하고 문맥으로 이동한다.

거의 모든 구리는 Cu^{2+}형태로 식품 안에서 단백질의 아미노산과 결합하고 있다. 그러므로 흡수되려면 단백질에서 Cu^{2+} 가 유리되어야 한다.

위장의 HCl과 펩신은 protein에 결합된 Cu^{2+}를 유리시킨다. 소장에서도 단백질 분해 효소가 Cu^{2+}를 유리시킨다. 소장에서의 Cu^{2+} 흡수는 단독으로도 가능하지만, 소장에 흡수될 수 있는 ligands[72)]에 붙어 있으면 효과적일 수 있다.

구리의 흡수는 피틴산에 의해 방해를 받으며, 장내에 비타민 C가 많이 존재하면 구리의 흡수율은 낮아진다고 한다. 그 외 다량의 아연, 칼슘, 철분, 카드뮴, 납, 몰리브덴 등은 구리의 흡수를 낮춘다.

구리의 흡수는 운반체를 통한 능동수송을 통하여 그리고 포화되지 않는 확산 과정을 통하여 흡수된다. 소화기관은 섭취된 구리의 50%를 흡수하는데, 흡수율은 구리상태와 식이 구리의 이용도에 따라 달라진다. 구리 흡수도 섭취량이 낮으면 높아지고 섭취량이 높으면 낮아진다.

72) ligands : 효소등 특정단백질과 특이적으로 결합하는 물질

[표 8-20] 구리 흡수에 영향을 미치는 요인

흡수를 증진 하는 성분	Citric acid, histidine, lactic acid, acetic acid, malic acid, methionine, cystine
흡수를 저해 하는 성분	Phytate, 과량의 아연, 과량의 철, 칼슘, 인, 비타민 C, $(MgS_4)^{2-}$

구리는 알부민과 약하게 결합되어 소장세포에서 문맥을 통해 간으로 이동하며, 또한 transcuprein과도 결합하여 이동한다. 간세포에 들어오면 구리의 반 이상은 용액 가운데 분포되고 25%는 핵에 있게 된다. 이 때 구리는 먼저 metallothionein[73]과 결합하고 천천히 구리효소인 apeceruloplasmin[74]에 이동되어 apoceruloplasmin에 6개 구리 이온이 붙어서 ceruloplasmin이 된다.

구리는 ceruloplasmin의 형태로 혈액을 통하여 필요 조직으로 이동되며, ceruloplasmin이 세포막의 수용체와 결합한 후 구리가 해리되어 세포내로 유입된다. 다시말해 ceruloplasmin은 구리를 조직의 세포에 나른다.

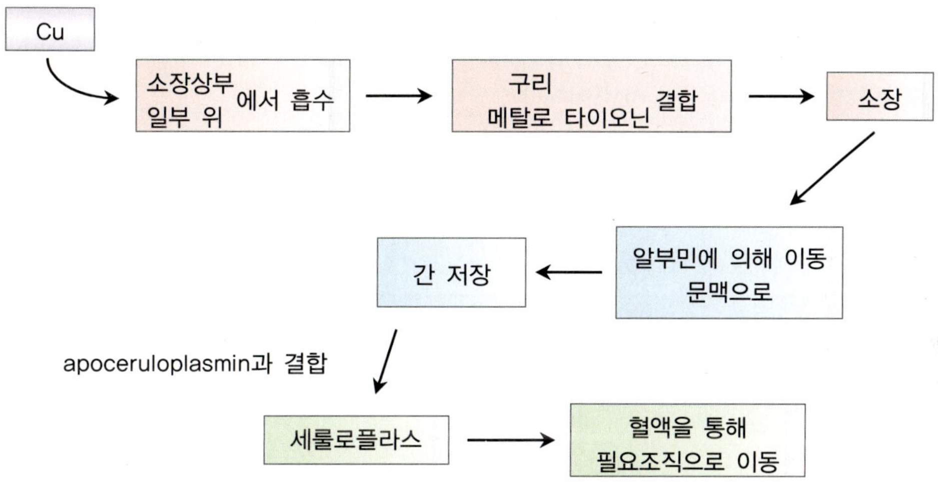

[그림 8-16] 구리의 흡수 및 이동

이 때 ceruloplasmin에 결합된 구리가 Cu^{2+}와 Cu^{+}로 환원되어 유리되어 channel을 통하여 직접 세포로 들어가거나 운반 단백질을 통해서 들어가기도 한다.

나머지 구리는 알부민, transcuprein 그리고 히스티딘에 결합하여 운반된다.
구리의 신체에 저장되는 총량은 150mg 이하로 다른 미량 원소에 비해 적은 양이다. 구리는 신체의 여러 조직과 세포에 저장된다.

구리가 섭취되면 간과 신장은 혈액으로부터 구리를 빠르게 가져간다.
간과 신장 말고도 심장, 소장을 포함한 여러 장기와 피부, 손톱도 구리를 포함하고 있다. 세포와 조직 내에서 구리는 단백질과 결합하고 있다. 간은 구리의 대표적인 저장 기관인데, 간에서

73) metallothionein : 세포질 내에 존재하는 무수한 단백질
74) apeceruloplasmin : 혈장중의 구리와 결합하는 단백질

구리는 metallothionein과 결합하고 있다.

간을 제외한 조직에서 구리가 이용되는 것은 간이 합성하는 ceruloplasmin과 메탈로티오닌과 구리의 결합, 그리고 구리의 담즙을 통한 배설을 통해 조절된다.

체내에서 대사되고 남은 구리의 대부분은 간을 통해서 담즙으로 분비 되어 대변으로 배설된다. 아울러 신장을 통해 오줌으로 배설된다. 그리고 소량이지만 땀과 피부로도 배설된다. 유전적인 질병인 윌슨씨 병은 담즙을 통한 구리 배설의 결합으로 생기는 구리 대사성 질병이다.

3 생리적 기능

(1) 결체조직의 결합 형성

구리는 lysyl oxidase의 효소의 관여하여 결체 조직을 구성하는 엘라스틴과 콜라겐의 결합에 관여한다. 구리가 부족하면 심장 동맥 혈관의 이상이 생겨 혈관이 파열될 위험이 있다. 이와 같이 구리는 결합조직의 형성에 필요한 lysyl oxidase 의 cofactor로 작용는데 lysyl oxdase 는 결체조직의 형성에 필수적인 효소이다.

(2) 다양한 효소의 구성성분

[표 8-21] 구리가 필수 원소인 효소들

구리의 역할	구리가 작용하는 효소들
효소의 cofactor 효소의 allosteric 성분 효소작용에서 전자를 전달하는 역할	Ceruloplasmin Superoxide dismutase Cytochrome oxidase Amine oxidase Lysyl oxidase 그 외 몇 가지 효소들

구리는 다양한 효소의 구성성분으로서 특히 시토크롬 산화효소(cytochrome oxidase)의 산화환원작용에 관여하며 항산화효소의 일종인 superoxide dismutase[75](SOD)와 작용하여 신체를 산소의 독성효과로부터 보호하는데 이용된다.

즉 SOD(몸에 유해한 superoxide를 산소분자로 바꾸는 효소)의 cofactor로써 작용한다.

$$2O_2^- + 2H^+ \xrightarrow{\text{superoxide dismutase}} O_2 + H_2O_2$$

이미 언급한 바와 같이 구리는 결합조직의 형성에 필요한 lysyl oxidase의 cofactor 로 작용한다. lysyl oxdase 는 collagen[76] 합성에 필수적인 효소이다.

75) superoxide dismutase : 과산화물이 산소분자와 과산화수소로 분해되는 반응을 촉매하는 금속효소
76) 콜라겐(collagen) : 동물체로 구성하는 주요단백질의 하나

또한 미토콘드리아내 전자전달계의 마지막 단계에서 작용하는 효소인 시토크롬 산화효소의 일부분으로 작용하여 체내 영양소의 산화 결과에 발생되는 에너지를 ATP로 고정시키는데 필요하다. 이 외에도 구리는 체내 면역작용에 관여하며, gene expression, 혈액응고 그리고 콜레스테롤 대사에도 관여한다.

(3) 헤모글로빈 합성에서의 역할

구리는 철분의 흡수를 돕고 철분이 헤모글로빈을 합성할 때 필요하다. 즉 세룰로플라스민[77]과 결합한 구리는 Fe_2^+를 Fe^{3+}로 산화하여 철을 트랜스페린과 결합하게 하므로 골수로 이동하여 Hb를 합성하게 한다.

그러므로 세룰로플라스민의 한 성분으로서 구리가 부족되면 정상적인 Hb 합성이 잘 일어나지 않게 되고, 따라서 철 결핍성 빈혈이 야기된다.

4 다른 원소들과 상호작용

구리는 같은 전이 금속인 아연과의 길항작용을 포함하여 여러 무기 원소들과 그리고 여러 유기 원소들과도 상호작용을 한다.

[표 8-22] 구리의 상호 작용

원소 또는 영양소	상호작용의 예
Ascorbate	Serum ceruloplasmin 활성 감소
아연	길항작용
철	구리 부족이 빈혈 유발
몰리브데늄	구리와 불용성 복합체 만든다.
황	구리와 불용성 복합체 만든다.
셀레늄	구리 부족은 glutathion peroxidase 활성 감소

5 결핍증 및 과잉증

구리의 결핍 증세로는 빈혈, 피부와 머리의 탈색, 면역기능 감소, 뼈 이상, 심혈관 질환 등이 생길 수 있다. 구리와 같은 전이 금속인 아연을 매일 40mg 이상을 과잉 공급하면 구리의 결핍증이 야기 될 수 있다.

구리는 식이내 요구량이 5ppm 정도이며 결핍현상이 일어나면 빈혈과 뼈의 이상을 초래할 수 있다. 구리가 부족하면 멜라닌 색소의 합성이 저하되어 머리카락에 탈색 현상이 일어 날 수도

77) 세룰로플라스민 ceruloplasmin

있으며 심장동맥의 조직이 손상을 일으킬 수도 있다.

구리의 과잉증은 잘 생기지 않는다. 그러나 구리 섭취가 매일 64mg 이상이면 독성 현상이 생길 수 있다. 윌슨씨 병은 유전적인 구리 독성으로 인한 질병이다. 구리는 아연과 같이 요구량과 독소 현상을 일으키는 inactive zone이 비교적 크므로 1000 ppm까지 섭취해도 독성 현상이 안 나타 날수도 있으나 장기간 섭취할 경우는 독성 현상이 나타난다.

6 구리의 섭취량 및 급원식품

구리의 평균필요량은 매일 성인 남녀 모두 600μg이다. 이 평균필요량은 임신, 수유 등의 경우에 따라 100~350μg을 추가로 필요로 한다.

구리의 좋은 공급원은 간 등의 내장과 굴이다. 식물에서 구리가 풍부한 식이는 견과, 씨, 두류, 마른과일이다. 새우 등 어패류, 과일류, 토마토 버섯 등도 구리가 풍부하다.
아울러 미네랄 강화식품에 첨가된 copper sulfate와 cupric oxide도 구리의 급원이 될 수 있다.

5 셀레늄 Selenium, Se

셀레늄은 비금속 원소인 황과 산소와 같은 족에 속한다. 그러므로 유기분자와 결합할 때 황을 대신 할 수 있다.

1 체내분포

비금속인 셀레늄은 황과 유사한 원소이다. 그러므로 메티오닌, 시스테인 그리고 시스틴에 대치될 수 있다. 몸의 총 셀레늄 함량은 15mg 정도이다. 셀레늄의 산화 상태는 Se^{2-}, Se^{4+} 그리고 Se^{6+}이다.

셀레늄은 모든 조직에 존재하나 간과 신장에 많이 함유되어 있으며, 조직 내에서 셀레늄은 glutathione peroxidase[78]라는 효소의 성분인데, 이 효소의 기능은 셀레늄 섭취량에 의해 영향을 받는다. 머리카락 내의 셀레늄 함량은 체내 영양상태를 아는 지표가 되기도 한다.

체내 조직에 함유된 셀레늄의 함량의 식이중의 셀레늄의 함량에 따라 달라진다.

78) glutathione peroxidase : 글루티티과온 과산화수소로부터 산화형 글루티티온과 물 또는 알코올을 생성하는 반응을 촉매하는 효소

2 흡수 및 대사

식이 중의 셀레늄은 아미노산인 메티오닌과 시스테인의 유도체[79]와 결합되어있다. 유기 형태의 셀레늄이나 무기 형태의 셀레늄 모두 소화관에서 잘 흡수된다. 셀레늄은 소장에서, 특히 십이지장에서 주로 흡수된다. 회장과 공장에서도 셀레늄의 흡수가 일어나지만 위에서는 흡수되지 않는다.

유기 형태 및 무기형태의 셀레늄은 모두 80% 이상이 흡수 된다. 식이중의 셀레늄은 동물성 식이와 식물성 식이에 따라 화학 구조가 다르다. 그러나 식이에 들어 있는 셀레늄은 비교적 쉽게 흡수되지만, 샐래노메티오닌[80]의 경우에 흡수율이 높다. 전체 셀레늄의 흡수율은 50~70%에 이르고 배설은 주로 소변과 담즙으로 배설된다.

자연적으로 셀레늄은 유기형태로 다음과 같은 화합물의 형태로 되어 있다.

- Selenomethionine

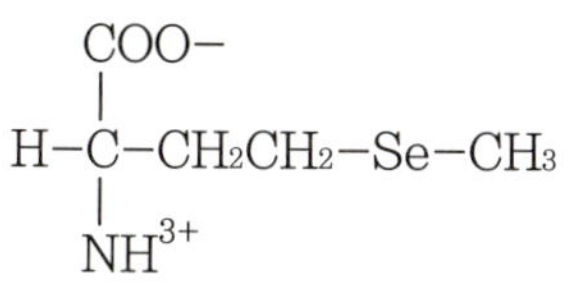

- Methionine

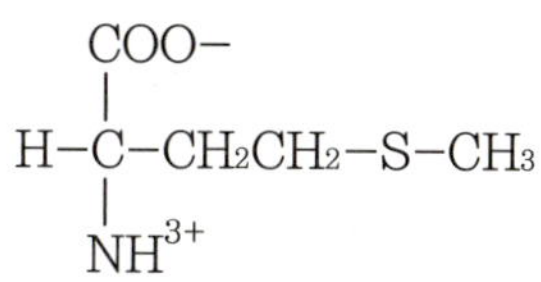

- Selenocysteine

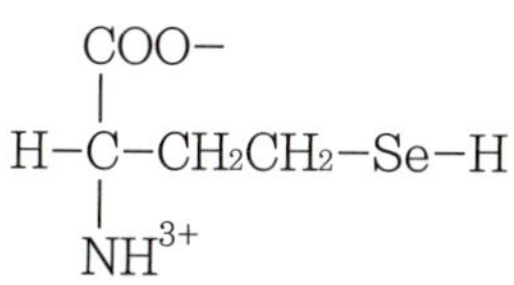

- Cysteine

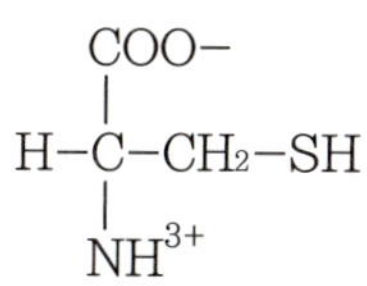

한편 무기형태의 셀레늄은 채소에서 주로 다음과 같은 화합물로 발견된다.

Selenite−H_2SeO_3

Selenate−H_2SeO_4

Sodium selenite 는 동물 사료에 첨가제로 사용되기도 한다. 한편 비타민 C, A와 E는 셀레늄의 흡수를 증진하고 수은과 피틴산은 셀레늄의 흡수를 저해하는 것으로 알려졌다.

셀레늄은 소장에서 흡수되고, 셀레늄은 단백질 운반체와 결합하여 혈액을 통하여 간이나 다른 조직으로 간다. 혈액에서 셀레늄은 VLDL이나 LDL에 결합하고, 샐래노단백질 P와도 결합하여 운반된다.

셀레늄의 저장이 비교적 많은 기관은 간, 신장, 췌장 그리고 근육 등이다. 아울러 폐, 뇌, 뼈 그리고 적혈구도 셀레늄을 함유하고 있다. 그리고 조직에서, 특히 간과 같은 곳에서 샐래노아미노

79) derivative : 화합물의 구조. 일부로 다른 원자나 원자단으로 치환하여 얻어지는 화합물
80) 샐래노메티오닌 selenomethionine

산이나 무기형태의 셀레늄도 대사된다.

셀레늄은 소변과 대변으로 같은량 배설된다. 그리고 폐와 피부로도 셀레늄이 배설된다. 평균 전체 섭취량의 50-70%가 흡수되며 배설량의 60%는 주로 소변과 담즙 형태로 대변으로 배설된다.

3 생리적 기능

(1) 항 산화작용

셀레늄은 항산화효소인 글루타티온 과산화효소[81]의 성분으로 과산화물을 알코올 유도체와 물로 전환시킴으로써 세포막 손상을 막아 줌으로써 세포를 보호한다.

셀레늄이 조효소[82]로 작용하는 글루타티온 과산화효소는 환원형 글루타티온을 이용하여 독성의 과산화물을 알콜유도체와 물로 전환시켜 세포막의 산화에 의한 손상을 막아주는 역할을 한다.

셀레늄은 자유라디칼과 반응하여 라디칼을 제거해 주는 비타민 E와 같은 작용을 하기 때문에 vitamin E의 절약효과가 있다. 셀레늄은 근육이나 적혈구의 기능을 정상적으로 하게 하는데 필요하다.

(2) 효소의 활성

셀레늄이 요구되는 효소로는 세포에 손상을 주는 과산화수소를 제거해주는 글루타티온 과산화효소를 비롯하여, glutathione peroxidase(GPX), iodothyronine deiodinase(IDI), thioredoxin reductase(TrxR), selenophosphate Synthetase 등이 있다.

(3) 항암 효과

셀레늄은 동물 실험 결과 항암효과가 있는 것으로 나타났다. 셀레늄은 자유라디컬(free radical)의 생성을 줄일 수 있으므로 암을 예방하는데 도움이 된다. 최근에는 담배에 셀레늄을 첨가하면 폐암이 줄어든다는 보고도 있다.

이와 함께 셀레늄은 머리카락 손톱을 구성하고 있는 케라틴[83]을 정상적으로 유지시키고, 정자의 운동, 체내 면역작용 그리고 췌장의 정상적인 기능을 위해서 필수적이다. 셀레늄은 치아의 단백질에 들어있는 등 구조적 성분이기도 하며, 셀레늄은 근육이나 적혈구 세포, 그리고 머리카락, 손톱들을 이루는 케라틴의 정상 유지에 필요하고, 또한 정자의 운동 면역기전, 췌장의 정상기능을 위해서도 필요하다.

81) 글루타티온 과산화효소 glutathionine peroxidase : 셀레늄을 포함하는 효소로 항산화 작용을 한다
82) cofactor : 효소가 활성을 나타내기 위해 필요한 물질
83) 케라틴 keratin :피부의 상피로부터 유래되는 털

4 다른 영양소들과의 상호 작용

[표 8-23] 셀레늄의 상호작용

원소	상호작용현상
납	조직의 셀레늄 농도 감소
철	철 부족 시 조직의 셀레늄 농도 감소
구리	구리 부족은 gluthathione peroxidase 활성 감소

메티오닌과 셀레늄 사이에도 상호작용이 있는 것으로 밝혀졌다.

5 결핍증 및 과잉증

셀레늄 결핍증은 지역적으로 일어난 경우가 있는데 케산 병[84]과 중국의 Kashin-Beck's disease의 경우이다. Total parenteral nutrition[85](TPN)을 받는 환자에게도 셀레늄 부족 현상이 나타 날 수 있다. 셀레늄 결핍증상은 성장 저하, 근육통, 근육약화, 머리와 피부의 탈색 등으로 나타 날 수 있다.

셀레늄의 과잉섭취로 나타나는 독성을 selenosis라고 한다.
이런 셀레늄의 독성은 셀레늄 함량이 높은 토양에서 자란 풀을 먹고 사는 동물에게 발생 할 수 있고, 사람에게는 식이에 의한 것과 셀레늄 제제를 과잉 섭취하거나 셀레늄에 직접 노출된 광부에게나 유발될 가능성이 있다.

셀레늄이 과잉섭취되면 메티오닌은 샐레노메티오닌으로 시스테인은 샐레노시스테인으로 변할 경우 단백질 합성에 지장을 초래할 수 있다. 셀레늄의 독성으로 피부손상, 간손상, 감각마비, 메스꺼움, 설사, 머리와 손 발톱 약화 그리고 구토들을 일으킨다.

셀레늄은 우리 몸에 적정 수준으로 유입되면 매우 유익하지만 셀레늄은 적정수준과 독소수준 사이의 inactive zone 매우 좁기 때문에 지나치게 셀레늄을 사용하는 것은 바람직하지 않다.

6 셀레늄 영양섭취기준

우리나라 성인 1인당 1일 셀레늄의 평균필요량은 45ug, 권장섭취량은 400ug으로 제시하고 있다. 셀레늄의 요구량은 나라마다 또는 경우에 따라 조금씩 차이가 있다. 1989년 미국의 경우 셀레늄에 대한 RDA가 성인 남자가 70ug, 성인 여자가 55ug이었고, 2000년 에는 남녀 모두 55ug으로 설정한 바도 있다. 한편 중국에서는 45ug으로 설정된 예도 있다. 아울러 셀레늄 요구량도

84) 케산병 : 토양중셀레늄의 함량이 매우 낮은 중국에서 발병하는 심장병의 일종
85) Total parenteral nutrition : 중심정맥에 삽입된 카태구를 통해 경정맥적으로 생명에 필요한 에너지와 그 밖의 영양소로 전부 보급하는 영양요법

임신과 수유 등의 경우에 다소 증가 될 수 있다. 아울러 이런 근거를 토대로 또 실험동물의 요구량을 고려하여 우리나라에서는 하루 적정 섭취량은 0.05~0.2mg 정도로 설정한 바 있다.

토양의 셀레늄 농도가 식물 식품원의 셀레늄 함량과 직결 된다. 육류 중에 간이 셀레늄 함량이 1ug/g 정도로 식물성 식이보다 높은 편이다. 육류의 근육에는 0.4 ug/g 이하의 셀레늄이 들어 있다. 해산물도 셀레늄의 좋은 급원이긴 하나 생선중의 셀레늄은 흡수될 수 없는 Hg-Se 복합체를 형성하고 있으므로 이용도가 낮다.

시리얼과 곡류에는 0.1ug~0.8ug/g 정도이고 유제품은 0.3ug/g 정도 들어있다.
셀레늄은 단백질 함량이 낮은 과일이나 채소에 적게 함유 되어있으나 내장고기, 해산물, 육류 등은 좋은 셀레늄 급원이며, 셀레늄 함량이 높은 토양에서 자란 곡류도 좋은 급원이 된다. 달걀이나 유제품은 사료의 셀레늄 함량에 따라 많은 차이를 보인다.

6 망간 Manganese, Mn

망간은 글리코겐 합성 시에 작용하는 효소 활성에 필요한 원소이다. 아울러 superoxide radical을 제거 해주는 SOD 와 연관이 있다. 망간은 미토콘드리아에서 구리와 아연은 시토플리즘에서 SOD와 작용한다.

1 체내 분포

망간은 신체 내에 널리 골고루 분포되어 있으며, 성인의 경우 총 12~20mg이 함유되어 있다. 망간은 간, 신장 그리고 골격에 고루 분포되어 있다.

혈액의 망간 농도는 0.05ppm 정도로 낮은 편이다. 혈청 망간은 β-globulin과 함께 결합되어 있다.

2 흡수 및 대사

망간은 소장에서 흡수되어 점막세포를 따라 운반된다. 식이 망간의 흡수율은 14%정도이나, 남여가 차이가 있으며, 여성의 흡수율이 좋은 것으로 나타났다. 망간은 Mn^{2+}상태로 흡수되고, 십이지장에서 흡수된 Mn^{2+}는 Mn^{3+}로 변한다.

망간이 흡수 될 때 철과 코발트와 경쟁하며, 특히 철은 망간의 흡수를 저해한다.
망간의 흡수 기작은 잘 알려지지 않았으나. 단지 소장 전반에 걸쳐 흡수가 일어난다. 망간 흡수에 영향을 미치는 요인이 있는데, 히스티딘이나 citrate처럼 분자량이 적은 ligand는 망간의 흡수를 증진시킨다. 한편, 피틴산, 섬유소, 수산 등은 망간의 흡수를 감소시킨다.

철도 망간의 흡수를 방해한다. 철부족은 망간 흡수를 증진한다. 구리도 망간 흡수를 방해한다.
망간은 소화기관에서 간문맥으로 들어가면 유리 되든지, 단백질과 결합한다.
간에 가서는 망간의 일부는 Mn^{2+}로 남아있고 일부는 알부민 등과 결합한다.
Mn^{2+}는 샐루로플라스민에 의해 Mn^{3+}로 산화되며, Mn^{3+}는 트랜스페린과 결합한다.
망간은 혈액에서 미토콘드리아로 들어간다. 망간은 뼈에, 간에 췌장, 신장에 많이 축적되며, 머리에도 축적된다.

흡수된 망간의 배설은 주로 담즙을 통해 대변으로 배설되며, 매우 소량만이 소변으로 배설된다. 식이에서 과량 흡수된 망간은 간에 의해 담즙으로 배출되며. 망간은 땀과 피부를 통해서도 배설된다.

3 생리적 기능

망간은 다른 원소와 마찬가지로 효소 작용에 관여한다. 망간이 관여하는 효소는 glycosyl transferase을 포함하여 가수분해효소, 산화환원효소, 합성효소 등의 반응에 관여 하므로, 탄수화물, 지방, 단백질 대사와 뼈나 연골의 형성에도 기여한다.

망간은 체내에서 여러 가지 효소의 코인자로 작용하는데, 망간이 코인자로 참여하는 효소는 다음과 같다.

- Pyruvate carboxylase
- Arginase
- Gycosyl transferase
- Glutamine synthetase
- Superoxide dismutase

망간은 또한 cAMP와 같은 세포내 second messenger를 조절한다.
망간도 다른 원소들과의 상호작용을 하는데 망간과 상호작용을 하는 원소들은 철을 포함하여 칼슘, 그리고 아연 등이 있다.

4 결핍증 및 과잉증

망간은 식물성 식품에 널리 분포되어 있어 요구량도 많지 않아 사람의 경우 부족현상이 거의 일어나지 않는다. 망간의 결핍증상으로는 매쓰거움, 구토, 피부염(dermatitis), 혈청내 망간감소, 혈중 칼슘, 인 증가, 성장 저해, 생식장애, 뼈의 이상, 머리 손톱의 성장 감소, 그리고 머리와 수염 색깔 변화 등이 나타난다.

아울러 뼈의 유기 구조망을 형성하는 뮤코다당류[86], chondroitin sulfate[87]의 합성이 잘 되지 않아 골연화증과 골다공증, 관절질환 등이 유발될 수도 있다.

망간의 과잉 섭취 시 나타나는 독성은 다른 미량원소에 비해 심하지 않은 편이다.
망간의 독성으로는 심한 정신적 장애, 환상, 근육의 이상, 그리고 간 손상이 나타나며, 뇌에 아연 축적이 일어난다. 망간의 독성현상으로 나타나는 다른 증상은 행동이 늦어지고 기억력 감퇴도 나타날 수 있다.

망간의 섭취 안전 수준은 매일 15mg인데 이 수준이 넘으면 독성을 일으킬 수 있다.

5 섭취량 및 급원식품

망간의 충분섭취량은 성인 1일 3.5~4mg의 정도이다.
하지만 망간의 흡수 저해 요소들을 고려하고, 망간의 평형 상태를 유지하게 위해 10mg정도 좀 더 많은 양을 섭취하는 것이 좋다.

망간은 식물성 식품이 많이 함유되어 있는데, 전곡이나 견과류, 시리얼, 두류 등에 많으나, 도정한 곡류, 육류나 우유, 해산물 등에는 거의 없다. 특히 모유는 우유에 포함되어 있는 망간 함량의 약 반 정도 함유되어 있다.

7 크롬 chromiun, Cr

크롬은 glucose tolerance factor[88]로써 작용하여 인슐린과 연관되어 글루코오스 대사에 관여한다.

1 체내 분포

크롬은 공기, 물, 토양에서 발견될 정도로 분포가 다양하다. 크롬의 산화 상태는 Cr^{2-}부터 Cr^{6+}까지 여러 경우가 있으나 Cr^{3+}은 비교적 안전하고 인체에 중요하다.

인체 내의 크롬 함량은 4~6mg으로 추산된다. Cr^{6+}은 요즈음 독성원소로 주목을 받고 있는 원

86) 뮤코다당류 : 글루코사민을 함유하는 다당류
87) chondroitin sulfate : N-아세틸코드로이틴은 반복적인 단위로하는 분자량 5만정도의 산성유코다당에 대한 총칭
88) glucose tolerance factor : 당내성인자

소이다.

크롬은 체내에 6mg 이하 소량 함유되어 있으며, 피부와 부신, 두뇌, 근육, 지방에 함유되어 있다. 조직 내 크롬의 함량은 매우 낮으며, 세포질 보다는 핵(核) 속에 많이 들어있다. 혈중 크롬의 양은 ppm 정도로 매우 낮아, 혈중 크롬의 농도는 체내의 크롬 영양상태를 대표 할 수 없는 반면 머리카락 속의 크롬 농도가 크롬 영양상태를 잘 나타내 준다.

2 흡수 및 대사

산성 용액에서 Cr^{3+}가 안정적이며, ligand 와 복합체를 이룬다.
크롬은 소장 중 십이지장에서 흡수 되는 것으로 알려졌다. 크롬의 흡수 형태는 아직 잘 알려지지 않았지만, 확산과 운반체에 의해서 흡수 되는 것으로 생각된다. 크롬의 흡수는 methionine 등 여러 성분에 영향을 받을 수도 있다.

[표 8-24] 크롬 흡수에 영향을 미치는 요인들

흡수 증진제	흡수 저해제
Methionine Vitamin C Histidine Picolinate	Hydroxy ions Antacids Phytates

크롬이 체내에서 생리적으로 활성을 갖기 위해서는 당 내성인자라고 하는 유기물의 형태가 되어야 한다. 당 내성인자는 크롬이 nicotinic acid와 아미노산과 같이 결합된 물질이다. 식품 중에 있는 무기크롬은 흡수율이 매우 낮아 1% 이하만 흡수되며, 식품 중의 당 내성인자로서는 10~25%정도 흡수된다.

크롬의 흡수나 이용률에는 여러 식이 요인의 영향을 받는다. 옥살크롬의 산이 식이에 많거나 철분이 결핍된 상태, 그리고 식이로 섭취하는 크롬의 양이 적을 때, 그리고 당뇨병의 경우 크롬의 흡수가 증가된다. 하지만 나이가 들어감에 따라 크롬의 흡수는 감소한다. 흡수된 크롬은 우선 간에 저장되었다가 혈당이 높아져 인슐린 분비가 증가될 때 혈액으로 방출된다.

혈액에서 Cr^{3+}은 무기이온 상태로 철과 함께 트랜스페린에 결합하여 이동된다. 알부민도 크롬을 운반하는 것으로 알려졌으며 글로블린이나 지단백도 농도가 높으면 크롬을 운반한다. 크롬은 혈액에서 철의 주된 운반체 트랜스페린에 의해 운반되므로 철과의 상호작용을 할 수 있는 것으로 나타났다.

크롬은 혈액 내에 유리된 상태로도 순환되는 것으로 알려 졌다.
체내에 흡수된 대부분의 크롬은 소변으로 배설된다. 크롬의 소변 중의 배설량은 대략 하루

0.2~0.4ug으로 나타났다.

식이 중에 설탕과 같은 한 종류의 당의 함량이 높으면 소변 내 크롬 함량이 3배 증가 된 것으로 알려졌다. 아울러 크롬은 피부와 대변을 통해서 배설되는데 대변 중의 크롬은 흡수되지 못한 식이 크롬이다.

대사된 크롬은 주로 신장을 통해 소변으로 배설되며, 포도당 등을 경구 투여할 때 소변의 크롬 배설량은 증가된다. 또한 소량은 머리카락, 땀, 담즙의 형태로 배설되기도 한다. 한편 식이내에 단순 당의 함량이 높아지면, 소변중의 크롬 배설이 증가 한다는 실험 결과도 보고되었다.

3 생리적 기능

(1) glucose tolerance factor

크롬은 당내성인자로 인슐린의 작용을 강화하며, 탄수화몰, 지질, 단백질의 대사에 관여하는 필수 영양소이다. 크롬의 대표적인 기능은 세포내로 포도당이 유입되는 것을 돕는 것이다.

크롬의 복합체로 알려진 포도당 내성인자가 Brewer's yeast에서 확인 되었으나 아직 정제되지 않았고 그 구조도 밝혀지지 않았다.

따라서 크롬이 부족하게 되면 인슐린의 작용이 감소되어 포도당 내성에 이상을 보이게 된다. 체내 크롬 영양상태를 측정하는 방법 중의 하나는 식이에 크롬을 보충하였을 때 glucose tolerance를 증진시키는 여부를 검사하는 방법이 있다.

(2) 지질 대사와 핵산 구조에서의 역할

크롬은 지질대사에도 관여하며, 아연 등의 미량 무기질처럼 DNA나 RNA 같은 핵산의 구조를 안정화시키는데 기여한다.

4 결핍증 및 과잉증

크롬은 자연계에 널리 분포하므로 결핍증이 흔하지는 않지만. 저개발국의 protein-calorie malnutrition에 걸린 영아에게 흔히 발견되거나, 가끔 당뇨병 환자나 노인에게 발생된 포도당 내성의 이상이 크롬으로 치료되었다는 결과가 있다. 크롬이 부족하면 또한 성장이 지연되고, 탄수화물, 단백질, 지방 대사에 이상을 초래하며, 각막의 손상, 불임 등의 증상도 나타나기도 한다.

크롬 결핍증의 경우는 식이에 의해서 나타나기 보다는 TPN(total parenteral nutrition) 의 상태로 주사로 영양보충을 하는 경우에 나타 날 수 있다.

또한 심한 스트레스 경우에는 크롬의 요구량을 증가시킬 수 있는데, 이 경우 stress가 glucagon을 분비시키면 글루카곤[89]은 혈당을 높이기 때문으로 생각된다.

Cr^{3+}의 매일 섭취 수준이 매일 1000ug 까지는 안전한 것으로 나타났으나 독성 수준이 결정되지는 않았다. Cr^{3+}의 경우 독성수준은 Cr^{3+}의 함유 화합물에 따라 달라질 수 있다.

Cr^{6+}의 독성은 Cr^{3+}에 비해서 독성이 훨씬 강하며, Cr^{6+} 섭취 시 간 손상, 신장이상, 소화관의 용혈, 그리고 치사현상까지 나타난다. 한편 3가 크롬은 식이에 첨가시에 600ppm부터 성장저해 현상이 나타나고, 6가 크롬은 200ppm부터 성장저해 현상과 치사 현상이 나타난 것으로 나타났다.

5 크롬의 섭취량 및 급원식품

성인 남자는 크롬 요구량이 35ug이고, 여자의 경우는 25ug이다. 이 요구량도 나이, 임신과 수유 등의 상태에 따라 달라 질 수 있다.

식품 중의 크롬은 그 형태에 따라 체내 이용도가 다르므로 정확한 필요량을 정하기 어려우나 하루에 50~200μg 정도 성인에게 필요하다.

식이에는 Cr^{3+} 상태로 되어 있으며. 이스트에 크롬의 복합체 형태인 포도당 내성인자가 들어있는 것으로 추정된다. 크롬은 가공과 정제과정을 거치면서 식품 중에 함량이 변할 수 있다. 예를 들면 백설탕 보다 흑설탕이 크롬의 함량이 높다.

8 불소 Fluorine, F

불소는 불소음이온(F^-) 상태로 화합물을 이룬다. 불소는 치아건강에 관련이 있는 필수원소 중에 한가지이다.

1 체내 분포

불소는 기체 상태이고 불소 음이온(F^-)은 금속이나 비금속 또는 유기 화합물에 결합되어 있다. 불소는 자연계에 널리 퍼져 있고 인체 내에서 아주 작은 양이 있으나 생리학적 역할을 하고 있다. 불소는 골격과 치아의 히드록시아파타이드[90]의 성분으로 극소량(0.05%) 함유되어 있다.

89) glucagon : 혈당상승을 증진시키는 호르몬. 당신생을 촉진
90) 히드록시아파타이트 : 인산카륨의 결정입자로 분리담체로한 칼럼

골격의 불소함량은 연령이 높아짐에 따라 증가하며, 불소 섭취량이 많을수록 증가한다. 그 외 조직 내의 불소함량은 매우 낮은 편이다.

[표 8-25] 불소의 급원식품과 100g당 함량

식품명	1회분 함량(ug)	1000g당 함량(ug)
고등어(1토막) 50g	960	1,900
정어리(1토막) 50g	550	1,100
연어(1토막) 50g	300	600
새우(1접시) 50g	225	450
닭고기(1접시) 60g	90	150
쇠고기(1접시) 50g	70	117
달걀(중1개) 50g	70	140
시금치(1접시) 70g	70	100

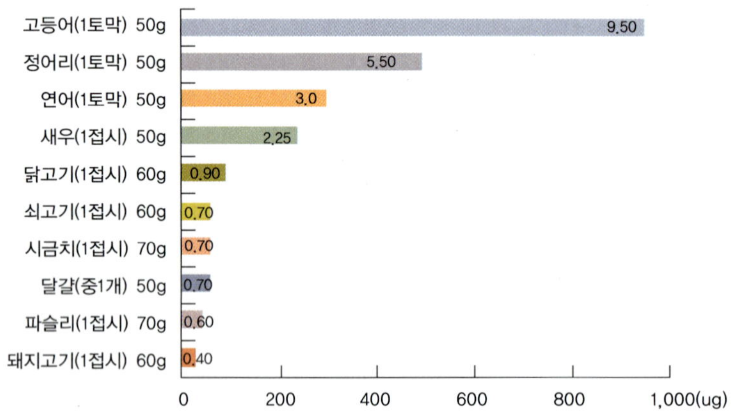

[그림 8-17] 불소급원식품과 1인 1회분량

2 흡수 및 대사

불소가 결핍되면 충치발생이 증가하고 노년기에 골다공증이 증가한다. 불소가 첨가된 수돗물과 치약에 들어있는 불소 모두 100% 흡수된다.

식품에 있는 불소의 흡수율은 37~54% 정도이다. 그러나 고체 식품원에 있을 때는 흡수율이 50~80% 이다.

흡수된 불소는 혈액에서 쉽게 빠져나가 몸 전체에 쉽게 분포된다.
대부분의 불소는 뼈나 치아에서 발견되며. 주로 소장에서 흡수되며, 배설은 신장을 통해 신속하게 이루어진다.

불소의 배설은 소변으로 쉽게 이루어지고 그 양은 90% 에 이른다.

신장의 재흡수는 수동확산에 의해 일어난다. 나머지 불소의 대부분은 대변으로 이루어지고 땀으로도 소량 배설한다.

3 생리적 기능

불소의 주 기능은 뼈나 치아의 미네랄화와 연결되어 있다. 불소는 apatite 구조에 참여하고 있어 뼈의 분해나 새로운 뼈의 형성을 자극하는데 연관이 있다.

알루미늄, 칼슘, 망간 그리고 염소음이온은 불소의 흡수와 이용을 감소시킨다. NaCl은 불소의 골격으로 흡수를 방해한다.

불소는 치아에 충치를 일으키는 박테리아나 효소의 작용을 억제해 주는 것으로 알려졌고, 또한 불소는 골격에 경직성을 주어 뼈의 무기질이 혈액내로 유출되는 것을 막기 때문에 노인에게 흔한 골다공증(osteoporosis)의 발생을 감소시킨다.

4 결핍증 및 과잉증

실험 동물의 경우 불소 결핍증은 불임, 빈혈, 성장지연 등이며. 인체에서는 치아건강과 골격조직에 필수적이므로 불소가 결핍되면 충치가 발생되고 골다공증이 유발될 가능성도 있다. 만성 불소 독성은 fluorosis라고 하는데 뼈의 변화, 신장, 신경의 변화 그리고 근육 기능의 변화를 가져온다. 치아의 경우에도 치아에 반점이 생기는 fluorosis[91]가 발생할 수 있다. 급성 중독으로는 메스꺼움, 구토, 설사, 산독증 그리고 심장박동 이상 증상 등이다. 음료수에도 치아 건강을 위해 불소를 첨가할 수 있으나, 불소가 2ppm 이상 과량으로 섞여 있는 지역의 주민들에 있어서는 fluorosis가 야기될 수도 있다. 하루에 20~80mg의 불소를 수년에 걸쳐 섭취한 결과 골격의 형태 이상이 초래 되었고 1일 150mg 이상의 섭취는 식욕 감퇴, 위통, 눈의 망막과 시신경 장애를 일으킨다고 한다.

5 섭취량 및 급원식품

불소의 안전 수준은 어린이의 경우 매일 1.3~10mg에 이르며 나이에 따라 차이가 있다. 성인 1일 적정 수준은 3~4mg이다. 수돗물의 불소 농도는 1~2 ppm이다.

식품중의 불소 함량은 매우 낮은 편이다. 그러나 몇 가지 곡류나 cereal 그리고 해수어 등이 불소를 함유하고 있다.

물은 불소의 큰 자원이 된다. 불소의 필요량은 정확하게 설정되지는 않았으나 충치발생을 방지

91) fluorosis : 불소 중독증

하기 위해서는 적어도 1일 0.5mg 정도의 불소가 필요하며, 1일 1.5~4mg 정도의 양이 안전하고 적절한 수준이다. 토양 중에 불소 함량이 적으나 정책적으로 급수 시에 불소를 첨가하는 경우에는 음료수가 좋은 불소의 공급원이 되고 있으며 그외 불소를 함유한 치약에 의해서도 일부 공급된다. 대부분의 식품은 1ppm 이하의 불소를 포함하고, 멸치 같은 해산물이나 차 등에도 많은 편이다.

9 몰리브덴 molybdenum, Mo

몰리브덴은 산화 환원과정에 관여하는 효소인 잔틴 산화효소, 알데하이드 산화효소, 아황산염 산화효소 등의 조효소로 작용한다. 유전적으로 이 원소가 결핍되면 대사이상이 생긴다 하여 필수 원소로 알게 되었다.

몰리브덴은 체내에서 Mo^{4+}와 Mo^{6+} 형태로 존재한다. 생체조직에서 몰리브덴은 황이나 산소에 주로 결합한다. 몰리브덴 역시 인체에서 효소의 활성에 관여하고 있다.

몰리브덴은 간을 비롯한 여러 내장 기관에 골고루 분포되어 있다.
몰리브덴의 흡수 기전과 위치는 잘 알려지지 않았다. 인체에서 흡수율은 50~90% 정도이다. 혈액에서는 MoO_4^{2-}의 형태로 운반된다.

1 생리적 기능

몰리브덴도 효소의 cofactor로 작용 하는데 작용하는 효소는 sulfite oxide, aldehyde oxide, xanthine dehydrogenase와 xanthine oxidase이다.

텅스텐은 몰리브덴과 길항작용을 하므로 텅스텐을 섭취하면 몰리브덴의 결핍이 나타난다. 황과 구리도 몰리브덴과 상호작용을 하고 있다. 황과 구리는 몰리브덴의 체내 몰리브덴 함량을 감소시킨다. 그리고 아직 상호작용의 기작은 밝혀지지 않았으나 몰리브덴의 이용에 영향을 주는 원소 및 영양소는 망간, 아연, 철, 납, 비타민 C, 메치오닌, 시스테인, 그리고 단백질이다.

2 결핍증 및 과잉증

결핍증상으로는 정신적 변화와 황과 퓨린 대사 이상, 허약증세와 혼수 등이 나타나며 정상적인 식사를 하는 경우는 드물다. 그러나 TPN(total parenteral nutrition) 의 상태로 정맥으로 영양을 공급받는 특수한 경우에는 몰리브덴 결핍증세가 나타날 수 있다.

몰리브덴의 독성 수준은 비교적 높은데, 매일 1500ug 이상 섭취해도 독성 현상이 나타나지 않는다.

3 몰리브덴의 섭취량 및 급원식품

성인의 몰리브덴 요구량은 1일 45ug 인데 임신, 수유 등의 경우에 따라 달라진다.
몰리브덴도 식품에 널리 분포되어 있다. 다른 원소와 마찬가지로 식품의 몰리브덴의 함량도 토양의 몰리브덴의 함량과 연관되어 있다. 몰리브덴의 좋은 공급원은 두류, 곡류, 고기, 생선 등이다. 견과와 채소에도 몰리브덴이 함유되어 있으나 과일이나 견과에는 함량이 낮다.

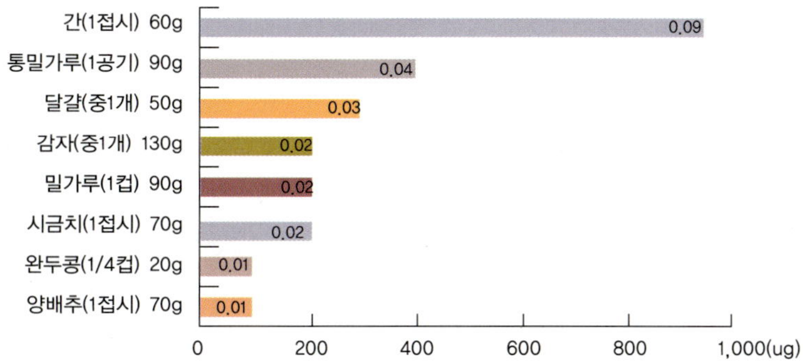

[그림 8-18] 몰리브덴 급원식품과 1인 1회분량

- **미량원소의 요구량과 독성 수준**

  날로 환경오염이 심각해지고 있는 시점에서 미네랄의 요구량을 결정하는 것도 중요하지만, 독성 수준에 관심을 기울이는 것도 중요하다. 환경, 식품, 그리고 토양을 아래 그림과 같이 밀접한 관계를 가지고 있어서, 환경이 오염되면, 토양과 수질이 오염되고, 이어서 식물이 오염된다. 식물이 오염되면, 우리 몸에 알게 모르게 원소들이 유입될 수 있다. 그러므로 각 원소들의 독성 수준을 결정하고, 이에 대한 사전 지식을 가지고 있는 것은 매우 중요한 일이라고 생각된다.

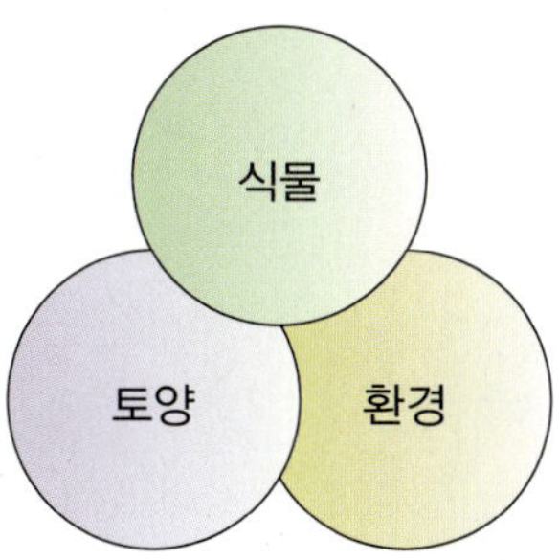

[그림 8-19] 식물, 토양 및 환경의 관계

[표 8-26] 몇 가지 원소들의 요구량과 독성수준

원소	요구량(ppm)	독성 수준(ppm)
구리	5-8	115
아연	20-30	900-12000
철	35	4500
망간	16-40	2000
셀레늄	0.1	5-20
카드뮴	필수는 아니고 독성이 강함	

제 9 장

수분

물의 기능과 신체의 수분균형 및 필요량, 부족시의 문제점을 이해한다.

수분은 인체의 구성 성분 중 가장 많은 부분을 차지한다. 성인의 약 60%가 수분으로 구성되어 있다. 수분은 탄수화물, 단백질, 지질, 비타민, 무기질과 함께 생명을 유지하는데 꼭 필요한 성분으로 수분을 섭취하지 못한다면 사람의 생명을 유지하기 힘들다. 음식은 먹지 않는다 하더라도 체내에 저장되어 있는 영양소가 사용되어 8주 정도 생존할 수 있지만, 수분을 섭취하지 않으면 일주일을 생존하기 어렵다.

수분은 모든 조직의 기본 성분일 뿐 아니라 체조직 구성성분 중 양적으로나 질적으로 가장 중요한 성분으로써 주요 영양소이다.

그 이유는 운동이나 활동으로 인하여 땀을 많이 흘려 체내의 수분이 1~2% 부족할 때 갈증을 느끼고, 3% 부족할 때 식욕부진 상태가 되며, 10% 부족하면 근육경련을 일으키고, 외상에 의한 혈액 손실시 체내 수분의 20%를 상실하면 생명의 위험을 초래하기 때문이다.

1 체내 수분의 분포

인체 내 수분은 분포도에 따라 세포내액과 세포외부에 있는 세포외액으로 구분되어 있으며 각 조직에 따라 그 함량이 다르다. 세포내액은 체중의 40~45%를 이루며, 세포외액은 약 20% 정도이며, 세포외액은 혈장과 세포간질액(interstitial fluid)이 있다.

세포간 질액은 여러 종류의 조직과 조직 사이를 흐르는 액을 말하며 혈장(plasma)은 세포내액과 세포외액을 연결해주는 역할을 한다.

[표 9-1] 체내 수분함량

나 이	성별	수분비율(%)
유아		75
1세		58
6 · 7세		52
성인 남자	31~60	54.7
	61~90	51.6
성인 여자	31~91	45.2

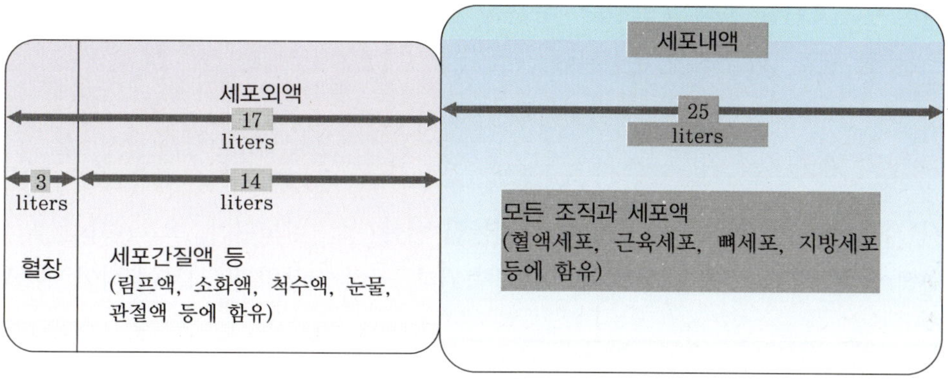

[그림 9-1] 인체 내 체액분포도

2 체내 수분의 흡수

수분의 흡수는 소화관에서 혈관으로 이동하는 경우와 혈관에서 소화관으로 이동하는 경우에 일어난다. 수분은 구강부터 위까지 거의 흡수되지 않지만, 장의 점막상피세포의 수양로를 통하여 수분의 95%는 소장에서 흡수되고, 나머지는 대장에서 흡수된다.

3 체내 수분의 기능

(1) 체액의 구성 및 체액 양 유지

수분은 혈액을 포함하여 많은 양은 세포내액과 외액으로 체조직을 이룬다. 혈장은 92%, 적혈구는 60% 정도가 수분으로 이루어져 있고 근육조직은 70%, 지방조직은 20~25%만이 수분이며, 골격조직은 26%, 치아에는 10% 정도의 수분이 각각 함유되어있다. 또한 체내 수분량은 연령, 성별, 체지방 함량에 따라 차이가 있다. 남자는 수분함량이 체중의 약 60%, 여자는 55% 정도이고 신생아는 75% 이상을 함유하고 있으며, 성장함에 따라 점차 감소되어 노인기에는 50%

까지 감소된다. 같은 성별 및 같은 연령층이면 체지방 함량에 따라 수분의 함량이 달라지는데, 체지방 함량이 많을 경우 40% 정도의 수분만을 함유한다.

(2) 영양소와 대사 물질운반

소화, 흡수된 영양소는 이들을 필요로 하는 조직과 세포에 혈액과 림프액을 타고 운반된다. 혈액은 소화흡수된 영양소중 수용성 물질인 단당류, 아미노산, 글리세롤, 짧은사슬지방산, 중간사슬지방산, 무기질, 수용성 비타민 등은 소장의 모세혈관을 통하여, 긴사슬지방산과 지용성 비타민은 림프관을 통해 운반된다. 수분은 혈액이나 림프액과 같은 체액을 통해 여러 가지 영양소는 각 세포 및 조직에 운반된다.

(3) 노폐물의 배출

대사 과정에서 생성된 질소혼합물의 노폐물인 탄산가스, 암모니아, 요소, 요산 및 전해질 등을 운반하여 폐, 피부, 신장을 통해 체외로 배출된다. 극히 소량의 땀 성분에 섞여 배출되기도 한다.

(4) 용매

수분은 여러 물질을 용해하는 능력을 지니고 있어 체내 각 조직에 영양소를 용해시키고 있다. 체내에서 일어나는 화학작용은 수분을 필요로 하는 가수분해작용이 있다. 수분은 활성이 없고 대부분의 물질은 수분에 용해되었을 때 변하지 않고 그대로 존재한다.

(5) 윤활제, 외부 쇼크로부터 충격흡수

수분은 물의 탄력을 이용하여 내장기관을 외부의 충격으로부터 보호한다.

체수분으로서 세포횡단액은 윤활액의 역할을 하는데 타액은 음식물을 혼합하여 주고 음식이 식도를 잘 통과하게 한다. 안구의 수분은 안구운동을 용이하게 하고 신체관절에는 관절활액이 있어 뼈가 움직일 때 마찰을 방지하여 준다.

(6) 가수분해

체내에서 분비되는 각종 분비액의 주성분은 수분이다.

수분은 소화액으로써 음식의 소화를 돕는다. 건강한 성인은 1일 평균타액으로 1,200~1,500mℓ, 위액은 1,200~2,500mℓ, 담즙은 500~1,100mℓ, 췌장액은 700~1,000mℓ, 장액은 700~3,000mℓ가 분비되며 체내에서 매일 분비되는 많은 양의 소화액은 식품이 효소에 의해 가수분해되도록 돕는다. 이때 가수분해작용에 의한 체내 화학반응은 수분이 필요하다.

(7) 전해질 균형

수분과 전해질은 체액의 pH와 삼투압을 유지한다. 수분의 섭취와 배설에 의하여 체내의 수분량이 조절된다. 수분배설의 조절은 신장에서 이루어지며, 수분섭취의 조절은 갈증에 의하여 이루어지는데, 시상하부에 있는 수분섭취 중추에 의해 조절된다.

(8) 체온조절

수분은 체온을 일정하게 유지하는 중요한 작용을 한다. 심한 운동이나 노동으로 열이 발생하면 체온이 높아지게 되는데 이때는 급격한 체온상승을 막아 일정온도로 유지하려는 작용이 일어난다. 이때 피부를 통하여 땀을 흘림으로써 수분의 기화열을 이용하여 체온을 발산하기 때문에 대사로 이루어진 열의 방산이 효율적으로 이루어진다. 또 수분은 순환계를 통하여 열을 신체에 전달하여 우리 몸은 효소작용에 적합한 36.5°를 유지한다.

땀으로 수분이 발산되는 것은 감각적 발산이라 하며 역시 체온이 급격히 올라가는 "고체온증"을 막기 위한 생리적인 현상이다. 땀분비량은 개인마다 차이가 많은데 뚱뚱한 사람이나 체구가 큰 사람은 상대적으로 체표면적이 작아 땀을 많이 흘린다.

피부와 폐를 통하여 손실되는 수분량은 하루 1,000mℓ 정도로 약 600kcal의 체열을 방산하는데 쓰인다. 수분의 손실에는 땀과 같이 볼 수 있는 수분의 손실과, 호흡과 같이 볼 수 없는 수분인 불감증발수분의 손실이 있다. 300~700mℓ 정도의 수분이 불감증발수분에 의하여 손실된다.

4 수분의 균형

(1) 수분섭취

① 액체음료

음료나 국 종류에 함유된 수분과 정상적인 음료수의 섭취를 모두 포함한다. 성인의 경우 1일 수분 섭취량은 1,100~1,400mℓ이며 이것은 5~7컵의 음료수에 해당한다.

② 고형식품

과일과 채소는 많은 수분을 함유하고 있으며 육류, 곡류 등의 고형식에도 상당량의 수분이 포함되어 있다. 1일 음식 중 수분 섭취량은 500~1,000mℓ이다. 각종 식품의 수분함량은 차이가 있다.

③ 열량대사로부터 생성되는 대사수

에너지를 생성하는 화학반응에서 생겨나는 수분으로 열량소인 탄수화물, 단백질, 지방이 체내에서 산화되면 탄산가스와 열량을 낼 뿐만 아니라 상당량의 수분을 생성한다.

식품은 약 100kcal의 열을 발생할 때 12~13g의 수분을 생성하는데, 당질은 15g, 지방은 11.1g,

단백질은 10.5g의 수분을 각각 생성한다. 즉 단백질 1g은 0.41g, 당질 1g은 0.6g, 지질 1g은 1.07g의 대사수를 각각 생성한다. 따라서 하루 동안 섭취하는 식품에서 약 300~400g의 대사수를 생성하는 것으로 추정된다.

[표 9-2] 식품의 수분 함량

(단위 : %)

식품	수분	식품	수분	식품	수분
오이	95.5	딸기	89.1	꽁치	66.9
호박	95.0	귤	87.0	쇠고기 (살)	62.5
양배추	94.3	사과(홍옥)	86.8	갈비 (소)	47.2
상추	94.1	연시 (감)	85.9	우유	88.5
숙주	94.1	배	85.8	아이스크림	65.3
시금치	93.7	감 (단감)	82.6	치즈	35.3
가지	93.3	포도	81.5	분유	2.0
피망	91.9	바나나	75.5	감자	81.2
토마토	90.5	조기	81.7	흰밥	65.0
무 (조선무)	90.3	동태	81.0	고구마	64.6
콩나물	90.2	도미	77.8	식빵	26.1
양파	89.1	갈치	74.0	밀가루(강력분)	14.5
당근	88.7	달걀	74.0	백미	14.1
수박	94.0	닭고기	73.5	당면	13.2
참외	89.8	민어	70.0	라면	2.6
복숭아(백도)	89.4	돼지고기(살)	69.3		

(2) 수분배설

체내수분의 균형 유지를 위해서는 1일 섭취한 수분량과 거의 같은 양이 배설되어야 한다. 신체의 수분배설은 대부분 소변을 통해 나가며 피부를 통한 증발, 호흡 및 대변 등을 통해서 배설된다. 또한 대장에서는 음식의 찌꺼기와 적당한 수분으로 배변작용을 원활하게 만든다.

① 소변에 의한 수분배설

체액의 균형은 수분섭취량에 맞추어 소변의 양을 조절함으로써 이루어진다. 즉, 수분 섭취량이 많으면 소변량도 증가하고 섭취량이 적으면 소변의 양도 감소되어 600mℓ까지 감소될 수 있다. 성인은 매일 900~1,500mℓ의 수분을 소변으로 배설하며, 소변의 약 96%가 수분으로 구성되어 있다.

② 피부증발에 의한 수분배설

수분이 피부를 통하여 배설되는 데는 두 가지 형태가 있는데 땀의 배출과 사람이 의식하지 못하는 가운데 호흡이나 피부표면에서 발산되는 불감증발이다.

정상적인 환경조건에서 매일 약 500~600mℓ의 땀이 분비되는데 땀에는 Na^+, K^+, Cl^- 등의 전해질과 질소가 포함되어 있다. 운동 중에 땀이 나는 것은 근육 내에 생긴 열을 기화시켜 체온을 조절한다. 땀의 생산과정은 몸을 차게 식히며, 체온이 급상승되는 것을 방어하는 냉각기능을 한다. 또한 피부의 각질층은 수분 손실을 억제하는 절연작용을 하므로 외상, 화상 등으로 각질층에 손상이 있으면 수분증발량이 많아져 수분의 손실량이 증대되어 수분의 필요량이 증가된다.

그러나 공기 중의 수분함유량이 높은 여름철의 경우 피부로부터 수분이 증발될 수 없기 때문에 심한 더위를 느끼게 된다. 건조한 날에는 피부로부터 수분 증발이 빨라지고 체온조절이 쉽게 된다.

③ 폐를 통한 호흡증발에 의한 수분배설

호흡을 통해 수증기로 증발되는 불감손실은 매일 약 400~500mℓ이다. 폐를 통한 수분 손실은 외부공기가 건조할수록 커진다. 폐에서 나오는 공기는 37도에서 47mmHg의 수증기로 포화되어 나간다. 외부 공기의 수증기압이 47mmHg보다 낮으면 호흡으로 수분을 잃게 된다.

④ 대변을 통한 수분 배설

대변의 약 70%가 수분이며, 나머지는 소화가 안 된 물질과 장내 박테리아, 분비되는 소화액의 잔여물 등이다. 대변을 통하여 매일 배설되는 수분량은 100~200mℓ에 불과하나 설사나 구토 등의 이상 증세가 있을 때는 수분손실이 1,500~5,000mℓ에 이를 수도 있다.

[표 9-3] 수분필요량을 증가시키는 요인

• 어린이 또는 노인(유아기 또는 노년기) • 장기간의 구토, 설사, 발열 • 고온 • 알코올 또는 카페인 섭취 • 운동	• 당뇨병등 수분균형을 방해하는 물질 • 비행기 또는 밀폐된 공간 등의 대기환경 • 질병(다뇨) • 임신, 수유 • 수술, 출혈, 화상

[그림 9-2] 수분 권장량

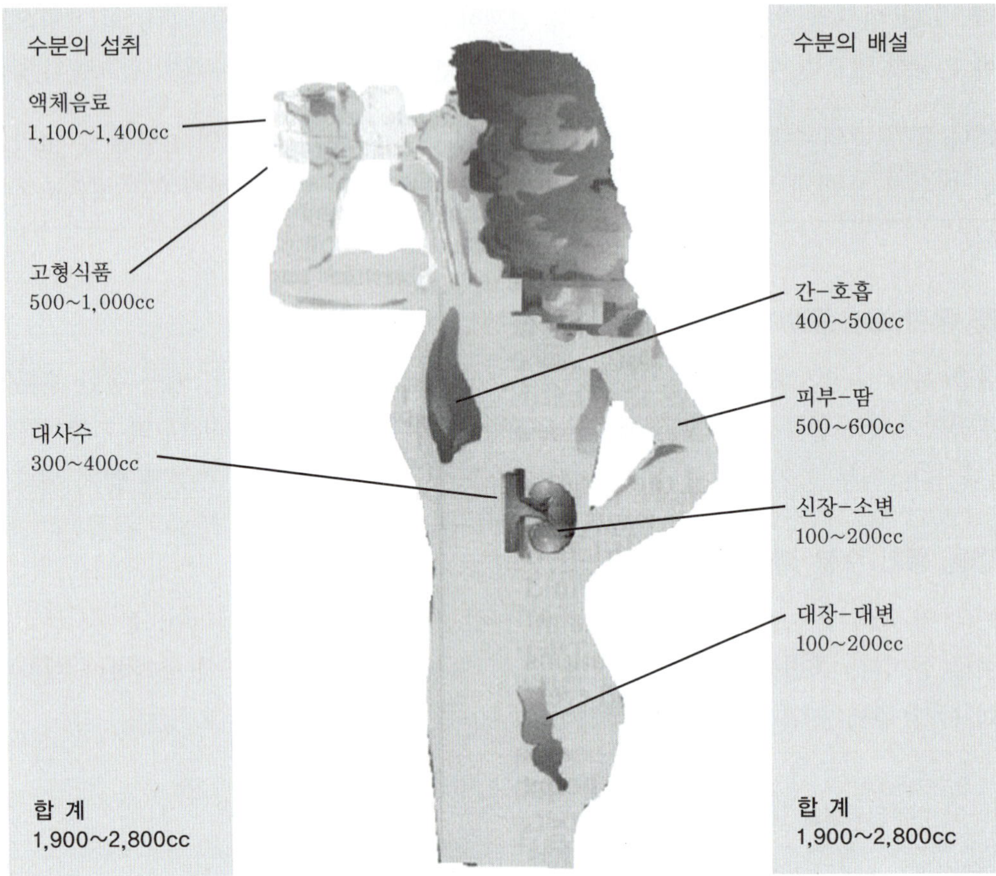

[그림 9-3] 수분의 균형

[그림 9-4] 성인의 수분급원과 배설

5 체내 수분의 필요량과 영향을 미치는 조건

체중에 비례하는 수분의 필요량은 연령에 따라 큰 차이가 있다. 즉 어릴수록 단위 체중 당 수분의 필요량이 많은데 이것은 어린이는 성인보다 대사율이 높으며 수분증발이 일어나는 단위표면적이 넓고 또한 조직을 구성하기 위한 여분의 수분이 필요하므로 성장기에는 성인보다 단위체중당 수분량을 많이 요구한다.

[표 9-4] 체중에 대한 수분의 필요량 (단위: mℓ /kg)

연령별	필요량	연령별		필요량
신생아	110	성인	기온 22℃	22
10세 어린이	40		기온 38℃	38

대부분의 경우 갈증은 수분의 요구에 대한 안전지표라고 할 수 있으며 이러한 신체의 요구가 있을 때 우리는 수분을 섭취함으로써 건강을 유지할 수 있다.

건강상태가 비정상적일 때 즉 혼수, 고열, 다뇨증, 설사 등의 경우와 고단백질 식사 및 기온이 높을 때는 수분의 요구량이 증가된다.

6 체내 수분의 필요량에 영향을 미치는 조건

수분의 필요량은 연령, 섭취식품의 종류, 신체활동 등에 따라 영향을 받게 된다.

첫째, 연령에 따라 다르다. 성장기의 아동은 성인보다 단위체중당 수분요구량이 높아진다.

둘째, 섭취하는 식품의 종류에 따라 다르다. 지방은 산화시 수분생성량이 많으므로 지방이 많은 식품을 먹을 경우 수분 필요량이 감소된다. 반면에 고단백질 식사를 하는 경우 단백질의 질소성분이 요소로 배설되는데 요소가 체내에 과량으로 쌓이면 독성을 나타내므로 이를 제거하기 위하여 다량의 수분이 필요하게 된다.

또한 염분이 많은 식품을 섭취하면 과잉의 염분을 제거하기 위해 수분 필요량이 증가된다. 즉 고지방 식사는 수분 필요량을 감소시키고 고단백 및 염분을 많이 섭취할 경우 수분 필요량이 증가된다. 당질식품을 섭취하면 위에서 당분 희석을 위해 수분 필요량이 증가되며 xanthine유도체를 함유하고 있는 커피, 차, 코코아 등은 이뇨작용이 있어 신장에서 수분의 배설을 증가시킨다.

셋째, 신체 활동량에 따라 영향을 받는다. 휴식이나 수면 중에는 수분의 손실이 적으며, 가벼운 운동을 하면 약간의 수분손실이 생기나 심한 운동이나 노동을 할 때는 생성된 열을 발산하기 위해서 많은 양의 수분이 필요하게 된다.

7 수분의 결핍증

운동이나 활동으로 인하여 땀을 많이 흘려 체내의 수분이 1~2% 부족할 때 갈증을 느끼고, 3% 부족할 때 식욕부진 상태가 되며, 10% 부족하면 근육경련을 일으키고, 외상에 의한 혈액 손실 시 체내 수분의 20%를 상실하면 생명의 위험을 초래하기 때문이다. 커피나 알코올을 마시면 수분손실이 더욱 심각해지며 하루 6잔의 커피를 마시면 전체 수분량의 2.7%가 감소하는 것으로 조사되었으며, 알코올도 이뇨작용을 하여 만성탈수가 나타날 수 있다.

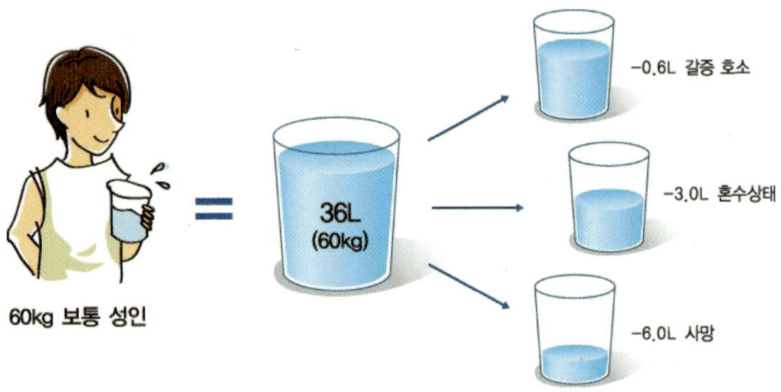

[그림 9-5] 수분부족 균형

[표 9-5] 수분 손실시 증상

수분 손실의 %	증상
0	
1	갈증
2	강한 갈증, 불쾌감, 무감각, 식욕부진, 동작장애
3	혈액량 감소, 소변량 감소, 입마름
4	신체활동에 노력증가, 피부홍조, 초조함, 졸음, 무감각, 메스꺼움, 정서적 불안정
5	강렬한 갈증, 집중력 감소
6	운동 시 온도조절능력 손상, 맥박과 호흡 증가
7	갈증
8	현기증, 운동시 호흡곤란, 불분명한 언어, 허약의 증가, 정신적 혼란
9	
10	근육경련성 마비, 눈 무력증, 정신착란, 불면증, 팽창된 혀
11	혈액량감소에 의한 무력감, 신장기능손상

8 체내의 수분 출납 상태

(1) 부종

조직간액에 수분이 저류되어 있는 상태를 부종이라고 한다. 부종은 단백질 결핍, 네프로시스, 신염, 신부전, 호르몬 이상 등에 의하여 일어난다.

① 단백질결핍에 의한 부종

혈액과 조직간액 사이의 교질 삼투압 차이는 부종 발생과 밀접한 관계가 있다. 모세혈관벽은 무기질이나 수분은 쉽게 통과시키지만 혈장단백질은 통과하기 어렵다. 혈장내의 단백질은 모세혈관의 벽을 경계로 하여 단백질 농도가 낮은 조직간액과 나누어져 있는 형태이다. 따라서 여기에 삼투압이 나타나게 되는데 이 삼투압은 단백질 분자와 같은 고분자에 의한 삼투압이기 때문에 이를 특히 교질 삼투압이라고 한다.

단백질에 의한 삼투압은 단백질 분자량에 비례하는 알부민이 글로불린에 비하여 삼투압에 미치는 영향이 훨씬 크다. 따라서 영양실조증으로 혈장단백질이 저하되고 단백질에 의한 교질 삼투압이 저하되어 혈관내의 수분이 조직간액으로 누출되기 때문에 부종이 일어난다. 같은 단백질 농도일지라도 알부민과 글로불린의 비율이 달라지면 당연히 삼투압도 달라진다. A/G이 달라지면 당연히 삼투압도 달라진다. A/G비의 정상치는 2:1이며, 염증, 간경변, 네프로시스 등의 경우 글로불린치가 높아진다.

② Na의 저류에 의한 부종

Na은 세포외액의 중요한 전해질이므로 세포외액에 Na이 과잉으로 저류되면 삼투압이 높아진다. 체액은 삼투압의 항상성 유지를 위하여 뇌하수체 후엽에서 항이뇨 호르몬을 분비함으로써 조직간액의 수분배설을 감소시켜 수분이 정체되어 부종의 발생을 조절한다. 부종이 있는 사람에게 소금을 제한하는 것은 식염을 섭취할 경우 위와 같은 현상이 일어나 부종이 더욱 심해지기 때문으로 사구체신염에 의한 부종이 여기에 해당된다.

(2) 탈수증

체내에 액체성분이 감소된 상태를 탈수증이라 한다. 주로 수분을 잃은 상태인 순수분탈수증과 주로 소금을 잃은 상태인 염류탈수증이다. 이 두 가지 모두 탈수증이지만 그 기전과 증상 및 치료법에 차이가 있다.

① 순수분탈수증

정신이상으로 수분을 섭취하지 않거나 천재지변, 사막여행, 식도질환 등으로 수분을 섭취할 수 없을 경우 땀을 많이 흘린 후 수분을 섭취하지 않았을 경우, 당뇨병이나 요붕증으로 다량의 수분을 소변으로 배설할 경우에 나타난다.

세포외액 중의 Na과 Cl의 농도가 높아짐에 따라 세포내의 수분이 빠져 나오므로 세포내액에 감소된다. 따라서 심한 갈증이 일어나고 입이 마르게 된다. 이 증상은 수분을 공급하면 쉽게 회복된다.

② 염류탈수증

수분이 충분히 공급되더라도 염류가 과잉으로 손실되어 일어나는 탈수증으로서 Na결핍에 의해 일어나는 상태이다. 이것은 설사, 구토 등으로 소화액을 다량 잃었을 때 발생하며 유아에게 특히 심하게 나타난다.

땀을 많이 흘린 후 수분만을 다량 섭취하면 수분이 오히려 손실되지 않는 전형적인 염류결핍증이 된다. 염분을 잃으면 세포외액의 삼투압이 낮아지고 그 결과 신장에서는 여분의 수분을 배설하여 삼투압을 높이려고 한다. 따라서 세포외액의 용적은 감소되지만 세포내의 수분은 감소되지 않고 오히려 주위의 삼투압이 낮아질 때는 팽화되는 경향이 있다. 결과적으로 권태, 무감동, 혼미, 근력의 저하가 일어난다.

고열작업장에서 일하는 사람이나 등산 등의 경우 수분만을 마시면 심한 피로가 온다. 이 때에는 수분과 함께 식염을 공급해야만 염류 탈수증을 예방할 수 있다.

참고 문헌

제1장 영양과 건강

- 이정희 외 5인 공역, 영양학, 대가, 2010.
- 한국보건산업진흥원 · 보건복지부, 「국민의 연령층별 식사지침」, 2003.
- 최경순 외, 웰빙생활과 영양, 유림문화사, 2008
- 최경순외 5인, 건강을 위한 식생활, 백상출판사, 2010.
- 이혜성 외, 최신영양학, 효일, 2004.
- 최혜미 외, 21세기 영양학, 교문사, 2003.
- 한국영양학회. 보건복지부. 식품의약품안전청 공동발간, 한국인 영양권장량 9차 개정 2010.
- National Academy of Science, Recommended Dietary Allowances 10th ed., National Academy Press, 1990.
- Wardlaw GM. Insel, Contemporary Nutrition 2nd ed., Moshy St. Louis, 1992.
- Lehninger AL, Nelson DL, Cox MM, Principles of Biochemistry, 2nd ed., Worth Publishers, 1993.

제2장 탄수화물

- 보건복지부, 「2001 국민건강영양조사 보고서」, 2001.
- 최경순 · 이정실, 웰빙 생활과 영양, 2004.
- 이혜성 외 4인, 최신 영양학, 2004.
- 최혜미, 21세기 영양학 원리, 2003.
- 박태선 · 김은경, 현대인의 생활영양, 2004.
- 한국영양학회, 「한국인 영양권장량 제7차 개정」, 2000.
- Brand-Miller J, Foster-powell K, Diets withalow glycenic index: From theory to practice, Nutrition Today 34, 9964~72, 1999.
- Williams S. R, Nutrition and diet therapy, 8thed, mosby, st Louis, 1997.
- WHO: Diet Nutrition and the prevention of chronic Diseases Report of a Joint WHO/FAO Expert Consultation, Geneva, 2003.
- Huntm, M.V and J.L Groff Advanced Nutrition and Human Metabolism. West Puvlisging co. Los Angeles, 1990.
- Kaplan, A and D. V, Valauri, Nutrition and dental disease pp. 611~626, 1990.

제4장 단백질

1. 김관우 · 김현오 · 이별나 · 오성천. 고급영양학. 효일, 2001
2. 김미경 · 왕수경 · 신동순 · 정해랑 · 권오란 · 배계현 · 노경아 · 박주연. 영양학. 라이프사이언스, 2005
3. 김상보 · 이정숙 · 김성로 · 이별나. 현대 식이요법. 지구문화사, 1996
4. 김숙희 · 유춘희 · 김선희 · 이상선 · 정진은 · 강명희 · 김양하 · 김우경. 기초영양학. 신광출판사, 2004
5. 농촌 생활 연구소. 식품성분표(제6차 개정). 농촌진흥청, 2001
6. 보건복지부. 2001년도 국민건강 · 영양조사, 2002
7. 서정숙 · 서광희 · 이승교 · 최미숙. 최신고급영양학. 지구문화사, 2002

8. 식품영양학 교재편찬위원회. 기초영양학. 광문각, 2003
9. 이영순 · 이정실 · 이현옥. 고급영양학. 광문각, 2005
10. 이혜수. 기초영양학. 교문사, 2002
11. 일본후생성 보건의료국 건강증진영양과. 일본인의 영양소요량(제6차 개정). 제일출판주식회사, 1999
12. 최영선 · 박혜련 · 김혜영 · 장순옥 · 이혜성. 최신영양학. 효일, 2006
13. 최혜미. 21세기 영양학. 교문사, 2001
14. 한국 식품영양관련학과 교수협의회. 기초영양학. 효일, 2002
15. 한국영양학회. 한국인 영양권장량(제7차 개정), 2000
16. 한국영양학회. 한국인 영양섭취기준, 2005
17. Beaton GH, Chery A. Protein requirements of infants, A reexamination of concepts and approches. Am.J.Clin. Nutr., 1988
18. Blackburn GH, et al. Amino acids. John Boston, wrigth, PSG, 1983
19. Bodwell CE, Adkins JS, Hopkins DT. Protein quality in human. AVI Publishing Company, 1994
20. Brown ML. Present knowledge in nutrition. International life science institute: Nutrition Foundation, 1990
21. Calloway DH, kuzer MS. Menstrual cycle and requirement of Women.J.N, 1982
22. Campbell WW. "Dietary Protein Retion Requirements of Older People: Is the RDA Adequate?". Nutrition today, 1996
23. Ensminger AH, et al. Food & Nutrition Encyclopedia, 2nd Edition, CRC press, 1994
24. FAO / WHO / UNU. Energy and Protein Requirements. Report of a Joint FAO / WHO /UNU Expert Consultation. Technical Report series NO. 724. Geneva. Switzerland: World Health Organization, 1985
25. Hamilton EMN, Whitney EN. Nutrition: Concept and Controversies 4th ed., West, 1998
26. Pellett PL. Protein requrements in humans. Am.J. Clin. Nutr., 1990
27. Latham. Protein-energy malnutrition. In Present Knowledge in Nutrition 6th ed., ILSI, 1990
28. Rose WC. The amino acid requirements of adult man. Nutr. Abstr. Rev., 1957
29. Rossouw JE, Kwashiorkor in North America. Am.J. Clin. Nutr., 1989
30. Shils ME, Young VR. Modern Nutrition in Health and Disease, 7th ed., LEA & FEBIGER, 1988
31. Wardlaw GM, Insel PM. Perspectives in Nutrition. 4th ed., McGraw - Hill, 1999
32. Whitney EN, Cataldo CB, Rolfes SR. Understanding Normal and Clinical Nutrition 5th ed., West/Wadsworth, 1998
33. Williams ER, Caliendo MA. Nutrition. McGraw - Hill Book Co., 1984
34. Young VR, Pellett PL. Plant proteins in relation to human protein and amino acid nutrition. Am.J. Clin. Nutr., 1994

제8장 무기질

- 비타민, 광물질 영양. 김기남등 저 향문사.
- 한국 영양학회 (한국인 영양 권장량) 제 7차 개정 2000.
- 일반화학. Oxtoby 등 원저, 이용일 등 역. 1996. 청문각.
- 고급영양학, 김관우등 저, 2001, 도서출판 효일
- 고급영양학, 이양자등 저 2002, 신광출판사

- 영양판정, 조여원, 정구명 저, 1998, 광문각
- 영양학원리, 최혜미등 저, 2002, 교문사
- 식품화학, 채수규등저, 2003,도서출판 효일
- 영양과 건강 김일성등저, 2005, 신광출판사
- 영양판정, 이영미, 김정현, 2001, 도서출판 효일
- 임상영양과 식사요법, 김인숙등저, 2002, 도서출판 효일
- 인체 생리학, 오성천등저 도서출판 효일
- 의학 요어집, 대한 의학협회, 1994, 도서출판 아카데미
- 식품 영양학 사전, 한국 식품 영양학회편, 1997, 한국사전 연구사
- Chung K, Romero N, Tinker D, Keen C, Amemiya K, Rusker R, Role of copper in the regulation and accumulation of superoxide dismutase and metallothionein in rat liver. J Nutr 1988;118;859-64.
- Harris E. Copper as a cofactor and regulator of copper, zinc, superoxide dismutase. J Nutr 1992;123:636-40
- Linder M, Hazegh-Azam M. Copper biochemistry and molecular biology. Am J Clin Nutr 1996;63:797s-811s.
- Turnlund J. Keyes W, peiffer G, Scott K. Copper absorption, execretion, and retention by young man consuming low dietary copper determined using stable isotope 65 Cu. Am J Clin Nutr 1998;67:1219-25
- Turnl;und J. Copper nutriture, bioavailability, and the influence of dietary factors. J Am Diet Assoc 1988;88:303-8
- Fosmire G. Zinc toxicity. Am J Clin nutr 1990; 51:225-7
- Hoffman H, Phyliky R, Fleming C. Zinc-induces copper deficiency. Gastroenterology 1988;94:508-12
- Baker D, Odle J, Funk O, Wieland T. Bioavailability of copper in cupric oxide, cupruos oxide and in a copper lysine complex. Poultry Sci 1991;70:177-9.
- Turnlund J. Human whole-body copper metabolism. Am J Clin Nutr 1998;67(suppl): 1041s-5s.
- Milne D. Copper intake and assessment of copper status. Am J Clin Nutr 1998;67(suppl):1041s-5s.
- Hurrell R, Lynch S, Trinidad T, Dassenko S, Cook J. Iron absorption in humans: bovine serum albumin compared with beef muscle and egg white. Am J Clin Nutr 1988;47:102-7.
- Mosen, E. Iron nutrition and absorption: dietary factor which impact iron bioavailability. J Am Diet Assoc 1988;88:786-90.
- Hallberg L, Rossander-Hulten L, Brune M, Gleerup A. Calcium and iron absorption :mechanism of action and nutritional importance. Eur J Clin Nutr 1992;46:317-27.
- Cook J, Dassenko S, Whittaker P. Calcium supplementation: effect on iron absorption. Am J Clin Nutr 1991;53:106-11.
- Cook J, Shikne B, Baynes R. serum transferrin receptor. Ann Rev Med 1993;44:63-74.
- Aisen P. transferrin, the transferrin receptor, and the uptake of iron by cells. In: Metals Irons in Biological Systems. 1998;35:585-631.
- Fischer P, Giroux A, L'Abbe M. Effect of zinc supplementation on copper status in adult man. Am J Clin Nutr 1984;40:743-6.
- Pennington J, Young B. Total diet study nutritional element, 1982-1989.J Am Diet Assoc

1991;91:179-83.

- King J.Assessment of zinc status. J Nutr 1990;120:1474-9.
- Spencer H. Minerals and mineral interactions in human beings. J Am Diet Assoc 1986;86:864-7.
- Wood R, Zheng J. High dietary calcium intakes reduce zinc absorption and balance in humans. Am J Clin Nutr 1997;65:1803-9.
- Suttle N. The interactions between copper, molybdenum, and sulphur in ruminant nutrition. Ann Rev Nutr 1991;11:121-40.
- Mills C, Davis G. Molybdenum. In: Mertz W, et al. trace elements in human and animal nutrition. San Diego: Academic press, 1987;1:449-54.
- Cerklewski. F.L.,and R. M. Forbes. 1976. Influence of dietary zinc on lead toxicity in the rat. J. Nutr. 106:689-696.
- Hill, C. H.,and G. Matrone. 1970. chemical parameters in the transition elements. Federation Proc. 29:1474-1481.
- Underwood, EJ, Mertz W. trace elements in Human and Animal Nutrition. San Diego; Academic Press, 1987.
- Suttle, N. F. 1975. the mode of organic sulfur in the copper-molybdenum-S interrelationship in ruminant nutrtion. Br. J. Nutr. 43:411-420.
- Mertz, W., E. E. Roginski and K Schwarz. 1961. Trivalent chromium complexes on glucose uptake by epididymal fat tissue of rats, J. Biol. Chem, 236:318-322.
- Mertz, W., E. W. Teopfer, E. E. Roginski and M. M. Polansky 1974. Present knowledge of the role of chromium. Federation Proc. 33:2275-2280.
- Mertz, W. 1969. Chromium occurrence and function in biological system. Physiol. Rev. 49: 163-239.
- Mertz, W., and E. E. Roginski. 1969. Effects of chromium(III) supplementation on growth and survival under stress in rats fed low protein diet. J. Nutr. 97:531-536.
- Nutrition &Diet Therapy 1995. corinne Balog cataldo Linda Lelly De Bruyne Eleanor Noss Whitney west publishing company Fourth Edition.
- Advanced Nutrtion and Human Metabolism 2005, Saveen S, Gropper, Jack L. Smith, James L, Groff, thomson Wadsworth Fourth Edition.
- Biochemistry 2003, Trudy Mckee, James R. Mckee, Mc Graw Hill, Third Edition.
- Biochemistry 2002 Fifth Edition Jeremy M. Berg, John L. Tymoczko, Lubert Stryer. W.H. Freeman and Company.
- Organic Chemistry Paula Yurkanis Bruice 2004. Fourth Edition Prentice Hall.
- Lemann J Jr. Calcium and phosphate metabolism : a overview in health and in calcium stone formers. In: Coe Fl, Favus MJ, Pak CY, Parks JH, Preminger Gm, eds. Kidney Stones: Medical and Surgical Management. Philadephia, PA: Lippincott-Raven, 1996, pp. 259-88.
- Chen TC, Castillo L, Korychka-Dahl M, DeLuca HF. Role of vitamin D metabolites in phosphate transport of rat intestine. J Nutr 1974;104:1056-60.
- Frizzell RA, et al. Sodium-coupled chloride transport by epithelial tissues. Am J Physiol 1979;236:F1-8.
- National Research Council. Recommended Dietary Allowances, 10th ed. Washington, DC: National Academy Press, 1989.
- Hayslett Jp, Binder HJ. Mechanism of potassium adaptation. Am J Physiol 1982;243:f103-12.

- Kliger AS, et al. Demonstration of active potassium transport in the mammalian colcon. J Clin Invest 1981;67:1189-96.
- Holbrook JT, Smith JC, Reiser S. Dietary fructose or starch; effects on copper, zinc, iron, manganese, calcium and magnesium balance in humans. AmJ Clin Nutr 1989;49:1290-94.
- Ziegler EE, Fomon SJ. Lactose enhances mineral absorption in infancy. J Pediatr Gastr Nutr 1983;2:288-94.
- 59. Snedeker S, Smith S, Greger J. Effect of dietary calcium and phosphorus levels on the utilization of iron, copper, and zinc adult males. J Nutr 1982;112:136-43.
- Kayne LH, Lee DB, Intestinal magnesium absorption. Min Electrolyte Metab 1993;19:210-17.
- Fine K, Santa Ana C, Porter J, Fordtran J. Intestinal absorption of magnesium from food and supplements. J Clin Invest 1991;88:396-402.
- Wisker E, Nagel R, Tanudjaja TK, Feldheim W. Calcium, magnesium, zinc, and iron balances in young women: effects of a low-phytate barley fiber concentration. Am J Clin Nutr 1991;54:553-59.
- Brink EJ, Beynen AC. Nutrition and magnesium absorption: a review. Prog Food Nutr Sci 1992;16:125-62.
- Coudray C, Demigne C, Rayssiguier Y. Effects of dietary fibers on magnesium absorption in animals and humans. J Nutr 2003;133:1-4.
- Brickman AS, Hartenbower DL, Norman AW, Coburn JW. Action of 1,25(OH)2-and 1α(OH)-vitamin D3 on magnesium metabolism in man. Clin Res 1975;23:315A.
- Hodgkinson A, Marshall DH, Nordin BEC. Vitamin D and magnesium absorption in man. Clin Sci 1979;57:121-23.
- Mertz. W. The essential trace element Science 1981;213:1332-1338.
- Hallberg L, Brune M, Erlandsson M, Sandberg A-S, Rossander-Hulten L. Calcium: effect of different amounts on nonheme and heme-iron absorption in humans. Am J Clin Nutr 1991;53:112-19.
- Monsen, E. iron nutrition and absorption: dietary factors which impact iron bioavailability. J Am Diet Assoc 1988;88:786-90.
- Chung, K. H., M. H. Kang, C. S. Kim, I. K. Han and K. N. Lee, The Toxicity of Trivalent Chromium and Its Interaction with Cobalt and Zinc in the Chicks. Korean Journal of Animal Sciences 1983; 25:686-691.
- Chung, K.H.,M. H. Kang, I. K. Han and C. S. Kim, The Toxicity of Hexavalent Chromium and Its Interaction with Copper and Zinc in the Chicks. Korean Journal of Animal Sciences 1983; 25:692-696.

찾아보기

ㄱ

ㄴ

ㄷ

ㄹ

ㅁ

ㅂ

ㅅ

X

Z

기타

《저자약력》

최경순
현재/ 삼육대학교 식품영양학과 교수

개정판
영 양 학

2012년 2월 23일 1판 1쇄 인쇄
2012년 2월 28일 1판 1쇄 발행
저 자: 최경순
발행인: 이무형
발행처: 태학원
등 록: 제10-193호(1988년 1월 23일)
주 소: 서울시 마포구 신수동 88-13호
전 화: 719-6680, 715-3554
팩 스: 719-6681

가 격: 25,000원

ISBN/ 978-89-92832-52-6 13590

교 정 표

19페이지 밑에서 14번째줄
먹읍니다 → 먹는다

19페이지 밑에서 12번째줄
먹읍니다 → 먹는다

19페이지 밑에서 11번째줄
먹읍니다 → 먹는다

19페이지 밑에서 8번째줄
먹읍니다 → 먹는다

28페이지
[그림 2-6]이 위에서 9번째줄 밑으로 이동

30페이지 위에서 2번째줄
달리아 → 다알리아

30페이지 위에서 5번째줄
벌2레의 → 벌레의

200페이지에서~203페이지까지
소디움 → 나트륨